電気主任技術者
自家用発電設備

－保守と運転－

郷古　良則／織田　鐘正　著

電気書院

まえがき

　本書は需要家に設置される受変電設備に関連した自家用発電設備をはじめとした各種の発電および直流電源設備を全般に亘り，運転と保守に重きを置いて解説したものです．

　発電機，電気機械，原動機などの専門書で論じられるものは通常，それらの専門家が執筆するため，詳細多岐・専門的です．しかも自家発電設備を構成する電気回路ないし機器の種類は実におびただしい数にのぼりますから，それらおのおのを詳述することは望ましいことではありますが，その量は膨大なものとなってしまい，実務書として持ち歩いたり，初心者用の学習書とするには実際問題としてはすこぶる困難です．しかも今日のように技術のめまぐるしいほどの変革期にあっては，われわれは学ばねばならぬ余りに多くの問題を抱えています．一方，今日的課題として教育の場における理工系離れ，強電関係講座の減少などにより自家用発電設備に関係する技術者の教育問題は焦眉の急であります．

　このため本書編纂の主眼点は自家用発電設備の運転保守に従事する若年の電気技術者の実務能力の育成におくこととしました．一方，本書の大部分を構成する自家用発電設備に関する著作の多くは原動機関の専門家により表されたものが多く，電気技術者を主体とした受変電システムエンジニアにとっては機械的過ぎ分かりづらい面がありました．筆者もその一人でありましたが，電気屋から見た自家用発電設備というものを後進のために纏めてみました．すなわち対象を自家用発電設備に極力しぼり，筆者が現場において得た経験から読者が感ずるであろう様々な疑問，特にHOWとWHYについて極力読者の立場に立って，多くの図や写真を用いるなどいろいろな手段，表現方法により，広く，分かり易く解説に努めたつもりです．

　本書第1章は自家用発電設備の常識的な一般論を述べました．

　第2章では自家用発電設備の種類や構成について説明しました．第3，4章ではコジェネ用発電設備と非常用発電設備について説明しました．

　第5章では新エネルギーを利用した各種発電システムについて解説し，第6章ではそれらに付帯した新設備を紹介しました．第7，8章では受変電や自家用発電設備に使われる無停電電源装置と直流電源設備について説明しました．

　以上各章を通じ，極力理論的な厳密さよりも，工学的・実務的センスによる分かり易さを第一に意図しました．それゆえ，本書の程度では，実務能力の育成とはいっても，いまだ必ずしも初等の範囲を脱し難く，欠くべきでないものを割愛した点も少なくありません．それゆえ読者は本書のみをもって満足せず，さらに高度の理論的解説書，ないし個々の機器や現象を詳述した成書を備えられんことを要望します．

また対象とした設備には今日的なものをできるだけ取り上げましたが，昨今の技術動向の変化が激しいためと原稿脱稿と本書発行の時期にかなりの時間的な間が空いたために，読者が実際の適用に当たっては特に規格，法律については最新情報を確認されることを望む次第であります．

　終わりに本書の出版に当たり，多大のご協力を賜った　ヤンマーディーゼル株式会社　山名忠夫氏，株式会社ユアサコーポレーション　山本弘氏に深く感謝します．また，執筆に際し，参考文献として先輩諸氏の資料を利用させていただいたことを紙上より厚く御礼申し上げます．

平成14年11月　著者しるす

CONTENTS

1. 自家用発電設備の常識

- 1.1 自家用発電設備の概要 …………………………………… 11
- 1.2 自家用発電設備の構成 …………………………………… 12
- 1.3 原動機の種類 ……………………………………………… 14
- 1.4 常用・非常用の違い ……………………………………… 17
  - 1.4.1 用途 …………………………………………………… 17
  - 1.4.2 関連法規 ……………………………………………… 18
  - 1.4.3 自家用発電設備のシステム概要 …………………… 21
  - 1.4.4 非常用・常用発電設備の比較 ……………………… 26
- 1.5 発電設備の運転とシーケンス …………………………… 28
  - 1.5.1 操作方式 ……………………………………………… 28
  - 1.5.2 運転 …………………………………………………… 28
  - 1.5.3 シーケンス …………………………………………… 30

2. 自家用発電装置の種類と保守

- 2.1 交流発電機 ………………………………………………… 33
  - 2.1.1 交流発電機の原理 …………………………………… 33
  - 2.1.2 種類 …………………………………………………… 34
- 2.2 原動機の種類と保守 ……………………………………… 44
  - 2.2.1 ディーゼル機関 ……………………………………… 44
  - 2.2.2 ディーゼル発電装置の運転 ………………………… 55
  - 2.2.3 ディーゼル機関運転時のチェックポイント ……… 60
  - 2.2.4 ディーゼル機関の保守・点検 ……………………… 65
  - 2.2.5 ガスタービン ………………………………………… 72
  - 2.2.6 ガスタービン運転時のチェックポイント ………… 78
  - 2.2.7 ガスタービンの保守・点検 ………………………… 85

2.2.8　燃料油と潤滑油 ……………………………………………………………86
  2.2.9　ディーゼル機関とガスタービンの違い ………………………………92
 2.3　発電機用配電盤 ………………………………………………………………93
  2.3.1　配電盤の形式 ………………………………………………………………94
  2.3.2　配電盤の構成 ………………………………………………………………94
  2.3.3　配電盤の点検 ………………………………………………………………94

3　コジェネ用発電設備の運転と保守

 3.1　コージェネレーションシステムの概要 ……………………………………97
  3.1.1　コージェネレーションシステムとは ……………………………………97
  3.1.2　エンジンのヒートバランス ………………………………………………97
  3.1.3　コージェネレーションシステムの運転方式 ……………………………98
  3.1.4　コージェネレーションシステムの構成機器 …………………………101
  3.1.5　コージェネレーションの熱回収システムフロー ……………………101
 3.2　コージェネレーションシステムの電気系統 ………………………………105
  3.2.1　コージェネレーションシステムの主回路構成 ………………………105
  3.2.2　系統連系技術要件ガイドラインの概要 ………………………………105
  3.2.3　保護シーケンス …………………………………………………………107
 3.3　コージェネレーションシステムの導入検討 ………………………………110
  3.3.1　コージェネレーションシステム導入計画フロー ……………………110
  3.3.2　コージェネレーション検討用調査表 …………………………………111
  3.3.3　内燃機関適用ガイド ……………………………………………………112
  3.3.4　ディーゼル発電設備経済性の検討 ……………………………………114
  3.3.5　ディーゼル熱併給発電設備経済性の検討 ……………………………118
  3.3.6　関係官庁申請手続きの概略 ……………………………………………124
  3.3.7　コージェネレーションシステム標準工程表 …………………………127
  3.3.8　予備電力について ………………………………………………………128
 3.4　コージェネレーションシステムの保守管理 ………………………………129
  3.4.1　システムの日常点検と定期保守 ………………………………………129
  3.4.2　冷却水の重要性 …………………………………………………………135
 3.5　コージェネレーションシステムの実施例 …………………………………137
  3.5.1　実施例（1）………………………………………………………………137
  3.5.2　実施例（2）………………………………………………………………142

4 非常用発電設備の回路と運転

- 4.1 主回路の構成 …………………………………………………………… 147
  - 4.1.1 発電機回路の構成 …………………………………………………… 147
  - 4.1.2 切換回路の構成 ……………………………………………………… 147
- 4.2 運転とインタロック ……………………………………………………… 151
  - 4.2.1 切換方式 ……………………………………………………………… 151
  - 4.2.2 切換時の操作手順 …………………………………………………… 152
  - 4.2.3 自動切換方式のフローチャート …………………………………… 158
  - 4.2.4 切換回路のインタロック …………………………………………… 166
- 4.3 常用発電機と非常用発電機の兼用 ……………………………………… 167
  - 4.3.1 常用発電機が非常用発電機として兼用が認められる条件 ……… 167
  - 4.3.2 兼用機の出力と設置台数 …………………………………………… 170
  - 4.3.3 運転方式 ……………………………………………………………… 171
  - 4.3.4 その他 ………………………………………………………………… 171
  - 4.3.5 非常用として設置された発電装置を常用として使用する場合 … 171

5 新エネルギーを利用した各種発電システム

- 5.1 新エネルギーの概要 ……………………………………………………… 175
- 5.2 太陽光発電システムの計画と運転 ……………………………………… 176
  - 5.2.1 太陽光発電システムの概要 ………………………………………… 176
  - 5.2.2 太陽電池の原理と種類 ……………………………………………… 177
  - 5.2.3 太陽光発電システムの導入効果 …………………………………… 178
  - 5.2.4 太陽光発電システムの構成 ………………………………………… 179
  - 5.2.5 分散設置方式太陽光発電システム ………………………………… 182
  - 5.2.6 導入計画 ……………………………………………………………… 184
  - 5.2.7 施工例 ………………………………………………………………… 189
  - 5.2.8 保守 …………………………………………………………………… 192
- 5.3 風力発電システムの計画と運転 ………………………………………… 192
  - 5.3.1 風力発電システムの概要 …………………………………………… 192
  - 5.3.2 風力発電の原理と種類 ……………………………………………… 192
  - 5.3.3 風力発電システムの構成 …………………………………………… 194
  - 5.3.4 風力発電システムの出力 …………………………………………… 195

5.3.5 風力安定化装置 196
5.3.6 導入計画 198
5.3.7 施工例 201
5.3.8 運転と保守 202
5.4 燃料電池発電システム 204
5.5 ピークシフトシステム 208
5.5.1 ピークシフトシステム 208

6 分散電源付帯設備

6.1 瞬低対策用高速限流遮断装置 211
6.2 単独運転検出装置 214
6.3 各種配電 220
6.3.1 高周波配電 220
6.3.2 直流配電 222

7 無停電電源装置の運転と保守

7.1 交流無停電電源装置 225
7.1.1 商用電源の品質 225
7.1.2 停電/瞬低 対策装置の種類 232
7.1.3 交流無停電電源装置 233
7.1.4 瞬低専用対策装置 243

8 直流電源設備

8.1 制御用直流電源設備 247
8.1.1 基本構成 247
8.1.2 回路構成と動作 249
8.1.3 付属機能 250
8.1.4 運転方式 253
8.1.5 保守点検 255
8.2 蓄電池の概要 258
8.2.1 電池とは 258

目次

- 8.2.2 蓄電池とは ………………………………………………………258
- 8.2.3 各種の蓄電池 ……………………………………………………259
- 8.2.4 用途による分類 …………………………………………………259
- 8.2.5 電池の呼称形式と定義の説明 …………………………………260

8.3 鉛蓄電池について …………………………………………………261
- 8.3.1 鉛蓄電池の原理 …………………………………………………261
- 8.3.2 鉛蓄電池の形式 …………………………………………………261
- 8.3.3 鉛蓄電池の構造 …………………………………………………262
- 8.3.4 鉛蓄電池の種類と定格容量 ……………………………………262

8.4 アルカリ蓄電池について …………………………………………263
- 8.4.1 アルカリ蓄電池の原理 …………………………………………263
- 8.4.2 アルカリ蓄電池の形式 …………………………………………263
- 8.4.3 アルカリ蓄電池の種類と定格容量 ……………………………264

8.5 蓄電池の特性と各種用語 …………………………………………265
- 8.5.1 蓄電池の特性 ……………………………………………………265
- 8.5.2 各種用語の説明 …………………………………………………266

8.6 蓄電池の保守・点検 ………………………………………………268
- 8.6.1 取扱の要点 ………………………………………………………268
- 8.6.2 日常の保守管理 …………………………………………………268
- 8.6.3 保守上の注意事項 ………………………………………………270

付録　火力発電所用制御器具番号一覧表 ……………………………275

参考文献 …………………………………………………………………285

索　引 ……………………………………………………………………287

第1章　自家用発電設備の常識

 1.1　自家用発電設備の概要

　一般に，工場やビルディング等に電力を供給する受変電設備では，商用電源が停電しても，設備の機能を最小限度維持するために，非常用自家発電設備を設置し重要負荷の電源確保をしています．また，火災や地震などの防災上の観点から建築基準法の「予備電源」や消防法の「非常電源」として設置を義務づけられています．

　一方，最近の傾向として，自家用発電設備を商用電源と並行運転させて電力と熱エネルギーの供給を行う熱電併給発電システム（コージェネレーションシステム）や商用電源のデマンド対策として負荷電力のピークカット運転を行う常用発電設備がとみに増加しています．

　いずれにしろ，自家用発電設備の重要性はますます高まっており，その使用条件，種類，構成も多種多様であり，その使用に当たっては各種構成機器の持つ機能や特徴，欠点などを十分理解する必要があります．ここでは，高圧受電設備に用いられる比較的中小容量の発電設備について説明します．

1.2 自家用発電設備の構成

自家用発電設備はおよそ次の機器より構成されます．

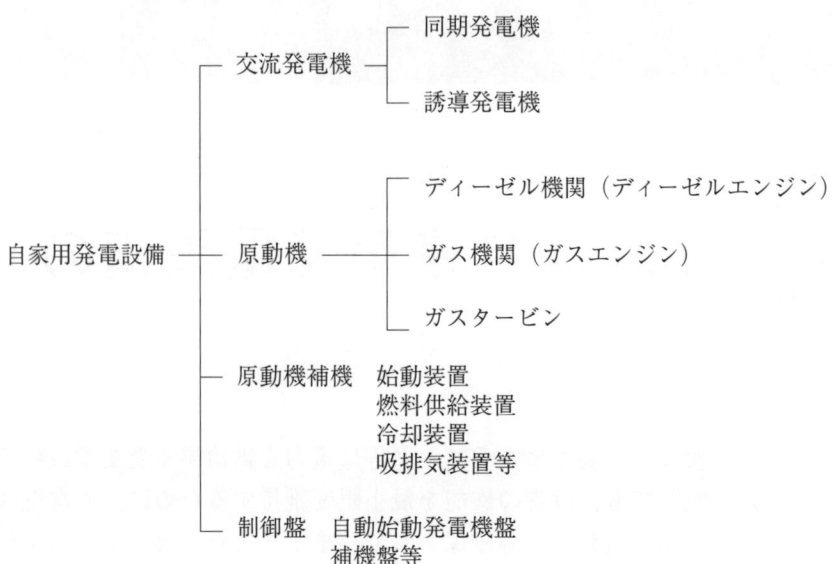

1・3 原動機の種類

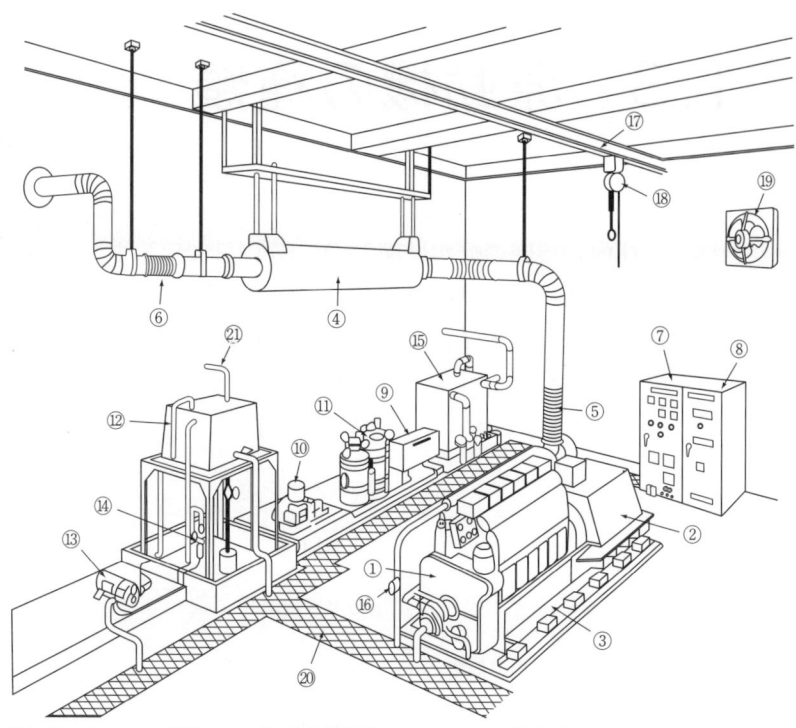

(注) ①：ディーゼル機関
②：発電機
③：共通台板（防振式）
④：排気消音器
⑤：フレキシブルパイプ
⑥：排気管伸縮継手
⑦：発電機盤
⑧：自動始動盤
⑨：空気制御盤
⑩：空気圧縮機
⑪：始動空気だめ
⑫：燃料タンク
⑬：燃料移送ポンプ
⑭：手動くみ上げウィングポンプ
⑮：冷却水タンク
⑯：検水器
⑰：Iビーム
⑱：チェーンブロック
⑲：室内換気ファン（給気・排気）
⑳：配線・配管ピット
㉑：通気管

図1・1 構成例（ディーゼル発電装置）と写真

1.3 原動機の種類

　原動機および内燃機関の分類は図1・2，図1・3に示しますが，自家用発電装置の駆動機関としては，急速始動特性と経済性に加えてシリンダ数の増減により広い出力域が得られるディーゼル機関（図1・4）が古くから用いられ，次い

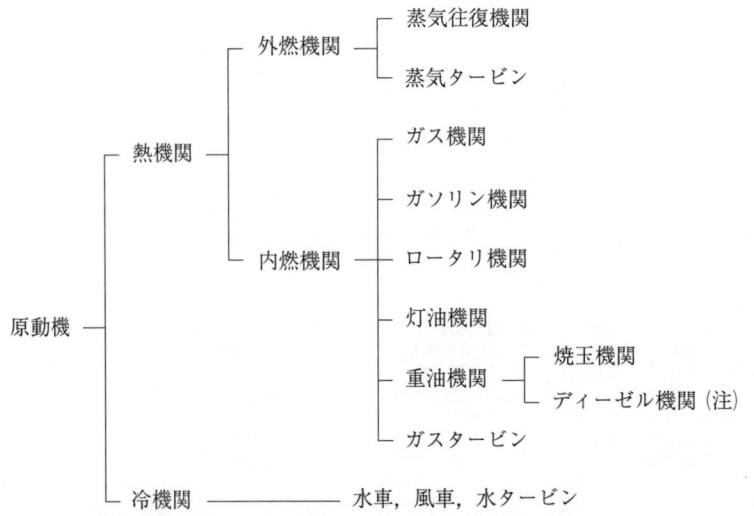

（注）燃料に軽油を使用するディーゼル機関もある．

図1・2　原動機の分類

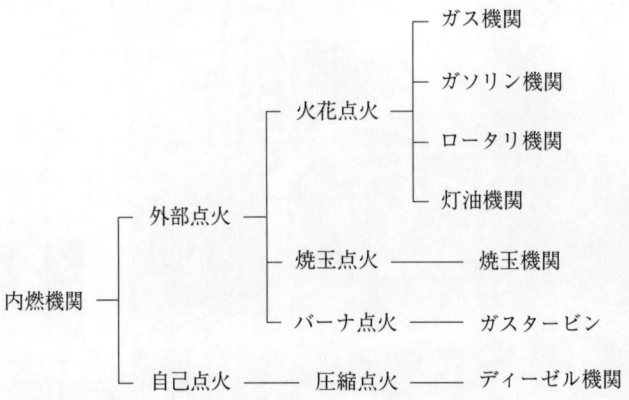

図1・3　内燃機関の点火方式による分類

で，振動が少ない，冷却水が不要，小形などの特長を生かしたガスタービン（図1・5）が用いられています．また，最近は比較的燃料の安価な都市ガスを燃料とするガスエンジン機関（図1・6）の採用が見られます．

いずれにしろ，原動機は主として上記の3種が表1・1に示すような特色を生かして採用されています．

図1・4　ディーゼル機関

図1・5　ガスタービン

図1・6　ガスエンジン機関

表1・1 内燃機関の比較

	ディーゼルエンジン	ガスエンジン	ガスタービン
機　　　　構	往復動機関で空気を圧縮した後に燃料を噴射し自然着火，爆発によって回転運動を得る．	往復動機関で燃料と空気を混合し圧縮し，火花または自然着火によって爆発させ回転運動を得る．	連続ノズルをもつ燃焼室に燃料を連続供給し，発生する燃料ガスでタービンを回転させる．燃料は加圧供給する必要あり．
燃　　　　料	A重油，軽油，灯油，C重油	都市ガス，天然ガス	A重油，軽油，灯油，都市ガス
始　動　時　間	10秒以内	15秒以内	40秒以内
利 用 可 能 排 熱	排ガス（450℃前後） 冷却水（70～85℃）	排ガス（500℃前後） 冷却水（85℃前後）	排ガス（450～550℃）
重量，体積 振　　動 騒　　音	大 大 95～105 dB	 ディーゼルより小 	小 小 高周波の防音カバー要
冷　　　　却	補機冷却水要	補機冷却水要	空冷で補機不要
排　NOx 　　すす	中間（500～1 000 ppm） 出やすい	多い 少ない	少ない（80～100 ppm） 少ない
設　備　費	安い	中間	やや高い
保　守　費	やや高い	やや安い	高い
適用容量〔kW〕 理論／実績多い	1～10（理論） 1,000～2,500 3,000～30,000（実績多い）	1～15（理論） 1,000～12,000（実績多い）	40～200（理論） 10,000～12,000（実績多い）
用　　　　途	発電 温水	発電 蒸気，温水	発電 蒸気

1.4　常用・非常用の違い

1・4・1　用　途

(1)　非常用

非常用としての発電設備は次のような用途に用いられます．

火災停電時の防災負荷電源

> 　消防法や建築基準法で非常用自家発電装置の設置が義務づけられているところ．
> ・デパート，スーパマーケット
> ・病院，診療所，福祉施設，厚生施設
> ・事務所，市町村役場，学校，図書館，博物館，美術館
> ・ホテル，旅館
> ・劇場，映画館，演芸場，公会堂，駐車場
> ・キャバレ，ナイトクラブ，レストラン，ダンスホール，遊技場，喫茶店等のビル
> ・映画スタジオ

一般停電時の重要負荷電源

> 　一般の工場はもちろんのこと上下水道システムなどの公共施設をはじめ，停電が許されない重要な負荷をもつところ．
> ・工場
> ・上下水道システム（とくにポンプ場）
> ・揚・排水機場
> ・電算センタ
> ・主発電設備の補機電源

(2)　常　用

　常用としての発電設備は，主として電力と熱源を必要とするところにコジェネレーションシステムとして用いられます．設置によって，安価な電力と熱源を供給し，かつ，電力需要のピークカットを行うことで，商用電力のデマント電力需要の低減をはかります．

コジェネの熱電併給

> 電力負荷の他に冷暖房，給湯などの熱源を必要とするところ．
> ・工場…発電，動力，蒸気，給湯，乾燥
> ・事務所，ビル…発電，給湯，冷暖房
> ・デパート，スーパー…発電，給湯，冷暖房，冷凍
> ・旅館，ホテル…発電，給湯，冷暖房，冷凍，サウナ
> ・食堂，レストラン…発電，給湯，冷暖房，冷凍
> ・公共施設…発電，温水プール，温水システム，給湯，冷暖房，温室

　また，従来からも製紙工場などの多量の蒸気を必要とするところや，温水プール設備などの多量の排ガス，排熱を発生するところには，一般に蒸気タービン発電設備が設置されていました．しかしながら，蒸気タービン発電設備は大形・複雑で容易に設置することが難しいため，比較的容易に設置でき，小形・単純で適量の排熱回収のできる内燃力機関利用のコジェネレーションシステムが一般の自家用電気設備としては最適なところから，本書ではこれを重点的に解説します．

1・4・2　関連法規

　電気事業法などにおいては，常時またはピーク時などに単独もしくは常用電源と並列に発電使用する場合は，発電所として取り扱われます．

　非常用予備電源を得る目的で，常用電源が停電した場合に，設備または人身保護などの保安電力を確保するために設置される内燃力発電装置は，発電所としての取り扱いを受けず，おのおのの発電所，変電所，または需要設備としての非常用予備発電装置として取り扱われます．

　電気事業法では，これらをすべて自家用電気工作物と定義し，一律に自家用としての規制を受けることになっています．

　自家用電気工作物の関する保安制度の概要は，まず電気工作物に関する技術基準を整備して，設置者にその維持義務を課すと共にその具体的な保安業務を的確に遂行させる手段として，保安規定の作成届出および主任技術者の選任制度を採用して，自主保安体制を整備させる，等となっています．

　これを図示すると，図1・7に示すとおりになります．

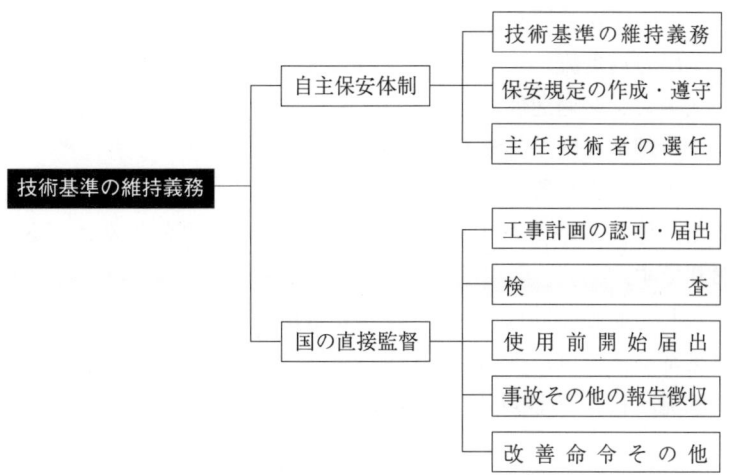

図1・7 自家用電気工作物に関する保安制度

次に自家用発電設備を設置する際に関連する法規類について説明します．

(1) 非常用発電設備

消防用設備に使用する自家用発電設備は消防法によって「自家発電設備および蓄電池設備は消防庁長官が定める基準に適合するものとする．」と規定されています．

消防庁告示第1号「自家発電設備の基準」により，構造・性能が規定され概要は下記のとおりであり，特徴として停電発生後の高速始動を義務付けられています．

① 常用電源が停電した場合は自動始動し，40秒以内に電圧確認し，供給できること．
② 発電用火力設備技術基準によるほか次の計測装置が必要です．
 (1)電圧計・電流計・周波数計またはエンジンの回転速度計
 (2)エンジンの潤滑油の温度計および圧力計
 (3)エンジンの冷却水温度計
③ 定格負荷で1時間以上連続して運転できること．
④ セルモータのピニオンギアとエンジンのリングギアとの自動かみ合わせ装置を設けること．
⑤ セルモータに使用する蓄電池および充電器は告示2号によるほか蓄電池は高率放電用のものを用いる．（自動車用蓄電池は信頼性などを考慮して使用禁止．）
⑥ 燃料タンク容量は2時間以上運転できるものであること．
⑦ 燃料系統の配管は金属管を用いること．
⑧ 発電機の絶縁種別はE種以上とする．

⑨ 次の保安装置を設けること．
　(1)出力過電流
　(2)エンジン過速度
　(3)冷却水温度上昇または断水
　(4)手動停止装置

また，建築基準法および消防法により非常電源を必要とする設備は**表1・2**のとおりです．

ただし，始動時間に関しては，「非常用照明装置に関する指針」（JEAC 1005）や建築基準法では，非常用の照明装置に蓄電池なしで設置するものとして，「非常事態発生後，10秒以内で予備電源側に確実に切り替えられること」となっています．

このように，始動時間は40秒以内と10秒以内の2種類に区分されているので使

表1・2　非常電源を必要とする設備

非常電源を必要とする設備	建築基準法および消防法による非常電源設備				容　量（時間）
	自家発電設備	蓄電池設備	蓄電池と自家発電	
屋内消火栓	消	消		30分
スプリンクラ設備	消	消		30分
水噴霧消火設備	消	消		30分
泡消火設備	消	消		30分
二酸化炭素消火設備	消	消		1時間
ハロゲン化物消火設備	消	消		1時間
粉末消火設備		消		1時間
自動火災報知器		消		10分
非常警報設備		消		10分
誘導灯		消		20分
排煙設備	消 建	消 建		30分
非常コンセント設備	消	消		30分
無線通信補助設備		消		30分
非常照明装置	10秒始動 建	建	建	30分
非常用進入表示灯	10秒始動 建	建	建	30分
非常用排水設備	建	建		30分
非常用エレベータ	建			1時間

（注）　消印は消防法　　建印は建築基準法

用目的によって使い分けることになっています．

(2) 常用発電設備

運転効率の向上，電気の質の向上などの観点から，コージェネレーションシステムは，通常，商用電源と並列運転（系統併入）して使用されます．

一方，経済産業省資源エネルギー庁においても，コージェネレーションの電力系統への併入について検討がなされ，下記条件が満たされている場合は併入しても問題はないとの見解が示されています．

① コージェネレーションの併入によって供給信頼度（停電など），電力品質（電圧，周波数，力率など）の面で他の需要家に悪影響を及ぼさないこと．

② コージェネレーションの併入によって，公衆および作業者の安全確保と電力供給設備あるいは他の需要家の設備の保全に悪影響を及ぼさないこと．

上記を満たすために必要な具体的事項は，「系統連系技術要件ガイドライン」に定めてあり，**表1・3**にその概要を示します．

1・4・3　自家用発電設備のシステム概要

(1) 非常用発電設備

① 概　念

商用電源が停電した場合は，直ちに始動し防災負荷や重要負荷に電力を供給する非常用電源として災害防止上の重大な責務を負っています．したがって，始動しなかったり電圧が確立しない等は許されません．

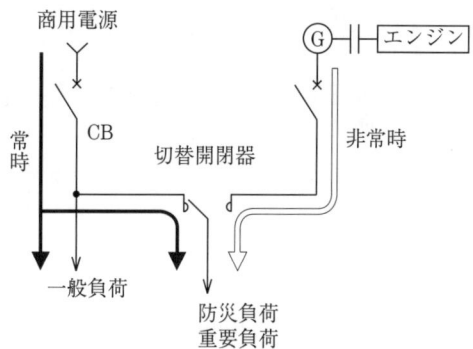

図1・8　非常用発電設備の概念図

表1・3 「系統連系技術要件ガイドライン」の概要

検討項目	技術的要件	技術的対応 高圧配電系統 (6 kV) 逆潮流なし	技術的対応 高圧配電系統 (6 kV) 逆潮流あり	技術的対応 特別高圧送電系統 逆潮流なし	技術的対応 特別高圧送電系統 逆潮流あり	備考
1. 設備容量	○コージェネレーションの連系により系統の設備構成上の基本に影響を与えないこと	原則として2 000 kW未満	同左	系統の各電圧別の契約電力の上限の範囲内	同左	
2. 電圧変動	○系統電圧を適正値内に維持すること　配電系統の場合 101±6 V等 (低圧需要家)　送電系統の場合 変動幅が±1〜2%程度	自動負荷遮断装置の設置 (対策が不可能な場合は配電線の増強など)	(専用線連系とするため不要)	必要に応じ自動電圧調整装置などの設置	同左	
	○並列時の瞬時電圧低下を系統の常時電圧の10%以内に制御すること	同期発電機：自動同期検定装置の設定など 誘導発電機：限流リアクトルなどの設置 (対策が不可能な場合は配電線の増強または同期発電機の採用など)	同左 同左 (対策が不可能な場合は同期発電機の採用)	同左 同左	同左 同左	
3. 保護協調	○事故 (コージェネレーション構内事故, 配電線事故, 上位系統事故) 時又は緊急時などの系統操作時にコージェネレーションが確実に解列されること	短絡・地絡・発電機異常検出用継電器, 逆電力継電器, 周波数低下継電器などの設置	同左 (逆電力継電器を除く) および転送遮断装置の設置並びに専用線連系	高圧配電系統 (逆潮流なし) と同様および周波数上昇継電器の設置	同左 (逆電力継電器を除く) および転送遮断装置の設置	高圧配電系統で逆潮流がある場合は、連系容量が配電用変電所のバンク負荷を上回らないよう制限
	○事故時の自動再閉路を可能にするためコージェネレーションが確実に解列されていることを確認すること	線路無電圧確認装置の設置	同左 (ただし, コージェネレーション設置需要家が自動再閉路を必要とするときのみ)	同左	同左	
4. 短絡容量	○系統の短絡容量が他の需要家の遮断器の遮断容量を上回らないこと	限流リアクトルなどの設置 (対策が不可能な場合は異なる配電用変電所バンク系統又は特別高圧送電系統への連系)	同左	限流リアクトルなどの設置	同左	
5. 力率	○連系点における力率を85%以上でかつ進み力率とならないこと	誘導発電機：力率改善用コンデンサの設置 (ただし進み力率とならないように制御)	同左	同左	同左	同期発電機の場合は力率調整が可能
6. 連絡体制	○緊急時に迅速かつ的確な連絡及び復旧が行われること	電力会社とコージェネレーション設置需要家間の保安通信用電話設備の設置並びに連絡体制および復旧体制の整備	同左	同左	同左	

*その他　○上記概要は原則的なものであり, 実際の適用に当たっては, 系統の実態などに応じ, 個別に検討するものとする.
　　　　　○コージェネレーションの設置, 運転, 保守, 運用に当たっては設置者と電力会社で充分協議を行い協調を図ること.
　　　　　○20 kV配電は比較的新しい配電方式であり, コージェネレーションの連系については, 高圧配電系統の場合に準じつつ個別に検討することが必要ある.

(注)　コージェネレーションシステム設置需要家の契約としては, 常時の契約のほかに予備電力契約 (自家用発電設備の定期検査・補修時または, 事故時における不足電力を補う) が必要となり, 契約電力とは常時契約電力と予備契約電力の合計を指す.

② 非常用電源と防災負荷系統

非常用電源と防災設備の系統を図示すると**図1・9**のようになり，非常用電源は火災停電時に防災・消火活動の電源を確保するのが目的です．

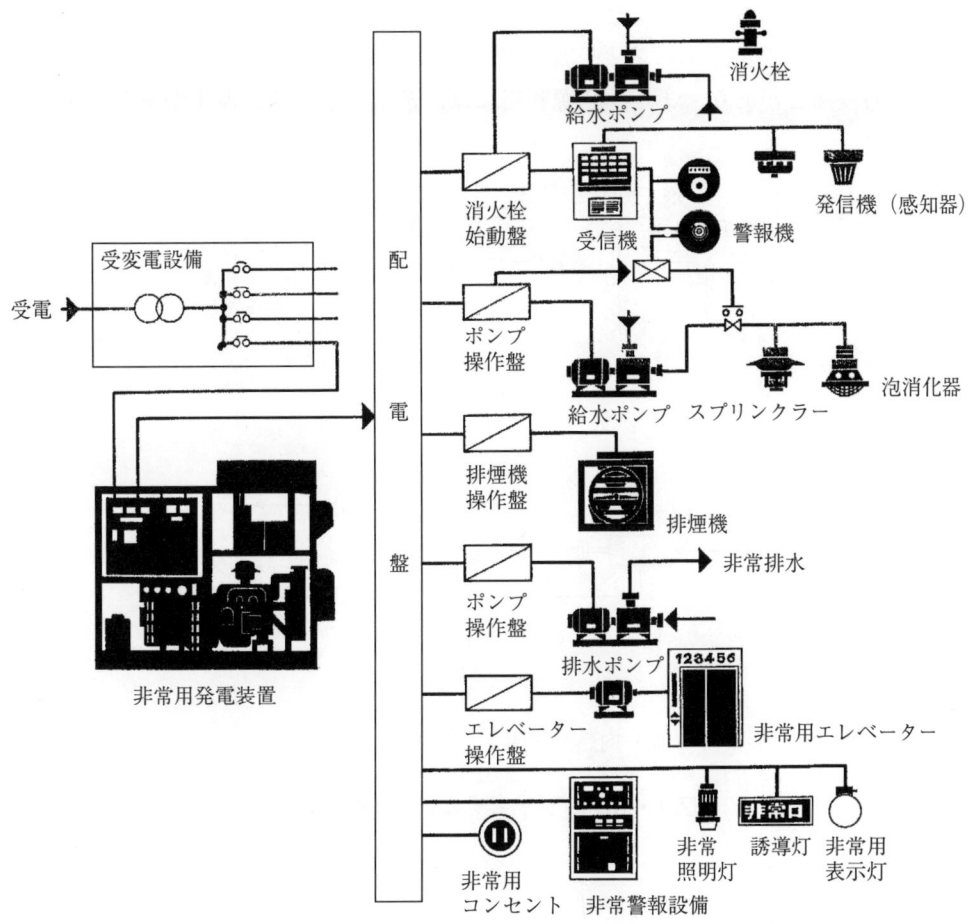

図1・9 非常用電源と防災負荷

(2) コージェネレーションシステム

① コージェネレーションシステムの概念（「コージェネレーション」は以下「コジェネ」と略します）

コジェネシステムは，発電機を回転させるための原動機の種類，燃料と，熱利用の使用方法の組合せによりいろいろのシステムがあります．

代表的な例をあげると，原動機では蒸気タービンおよびガスタービン，内燃力機関とがあり，また，熱源利用には，蒸気，熱ガス，温水があります．

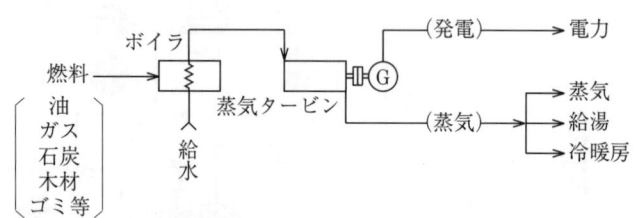

(a) 蒸気タービン・コジェネシステム

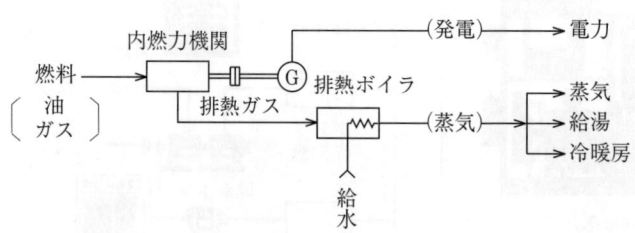

(b) 内燃力機関コジェネシステム

図1・10 コジェネシステムの概念図

② 電源系統と電力運用

コジェネシステムの電源系統は自家用発電設備を常用運転させて商用電源と並列運転する構成（**図1・11(a)**）が一般的ですが，この他にも各種の方式があります．

また，コジェネで発電した電力の運用は，構内で余った電力を商用電源側に逆送電する（「逆潮流あり」と呼び電力を電力会社に「売電」することになります）場合と，しない場合（「逆潮流なし」と呼びます）が考えられますが，一般的にシステムは「逆潮流なし」で組まれています．

1・5 発電設備の運転とシーケンス

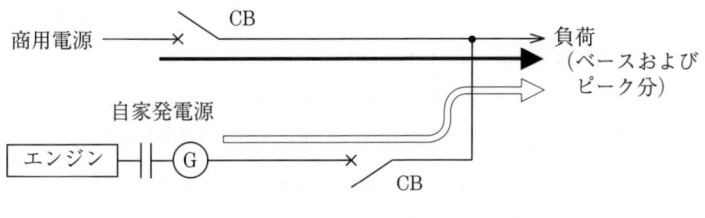

(a) 並列運転方式

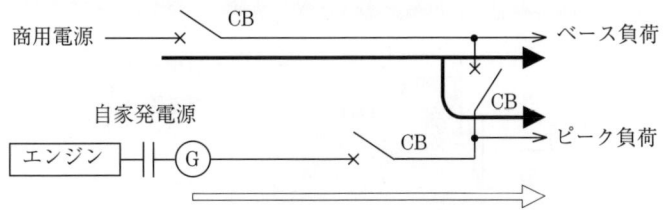

(b) 切替時並列運転方式（切替時瞬停なし）

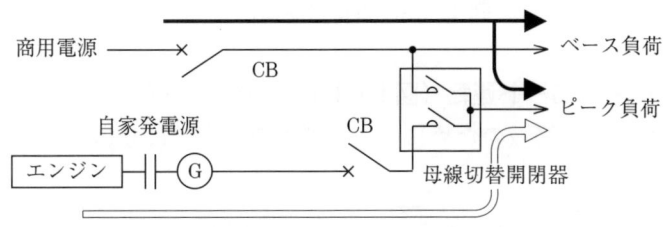

(c) 自家発単独運転方式（切替瞬停あり）

図1・11　各種電源系統図

この場合の電力の運用形態にも各種あります．

(a) ピークカット発電（図1・12）

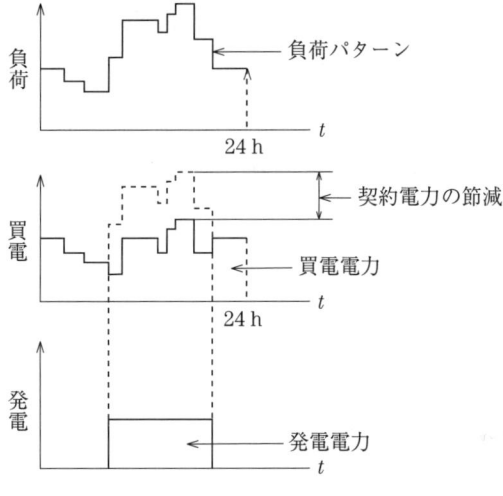

図1・12　ピークカット発電

契約電力の節減のために，ピーク電力を自家発電に分担させます．

(b) 負荷追従運転（図1・13）

　負荷電力を一定の割合で商用電源と分担する方法．

・電力負荷追従形　　熱負荷もそれに見合うだけある場合
・熱負荷追従形　　電力負荷も逆送電しない範囲である場合

の二通りがあります．

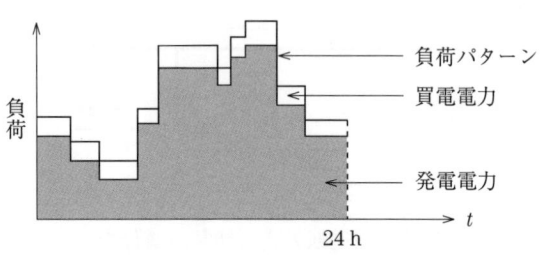

図1・13　負荷追従運転

(c) ベースロード運転（図1・14）

　契約電力の節減のためにベース電力を自家発に分担させます．

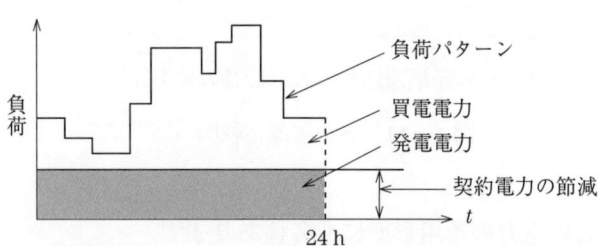

図1・14　ベースロード運転

1・4・4　非常用・常用発電設備の比較

　非常用発電機と常用発電機との間に機器選定上の明確な区分はありませんが，発電設備としての比較をすると**表1・4**のようになります．機関は，最も一般的なディーゼルで比較します．

1・5 発電設備の運転とシーケンス

表 1・4 非常用・常用発電設備の比較

	非常用発電設備	常用発電設備
容量	非常用の短時間運転であるので，常用定格より大きな定格設定が行われている． （一般には，常用出力 × 110 % 程度である）	性格上，長時間運転となるので，同一形式のものでも，非常用定格より小さな定格容量となる．また，周囲条件（高度・空気温度・水温）による補正などを行わなければならない場合もある．
台数	非常用負荷に見合う容量を 1 台または複数台設け，予備機的なものは設けない．	負荷容量・負荷パターン・経済性・保守点検などを考慮して，台数を設定する． （1 台を予備機で設けている例が多い）
ディーゼル機関	運転時間が短く，耐久性，燃料消費量はほとんど問題にならないため，小形軽量で設置面積が少ない高速機関が多く使用される． 始動性を重視し，A 重油または軽油を使用する場合も多い．	保守点検，寿命，燃料消費量などを考慮し，中・低速機関が使用される． 大容量ディーゼル機関では経済性を重視し，B 重油または C 重油を使用する場合多い．
発電機	高速軽量化により小形化されいている．F 種絶縁を使用し小形化されているものが多い．	保守・点検に重点をおいて選んでいる． B 種絶縁のものが多い．
操作方式	停電後，即始動が必要なため自動操作または全自動操作となっている．	機側操作または手動操作でも可．
監視項目など	故障点検を以下に示す． (1) 重故障 　（原動機停止・遮断器トリップ） 　・潤滑油圧力低下 　・冷却水温度上昇 　・冷却水断水 　・過速度 　・始動渋滞 　・過電圧 (2) 中故障（遮断器トリップ） 　・過電流 (3) 軽故障（警報のみ） 　・始動空気圧力低下 　・燃料油面低下 上記のほか，防災設備用発電設備に対して，次の 4 種類の認定区分が定められており，それぞれの認定試験に合格することが必要である． (1) 長時間形自家発電装置 (2) 普通形自家発電装置 (3) 即時長時間形自家発電装置 (4) 即時普通形自家発電装置	電気設備技術基準により設置すべき装置が規定されており，その主なものを以下に示す． ・発電所の構内を明示するため"さく""へい"など ・発電機に過電流が生じた場合，自動的に電路から遮断する装置 ・発電機の電圧・電流および電力の計測装置 ・軸受および固定子の温度計装置 ・同期発電機の場合の同期検定装置 　（並列の場合） また， 常時監視をしない発電所は設置してはいけないことになっている．ただし，内燃力発電所において原動機に自動負荷制限装置を設置し，かつ，構外にある技術員駐在所で技術員が常駐するもの，または遠隔監視制御所に技術員が常駐するものは認められる． その時は，下記に示す場合に警報を発する装置を具備しなければならない． ・原動機が自動停止した場合 ・運転に必要な遮断器が，自動的に遮断した場合 ・発電所内で火災が発生した場合 ・内燃機関の燃料油面が異常に低下した場合
保守点検	精密点検時（3 年に 1 回程度）に機関主要部分の分解・手入れを行う．	・6 カ月に 1 回程度，機関主要部分の手入れを行う． ・1 年 1 回定期点検時に機関の分解・点検を行う． 　ガスタービン発電設備は，法令で 1 年 1 回の定期点検が義務づけられている．

1.5 発電設備の運転とシーケンス

1・5・1 操作方式

一般に自家発電設備の操作方式には表1・5のように，4種類の基本方式があり，用途に応じて使い分けている．いずれの場合も保護警報などは自動的に行われるようになっています．

表1・5 自家発電設備の操作方式

操作方式	操作概要	始動	停止	おもな用途
機側操作	機側にて始動準備作業を行い，レバー，ハンドル，バルブなどを操作することにより始動，停止を行う．遮断器の開閉操作は手動スイッチによる．	手動	手動	常用発電用 ピークカット用
手動操作	発電機制御盤または遠方監視制御盤の操作スイッチにより始動・停止および速度調整を行う．遮断器の開閉操作は手動スイッチによる．	手動	手動	常用発電用 ピークカット用
自動操作	商用電源停止の信号を受け自動始動を行い，遮断器を自動投入する．電源回復後の遮断器の開放および機関停止は手動スイッチにて行うのが一般的である．	自動	手動	非常充電用
全自動操作	商用電源停止の信号を受け自動始動を行い，遮断器を自動投入する．電源回復後の遮断器の開放および機関停止も自動とする．	自動	自動	無人の予備電源 非常発電用

1・5・2 運転

自家用発電設備の運転について，図1・15に示す構成回路の空気始動方式のディーゼル機関を例にとり，説明します．

準備

ディーゼル機関を始動する前には，
(1) しゅう動部に潤滑油が注油されていること．
(2) 冷却水が導入されていること．
(3) 燃料が供給されていること．
(4) 始動用圧縮空気が規定圧以上であること．

等の条件を満足していることが確認された後，機関を始動とします．

始動

始動準備（補機運転）→機関始動→定格速度→電圧確立→負荷投入

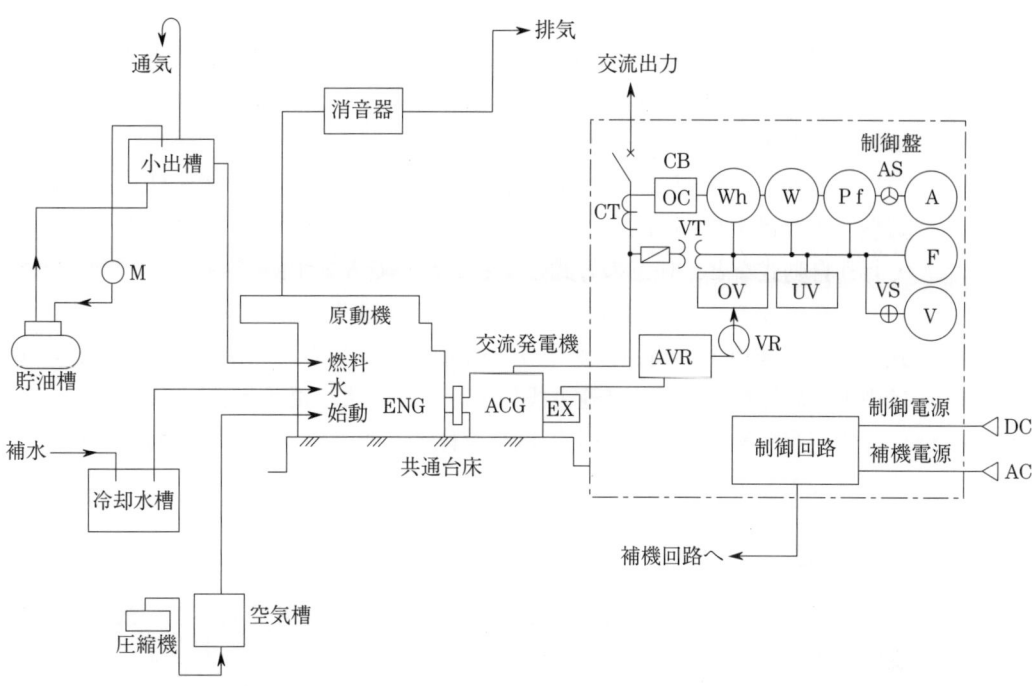

図1・15 自家用発電設備の基本構成回路（ディーゼル機関，空気式始動方式の一例）

ここで，機関の空気始動の原理を簡単に説明します．
ディーゼル機関はシリンダ内で燃料を爆発燃焼させ，膨張するガスの圧力でピストンを押し下げクランク軸を回転させるもので，始動時はこのガス圧の代わりに高圧の空気をシリンダ内に送ってクランク軸を回転させます．

運　転

回転速度が定格の30％程度になると始動空気は不要となり，そのまま回転は上昇し規定回転速度に達します．発電機の電圧を確立する規定回転速度はガバナの設定値により決まり，負荷の変化に伴い回転速度を保持するよう燃料の供給を加減します．

始動指令を与えてから送電開始までの時間は一般に**表1・6**に示すとおりです．

表1・6

	常用機	非常用機
始動時間	10～15秒	5～15秒
送電開始時間	10～15分	10～40秒

停　止

負荷しゃ断→機関停止→補機停止

機関の停止は，運転中故障が発生した場合，停止保護装置が動作し，停止電磁弁が開き，機関の停止ピストンを動作させ，燃料を遮断し停止させます．また，通常停止は盤取り付けの停止ボタンを押すことによって同様の作用で機関は停止します．

以上の操作は機関については，機側操作盤で順次行い，電気関係を発電機制御盤（または中央制御盤）で引き継いで行う手動操作式，すべてをワンタッチで行う自動式など，任意の方式とすることができます．

常用発電プラントでは通常始動・停止操作はそれほど多くはないため，手動式としても運用上の負担はかかりませんが，多数のユニットで構成される場合は中央制御盤を設けて一括遠方操作を行うと方法が便利とされています．

非常用発電装置では性格上，自動操作とし，送電開始までの時間を極力短くすべきです．

1・5・3　シーケンス

具体的なシーケンス制御例を図1・16に示します．以下に本図の動作を簡単に説明します．

また，始動・停止操作のタイムスケジュールの一例を図1・17に示します．

（1）　制御電源

制御電源スイッチ「8」を"入"にします．制御電源を入れることにより，操作準備が完了します．

（2）　始　動

(a)　手動の場合

・手動−自動切換スイッチ「43AM」を"手動"にします．

・始動−停止スイッチ「1」を"始動"に入れるとキープ継電器「1X」が励磁

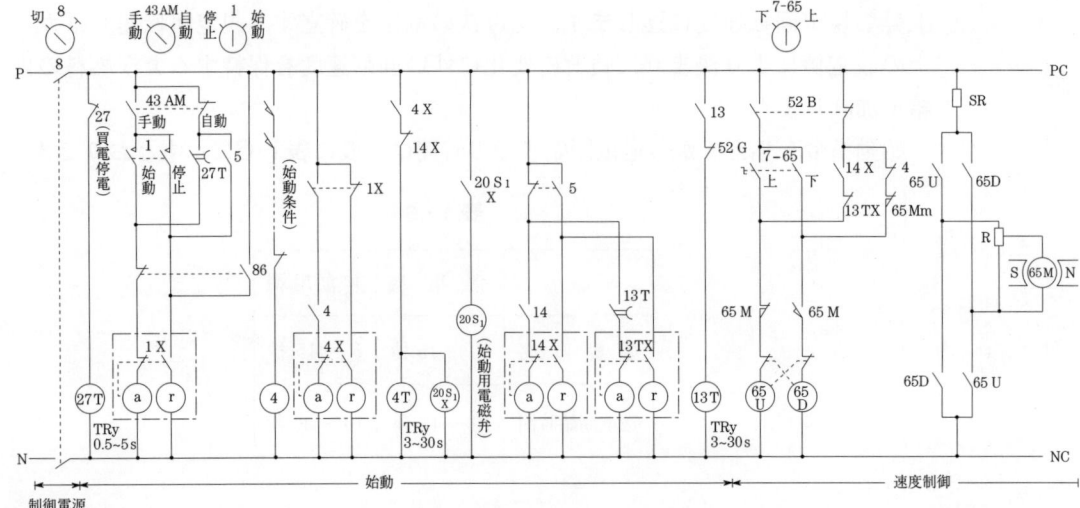

図1・16　シーケンスの一例

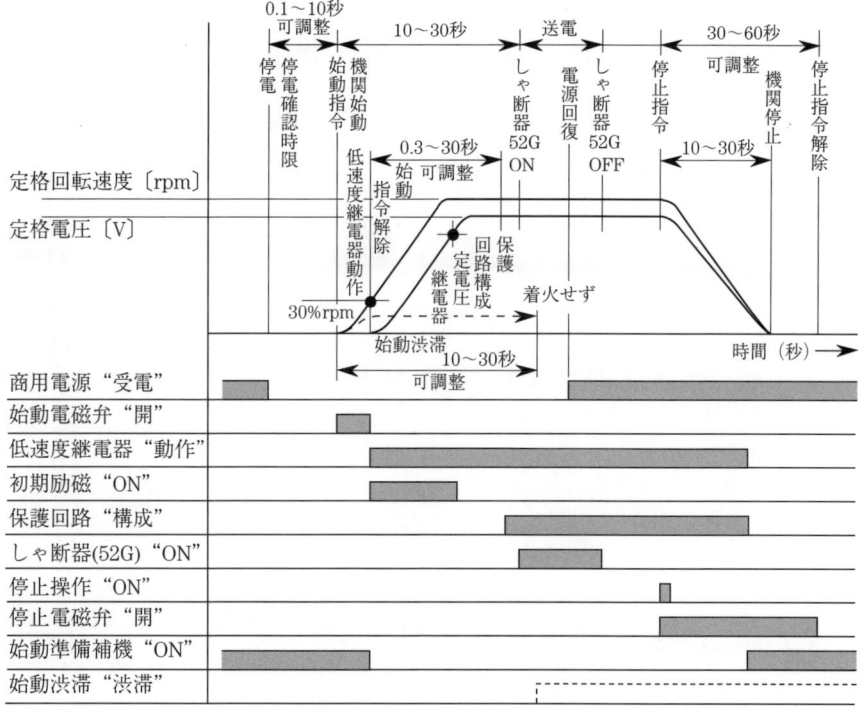

図1・17 ディーゼル発電装置の始動・停止タイムスケジュールの例

され，始動条件（機関補機類正常，主遮断器開など）が正常である場合，キープ継電器「4X」が動作し，補助継電器（$20S_1X$）が励磁され，始動用電磁弁（$20S_1$）が開となり，機関は回転を開始します．
・機関が始動後，その回転速度が定格回転速度の30％程度に達すると低速度継電器（14）が動作し，$20S_1X$の励磁は解かれ，始動用電磁弁は閉となります．

(b) 自動の場合
・手動－自動切換スイッチ「43AM」を"自動"
・買電停電または常用電源電圧が規定値以下に低下したとき，不足電圧継電器（27）が動作し，時限タイマ（27T）により時限確認後，キープ継電器（1X）が励磁され，手動の場合と同様に機関は始動します．

(3) 速度制御

(a) 定格回転速度確立までの速度制御

定格回転速度の30％程度より定格回転速度までの速度制御は速度継電器（13）が動作するまで，ガバナモータは自動的に増速側に駆動されます．

定格回転速度に達すると速度継電器（13）が動作し，一定時限後，増速側に駆動されたガバナモータは停止します．また，増速中に始動条件が異常になった場合には，ガバナモータは自動的に減速側に駆動されます．

(b) 運転中の速度制御

速度制御スイッチ「7-65」を上側に操作すると，ガバナモータが上昇側に駆動され回転速度は上昇し，「7-65」を下側に操作すると同様に回転速度は下降します．

第2章　自家用発電装置の種類と保守

2.1　交流発電機

2・1・1　交流発電機の原理

磁石に鉄片を近づけると吸引されます．これは磁石の端末に磁力が存在し，磁界を形成しているためです．この磁石に**図2・1**のようにコイルを近づけたり遠ざけたりすると瞬間的に，コイルに起電力が生じ，電流が流れます．この現象を電磁誘導といい，交流発電機の原理です．

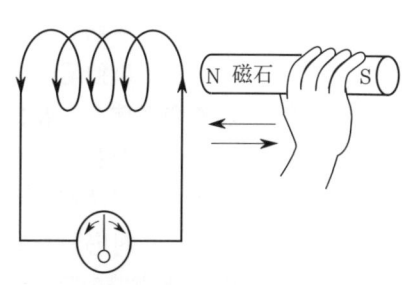

図2・1　発電機の原理

実際の3相交流発電機は**図2・2**のように磁石を回転させることによりコイルから見た場合，磁石がコイルに近づいたり，遠ざかったりする現象となり，A，B，Cの各コイルに1/3サイクル位相のずれた起電力を生じさせています．

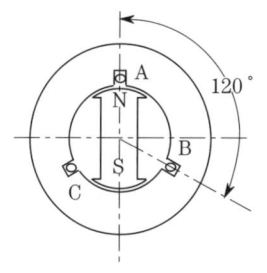 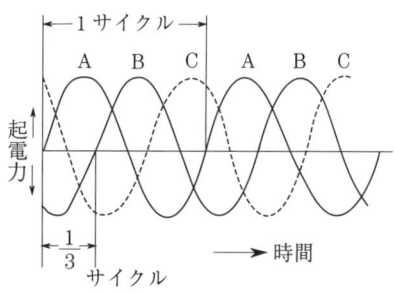

図2・2　3相交流発電機の原理と3相起電力の波形

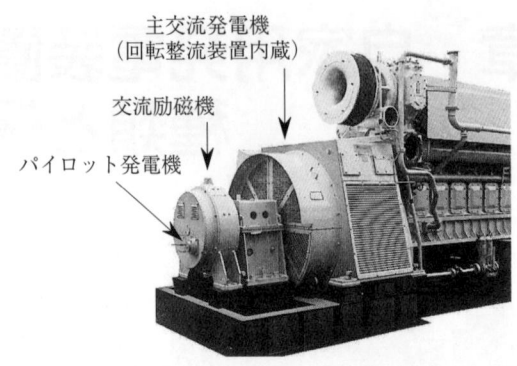

図2・3 ブラシレス発電機外観

2・1・2 種類

(1) 同期発電機と誘導発電機

発電機には同期発電機(SG)と誘導発電機(IG)の2種類があり，**表2・1**にその比較を示します．

両者の主な特徴は，

同期発電機：電力系統に連係しての並列運転はもちろん，連係しないで単独運転も可能であり，非常用自家発電設備のように商用電源停電時に単独運転する場合に必ず適用されます．

誘導発電機：一般に小形軽量で，安価で，運転保守も容易ですが，電力系統など他の電源との並列運転しかできません．また，構造的にはかご形誘導電動機と同じですが，並列投入時の突入電流や高速原動機に対応した配慮がなされています．

(2) 発電機の定格

① 出力および力率

発電機出力は原則として〔kVA〕で表し，標準力率は0.8とし，〔kVA〕×0.8＝〔kW〕表示とされています．

標準的には次の値が一般的です．

    10, 15, 20, 30, 40, 50, 75, 100, 200, 250, 300, 400, 500, 625, 750, 900, 1 000, 1 250, 1 500, 2 000, 2 500, 3 000

② 相数 3相3線式が一般的です．

③ 電圧 標準電圧は次の通りです．

  高圧 6 600V

  低圧 400V，200V

なお低圧は，上記以外に210，230，415，460Vなども標準として使用されています．

④ 周波数と回転速度

周波数と回転速度には一定の関係があり，(2・1) 式で表されます．

2·1 交流発電機

表 2·1 同期発電機と誘導発電機の比較

比較項目	同期発電機（SG）		誘導発電機（IG）
運転方式	単独運転も商用など他の電源との並列運転も，いずれでも可能．		商用など他の電源と並列運転しかできない． （非常用電源としては適用不可）
	単独運転時	商用と並列運転時	
発電出力	負荷の容量に応じた出力となる．	総合負荷が発電機の出力に比して大きい時は，常時100 %の効率の良い運転ができる．	総合負荷が発電機の出力に対して大きい時は，常時100 %の効率の良い運転ができる．
無効電力	負荷に応じた無効電力供給が可能．	商用とのやりとりが可能．	制御不可能． 無効電力の増減は，商用電源に負わざるを得ない． 系統によっては力率改善用コンデンサが必要．
設備構成			
励磁装置	AVRなどの励磁装置が必要．	同　左	不要（励磁電源は商用など他の電源となる）
遮断器	発電機の容量に応じた小さな遮断容量でよい．	系統の遮断容量を考慮する必要あり．	系統の遮断容量を考慮する必要あり．
同期投入方法	不　要	電圧・周波数・位相を合わせて投入する装置が必要．	回転数のみ検出して系統に投入する．（突入電流が大きい）
原動機速度変動率	負荷に応じて3〜5 %変動．	周波数・速度とも変動しない．	周波数は変動しない． 速度はスリップ分の変動がある．
保護回路	―――	単独運転に比べ，逆電力継電器および電力会社の要求する継電器が必要．	同期発電機の単独運転に比べ，逆電力継電器および電力会社の要求する継電器が必要．
商用停電時に商用への逆充電	―――	可能性あり． （保護回路が必要）	可能性なし． （商用電源が停電すると出力
保守性	普　通	普　通	やや容易
電力会社の了解	不　要	必　要	必　要
コスト	普　通	普　通	やや安価

$$N = \frac{120 \cdot f}{p} \tag{2・1}$$

ただし，N：発電機の回転速度〔rpm〕
　　　　f：発電機の出力周波数〔Hz〕
　　　　p：発電機の極数

各周波数，極数における回転速度を**表2・2**に表します．

表2・2　発電機の極数と回転速度〔rpm〕

周波数＼極数	2	4	6	8	10	12
50 Hz	3 000	1 500	1 000	750	600	500
60 Hz	3 600	1 800	1 200	900	720	600

⑤　励磁方式

励磁方式はそれぞれ特長を持っています．その性能比較は**表2・3**に示すとおりですが一般的には，ブラシレス方式が採用されています．

表2・3　励磁方式の性能比較

励磁方式	利　点	欠　点
ブラシレス分巻方法	(1)発電機界磁用ブラシなどの保守が不要． (2)励磁調整装置の容量が小さくてすむ． (3)並行運転特性がよい	(1)励磁速応性に限界がある (2)持続短絡電流を流すことが不可能
ブラシレス複巻方法	(1)発電機界磁用ブラシなどの保守が不要 (2)持続短絡電流を流すことが可能 (3)AVRが故障しても定格電圧の3％程度で安定した運転が可能（単独運転時）	(1)励磁速応性に限界がある．
サイリスタ直接方式	(1)励磁速応性が大 (2)並行運転特性がよい (3)小容量機の場合，システムとして経済的である．	(1)励磁容量が大きくブラシの保守が面倒 (2)持続短絡電流を流すことが不可能 (3)専用の励磁盤が必要となることが多く，発電機盤の一面構成が不可能になる．
複巻方式	(1)励磁速応性が大 (2)持続短絡電流を流すことが可能 (3)AVRが故障しても定格電圧の3％程度で安定した運転が可能（単独運転時） (4)発電機容量に対し負荷電動機の始動容量の大きい中・小容量機に適する． (5)初期励磁なしで電圧確立が可能	(1)励磁容量が大きくブラシの保守が面倒 (2)3000kVA以上の発電機では，励磁装置の構成機器が大きくなり収納スペースが大となる．

2·1 交流発電機

⑥ 絶縁の種別

低圧はE種絶縁以上，高圧はH種絶縁以上ですが，消防法ではE種絶縁以上と規定されています．

⑦ 発電機の規格

発電機の性能は，JEC（日本電気規格調査会標準規格）およびJEM（日本電気工業会標準規格）などに準拠して，設計，製作されています．

発電機に関する参考規格には下記のようなものがあります．

・JEC 114「同期機」
・JEM 1354「ディーゼルエンジン駆動陸用同期発電機」
・JEM 1435「非常用同期発電機（陸用）」
・建設大臣官房官庁営繕部

(3) 発電機の構成

自家用として一般的に使用されている同期発電機の構造と各部名称について説明します．

① シャフト（軸）
② 電機子巻線 ………………… 固定子
③ 電機子鉄芯 …………
④ 界磁巻線 ………………… 回転子．円筒形と突極形とがあり，主に円筒形は中速機にもち
⑤ 界磁鉄芯 ………… いられ，突極形は低速機に用いられる．
⑥ 整流器 ………………… 交流励磁機の出力を直流に変換し主発電機を励磁するための整流器．
⑦ 交流励磁機 ………………… ブラシを介し界磁巻線を励磁するとどうしても摺動子部分が問題となる場合があり，メンテナンスフリーという面からブラシレス方式の発電機が多くなりつつある．
⑧ タコジェネレータ ………… 回転速度を検出する．
⑨ 軸　受
⑩ 冷却ファン

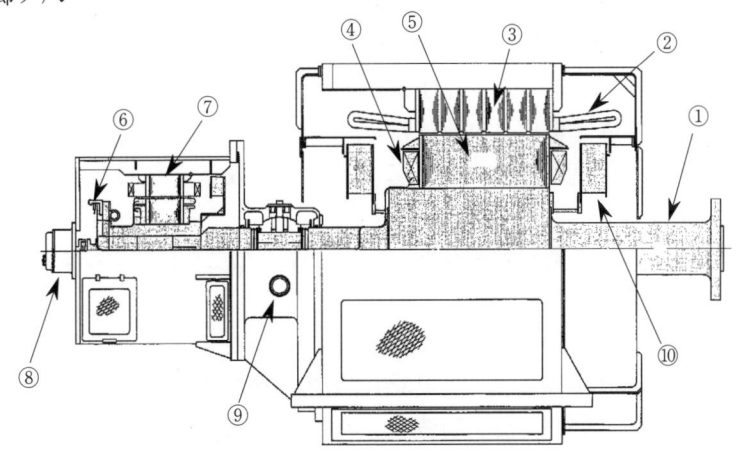

図2・4　ブラシレス発電機構造図

図2・5 交流発電機の回転子

(4) 発電機の運転

① 起動準備
   (1) 発電機の軸受潤滑油が規定量であること．
   (2) 発電機内部に異物がないこと．
   (3) ブラシ圧力が正常であること．
   (4) 遮断器が遮断状態にあること．
   (5) 保守運転の場合，安全のため断路器を開放する．
   (6) 故障・警報用ブザ（ベル）用スイッチが入であること．
   (7) 過電流・その他の継電器のターゲットが正常であること．
   (8) 故障表示のランプチェックを行うこと．

② 起動後確認事項（無負荷時）
   (1) 軸受用オイルリングが円滑に回転し，潤滑油がオイルリングに付着して運ばれていることを確認すること．
   (2) 異常な振動や音響がないこと．
   (3) スリップリング・ブラシ間の接触が完全であること．
   (4) 電圧計切替スイッチで3相電圧の平衡をチェックすること．
   (5) 電圧計指示値が静止しており，脈動現象のないこと．
   (6) 周波数指示値の脈動がないこと．
   (7) 電圧調整器により電圧調整が可能なこと．

③ 運転中確認事項（負荷運転時）
   (1) 軸受温度が正常であること（室内温度により異なりますが，50℃以下ぐらい．）．
   (2) 異常な振動や音響があった場合は，ただちにエンジンを停止すること．
   (3) 発電機外被温度が正常であること．
   (4) 電圧計切替スイッチで3相電圧の平衡をチェックすること．
   (5) 電流計切替スイッチで3相電流の平衡をチェックすること．
   (6) 電力計・力率計・周波数計の指示値を確認すること．

(5) 発電機の保守

　発電機の構造，機能をよく知り，平常の状態をよく認識していれば，なんらかの異常が発生した場合，これを早期に発見し対策を講ずることが可能です．発電機の事故としては，巻線の絶縁不良，軸受の損傷，回転整流器の事故，振動等の問題があります．

① 巻　線

- 巻線にごみや油が付着した場合，そのまま放置しておくと絶縁劣化を招くので，ごみは圧縮空気で，油類はブラシや竹ベラで入念に取り去り清掃する必要があります．
- 電機子，界磁巻線の絶縁抵抗は，定期的に測定しておくことが必要です．絶縁抵抗の最低許容値は次式に示すとおりです．（JIS C 4004による経験式）

$$\frac{定格出力〔V〕}{定格電圧〔kW または kVA〕+1{,}000} \ 〔MΩ〕$$

または，

$$\frac{定格出力〔V〕+\frac{1}{3}〔毎分回転数〕}{定格電圧〔kW または kVA〕+2{,}000} + 0.5 \ 〔MΩ〕$$

- 電機子，界磁巻線が吸湿した状態にあるときは，乾燥させなければなりません．同期発電機を回転させ界磁電流を加減して，電機子巻線中に適当な短絡電流を流す方法もあります．

② ころがり軸受

　軸受より異常音が発生したときは，軸受を交換しなければなりません．また，グリース注入形軸受の場合は，潤滑油としてグリースを使用しているので，ある期間運転使用していると，充てんグリースは老廃するので補給が必要です．

③ 回転整流器の点検（ブラシレス発電機の場合）

　発電機回転子軸上に取り付けられたシリコン整流器が破損した場合は，発電機電圧が不安定となり交流励磁機の過熱の原因となるので，その場合テスタでシリコン整流器を点検する必要があります．

④ 振　動

　発電機の運転中，異常振動が発生したときは，その原因を調査し，適切な対策を施す必要があります．その原因としては，回転子に異物が付着した場合，電気的負荷の不平衡の場合，締付けボルト類のゆるみ，回転子線輪の層間が短絡した場合，軸受の異常が発生した場合等が考えられます．

(6) 点検整備内容

　発電機の点検は次の3種類に大別され，それぞれの内容は**表2・4**に示されます．

　簡易点検整備〔A点検〕：おおよそ納入後から3年目までを対象とした主とし

表2・4 発電機点検整備内容

点検部	作業内容	A点検(簡易)	B点検(普通)	C点検(精密)
発電機本体	本体移動			○
	回転子抜出し			○
	口出線の接続部点検	○	○	○
	絶縁抵抗測定	○	○	○
	各締付部の増締，点検	○	○	○
	塗装のはく離，発錆の補修			○
軸受	メタルの当り，ギャップ測定		○	○
	オイルリングの摩耗，変形		○	○
	油の劣化点検，または交換	○	○	○
	油の漏れ点検，補修		○	○
	ころがり軸受の点検，グリース交換		○	○
	ころがり軸受交換			○
固定子	巻線点検			○
	鉄心，ウェッジのゆるみ，点検	A・B点検は目視の範囲で点検		○
	ダストじんあいの清掃			○
回転子	巻線点検			○
	鉄心のゆるみ点検			○
	ダンパの変形，口付部のき裂点検			○
	ダストじんあいの清掃			○
スリップリング	スリップリング面の点検	○	○	○
	スリップリングの振れ測定		○	○
	ブラシ保持器の点検	○	○	○
	ブラシ摩耗点検および交換	○	○	○
回転整流素子	清掃および点検		○	○
速度検出PG	カップリングの点検			○
遠心力開閉器	接触子の点検	○	○	○
	動作点の確認			○
エアギャップ	測定		○	○
運転確認	軸受音響確認	○	○	○
	軸受温度測定		○	○
	振動測定		○	○
	ブラシ火花点検	○	○	○

普通点検整備〔B点検〕：おおよそ3年から10年目までを対象とした主要部分の点検整備．

精密点検整備〔C点検〕：10年以上経過した機器を対象とした，機器の分解精密点検と，細部にわたる点検整備．

(7) 保守運転時のチェックポイント

① 非常用自家発電装置のエンジンで保守運転時はJK端子を外すこと．

保守運転の際，定格回転数以下の回転数で暖気運転する場合，界磁回路の遮断器がないものについては必ず，JK端子を外して下さい．

定格回転数より低い回転で長時間（10～15分以上）保守運転を行うと，発電機の励磁電流が増え，エキサイタおよび，界磁巻線が発熱し，ついには焼損する場合もあり，また，AVR（自動電圧調整器）の電圧が高くなり発熱焼損することがあります．

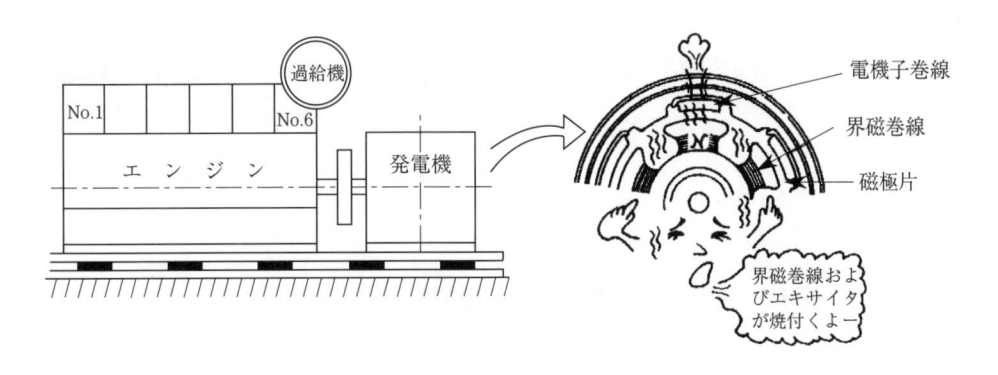

図2・6

〔参考〕AVRとは，自動電圧調整器で発電機発生電圧を一定にするための装置であり，定格回転数で電圧何V（発電機容量，メーカによって多少異なる）と設計してあるため，回転数が下がれば当然電圧も低くなります．この時，AVRは電圧を高くする方向に働きます．

② 運転前の準備としては

発電機盤に，界磁回路の遮断器がある場合は，遮断器をOFFにし，無い場合はJK端子を外して，発電機の電圧が確立しないようにしておき始動します．

③ 運転時の注意

(1)定格回転数で暖気運転が完了し，負荷運転に入る前に，遮断器の無い場合は一担エンジンを停止させJK端子を接続の

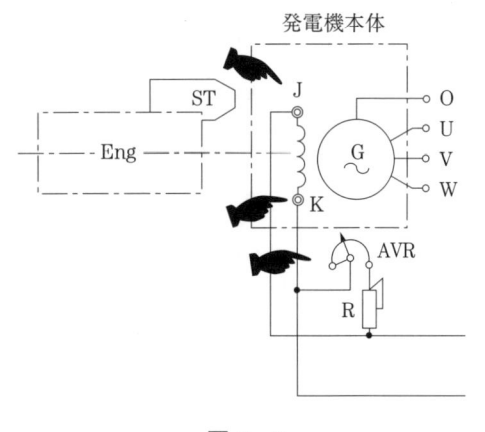

図2・7

うえ再始動します（定格回転まで）．

その際，配電盤に遮断器がある場は，"OFF"の状態にしたままで配電盤取付けの電圧計によって，発電機出力，電圧が3相平衡していることを確かめます．同時に周波数計が規定周波数を指示していることも確認します．

(2) 運転時，異常音，振動の発生はないか，回転方向は良いか，オイルサイトより潤滑油が順調に流れているかを点検します．

非常用発電機の場合，通常，界磁回路の遮断器が配電盤に組込まれています．

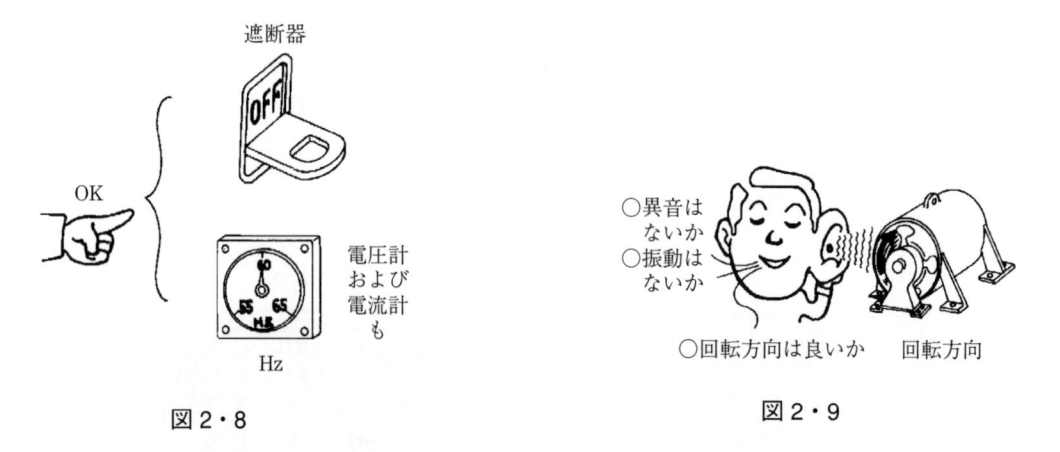

図2・8

図2・9

(8) 交流発電機の故障とその対策

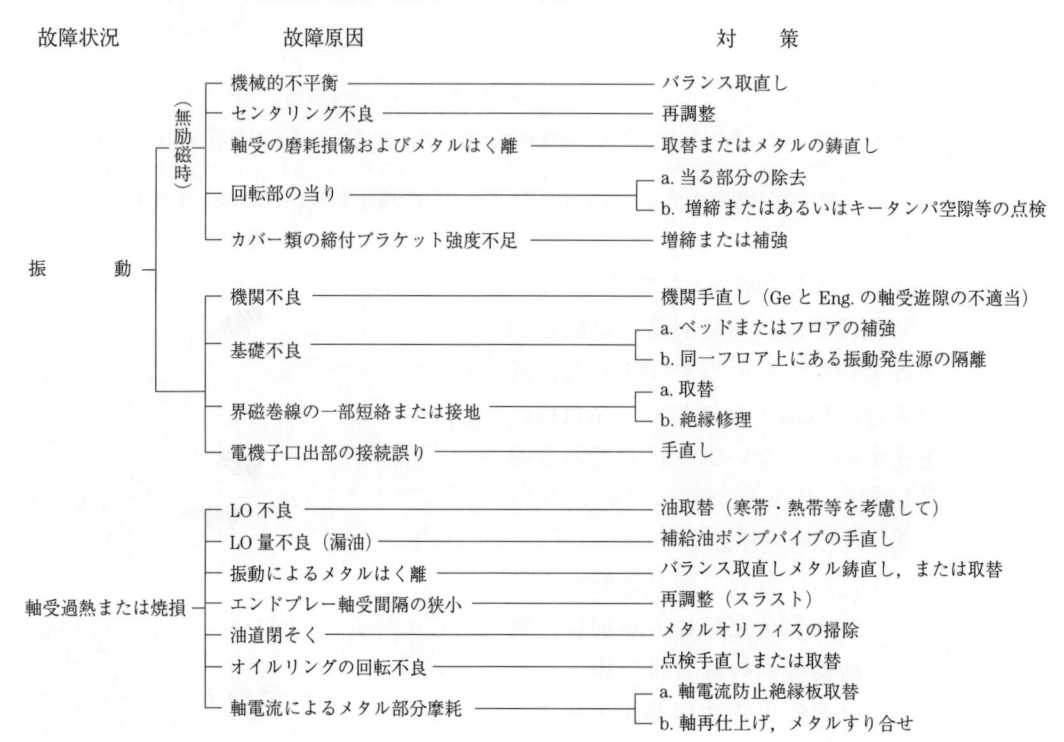

故障状況	故障原因	対　策
振　動	（無励磁時）機械的不平衡	バランス取直し
	センタリング不良	再調整
	軸受の磨耗損傷およびメタルはく離	取替またはメタルの鋳直し
	回転部の当り	a. 当る部分の除去
		b. 増締またはあるいはキータンパ空隙等の点検
	カバー類の締付ブラケット強度不足	増締または補強
	機関不良	機関手直し（GeとEng.の軸受遊隙の不適当）
	基礎不良	a. ベッドまたはフロアの補強
		b. 同一フロア上にある振動発生源の隔離
	界磁巻線の一部短絡または接地	a. 取替
		b. 絶縁修理
	電機子口出部の接続誤り	手直し
軸受過熱または焼損	LO不良	油取替（寒帯・熱帯等を考慮して）
	LO量不良（漏油）	補給油ポンプパイプの手直し
	振動によるメタルはく離	バランス取直しメタル鋳直し，または取替
	エンドプレー軸受間隔の狭小	再調整（スラスト）
	油道閉そく	メタルオリフィスの掃除
	オイルリングの回転不良	点検手直しまたは取替
	軸電流によるメタル部分摩耗	a. 軸電流防止絶縁板取替
		b. 軸再仕上げ，メタルすり合せ

2・1 交流発電機

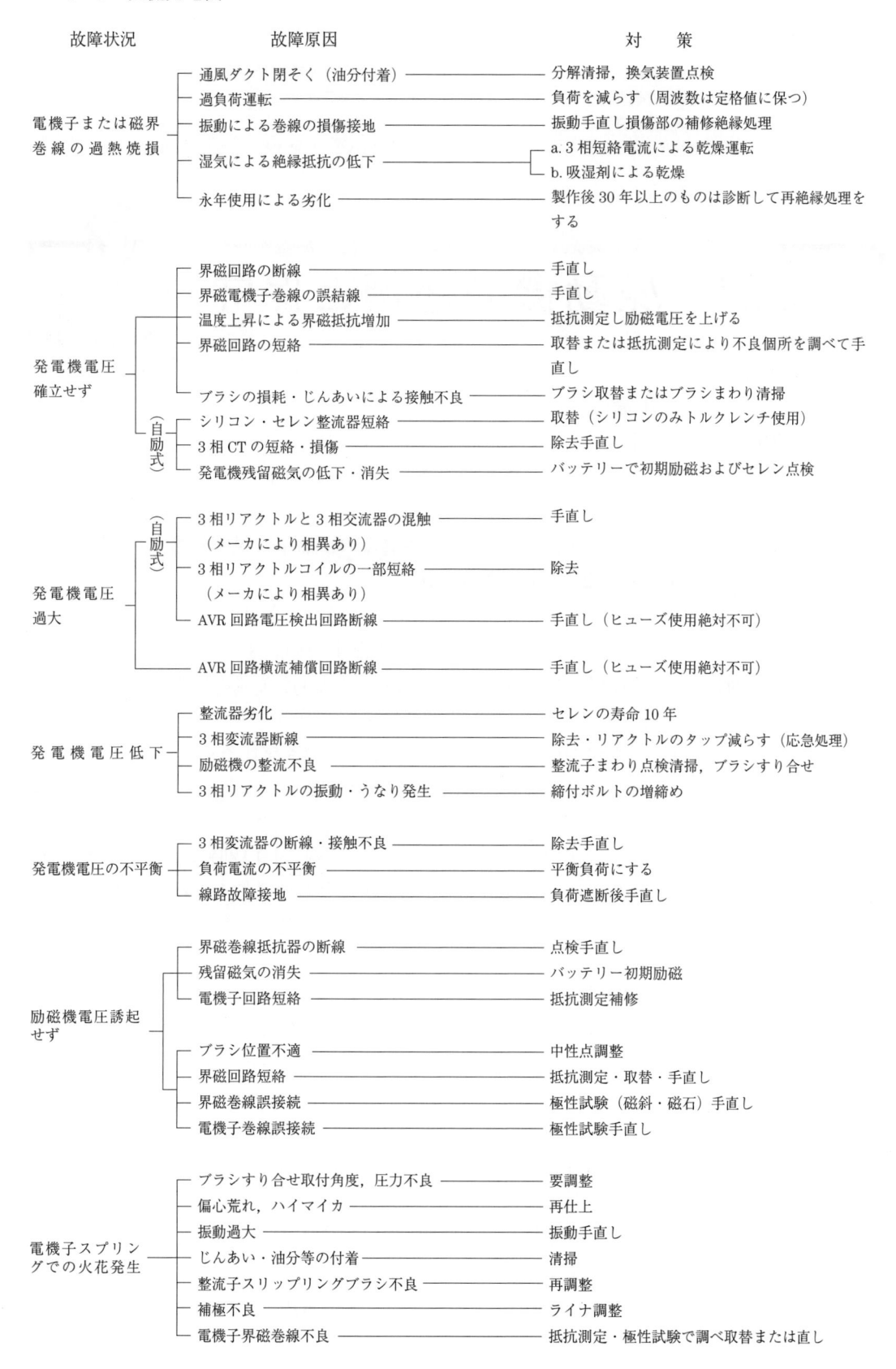

故障状況	故障原因	対　策
電機子または磁界巻線の過熱焼損	通風ダクト閉そく（油分付着）	分解清掃，換気装置点検
	過負荷運転	負荷を減らす（周波数は定格値に保つ）
	振動による巻線の損傷接地	振動手直し損傷部の補修絶縁処理
	湿気による絶縁抵抗の低下	a. 3相短絡電流による乾燥運転 b. 吸湿剤による乾燥
	永年使用による劣化	製作後30年以上のものは診断して再絶縁処理をする
発電機電圧確立せず	界磁回路の断線	手直し
	界磁電機子巻線の誤結線	手直し
	温度上昇による界磁抵抗増加	抵抗測定し励磁電圧を上げる
	界磁回路の短絡	取替または抵抗測定により不良個所を調べて手直し
	ブラシの損耗・じんあいによる接触不良	ブラシ取替またはブラシまわり清掃
	（自励式）シリコン・セレン整流器短絡	取替（シリコンのみトルクレンチ使用）
	3相CTの短絡・損傷	除去手直し
	発電機残留磁気の低下・消失	バッテリーで初期励磁およびセレン点検
発電機電圧過大	（自励式）3相リアクトルと3相交流器の混触（メーカにより相異あり）	手直し
	3相リアクトルコイルの一部短絡（メーカにより相異あり）	除去
	AVR回路電圧検出回路断線	手直し（ヒューズ使用絶対不可）
	AVR回路横流補償回路断線	手直し（ヒューズ使用絶対不可）
発電機電圧低下	整流器劣化	セレンの寿命10年
	3相交流器断線	除去・リアクトルのタップ減らす（応急処理）
	励磁機の整流不良	整流子まわり点検清掃，ブラシすり合せ
	3相リアクトルの振動・うなり発生	締付ボルトの増締め
発電機電圧の不平衡	3相変流器の断線・接触不良	除去手直し
	負荷電流の不平衡	平衡負荷にする
	線路故障接地	負荷遮断後手直し
励磁機電圧誘起せず	界磁巻線抵抗器の断線	点検手直し
	残留磁気の消失	バッテリー初期励磁
	電機子回路短絡	抵抗測定補修
	ブラシ位置不適	中性点調整
	界磁回路短絡	抵抗測定・取替・手直し
	界磁巻線誤接続	極性試験（磁斜・磁石）手直し
	電機子巻線誤接続	極性試験手直し
電機子スプリングでの火花発生	ブラシすり合せ取付角度，圧力不良	要調整
	偏心荒れ，ハイマイカ	再仕上
	振動過大	振動手直し
	じんあい・油分等の付着	清掃
	整流子スリップリングブラシ不良	再調整
	補極不良	ライナ調整
	電機子界磁巻線不良	抵抗測定・極性試験で調べ取替または直し

故障状況	故障原因	対　策
並列運転不良	横流補償回路の極性逆	検出変流器・リード線の点検手直し
	均圧線・接続電磁リレー接続不良	点検手直し
	機関調速機不良	感度調整
	AVR感度不適	AVRの感度調整（感度を鈍くする）

2.2　原動機の種類と保守

2・2・1　ディーゼル機関

(1)　作動原理

　空気を圧縮しそれによって燃料を燃焼させ，この圧力と温度を動力源とするのがディーゼルエンジンですが，その動作の組み合わせはどのようになっているのか，そしてそれがどのように継続されるのか簡単に説明します．

(a)　行程（ストローク）とサイクル

　行程とはピストンが動く距離のことで，立形のときはピストンが最上位から最下位にまたは最下位から最上位に動く距離をいいます．したがってエンジンが1回転すると2行程（ストローク），2回転すると4行程（ストローク）したことになります．

　毎回，同じいくつかの動作をくり返してある大きな仕事をする場合，ある点を起点として再び同じ起点に戻って来た時の一回りのことをサイクルと言います．

　例えば，時計の針が1時から始まって2時，3時と回り12時にかえって再び1時から指しはじめる，これをくり返す1時を起点としたこの1巡をサイクルとすることができます．このように同じ動作をくり返す1巡のこともサイクルといいます．

(b)　各行程のはたらき

　ディーゼル機関も他の内燃機関と同じく，図2・10のように吸気，圧縮，膨張，排気の4つの動作をくり返して行います．したがってこの4つの動作が終われば，エンジンは4サイクルを完了したことになります．この1サイクル中の4つの動作の内一つが欠けても，エンジンは運転を続けることが不可能となります．そして一つ一つの動作の能力がエンジン全体の能力を左右します．4サイクルエンジンにおいては，各動作をそれぞれ一つの行程で行っています．すなわちそれぞれの行程を吸気行程，圧縮行程，膨張行程，排気行程といい，この4行程で一つのサイクルを完了します．つまり4行程サイクルエンジンといいますがこれを略して4サイクルエンジンといっています．自家発電用のディーゼルエンジンのほ

2・2 原動機の種類と保守

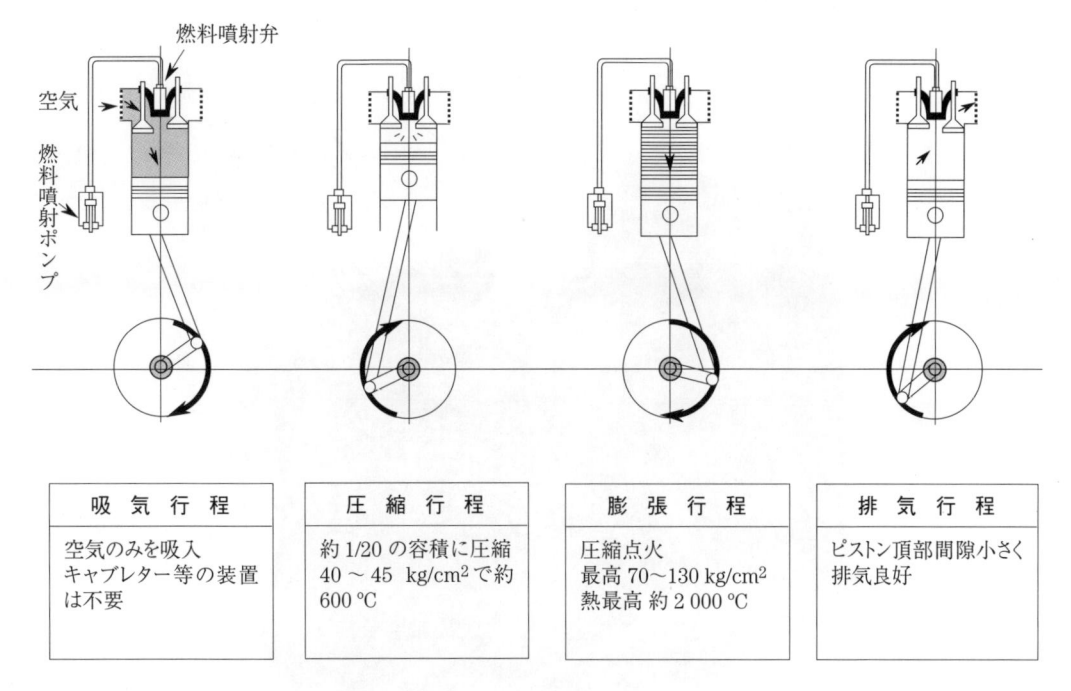

吸　気　行　程	圧　縮　行　程	膨　張　行　程	排　気　行　程
空気のみを吸入 キャブレター等の装置は不要	約1/20の容積に圧縮 40～45 kg/cm² で約 600 ℃	圧縮点火 最高 70～130 kg/cm² 熱最高 約2 000 ℃	ピストン頂部間隙小さく 排気良好

図2・10　4サイクルエンジンの作動図

とんどはこの種のエンジンです．

(2) ディーゼル機関の構成

ディーゼル機関およびその補機の構成は，その出力，設置条件，使用条件，燃料条件などによって，その主要構成は次の部分に分けることができます．構成図を**図2・11**に示します．

① ディーゼル機関　本体，調速装置，過給機，始動装置，停止装置，計測装置，台板など
② 燃料油関係　燃料油貯油油槽，移送ポンプ，燃料油小出槽など
③ 潤滑油関係　潤滑油槽，潤滑油冷却器，プライミングポンプ，加熱器など
④ 冷却水関係　冷却水槽，冷却塔，ラジエータなど
⑤ 始動装置関係
　(a) 空気式：空気槽，空気圧縮機，制御盤など
　(b) 電気式：始動用蓄電池，充電装置など
⑥ 排気関係　消音器，排気管など
⑦ 付属装置　換気装置，つり上げ装置など

(3) エンジン本体関係

自家発電装置に使用されるディーゼル機関は，正式には「立形単動4サイクル無気噴油水冷式トランクピストン形」という機関名で呼称されます．以下，この用語について簡単に説明します．また，代表的な直列立形エンジン断面図と

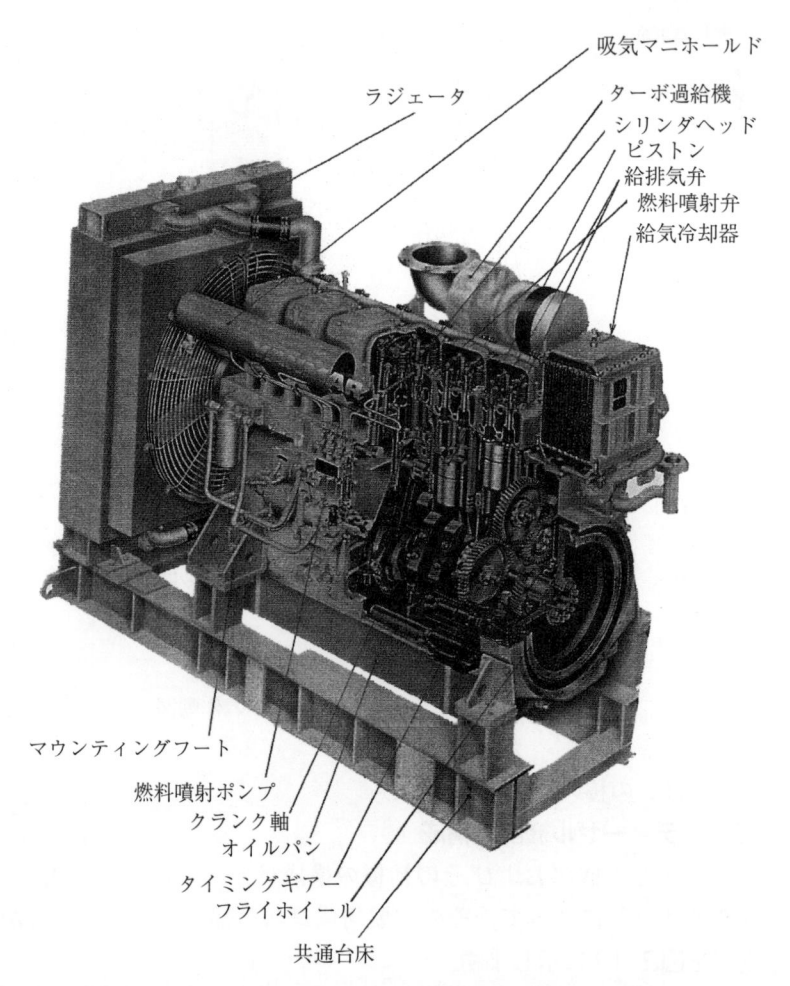

No	項　目	説　明
1	ラジェータ	冷却水や潤滑油の熱を空気中へ放熱する．
2	吸気マニホールド	過給機で加圧された空気を各シリンダへ分配する．
3	ターボ過給機	排気ガスで空気を圧縮し燃焼室へ加圧供給する．
4	シリンダヘッド	シリンダのふたの役割で燃焼室を形成する．
5	ピストン	燃焼室を構成し，空気の圧縮や燃焼ガス圧力を力に変換する．
6	吸排気弁	燃焼室への空気の取入れや排気ガスの排出を行う．
7	燃料噴射弁	ポンプから送られた高圧燃料を燃焼室へ霧状に噴射する．
8	給気冷却器	過給機で加圧された空気を冷却し空気密度を向上させる．
9	マウンティングフート	エンジンを台床上に固定する．
10	燃料噴射ポンプ	燃料を噴射時期に合わせて高圧圧縮し送油する．
11	クランク軸	ピストンの往復動を回転力に変える．
12	オイルパン	潤滑油の収容と貯油を行う．
13	タイミングギヤ	吸排気弁の開閉や燃料噴射時期に合わせてカム軸を駆動．
14	フライホイール	回転力の蓄積や被駆動機との動力接続を行う．
15	共通台床	ラジェータ，エンジンや被駆動機を取付ける．

図 2・11　ディーゼル機関の構成例

2・2 原動機の種類と保守

各部名称を**図2・12**に示します.

(a) 気筒の配列

気筒の配列は直列に配列されたものを直列立形といい，このほかV字形に配列されたV形やW形，横形などがあります．機関メーカの仕様書上に明記されていないものは直列立形で，他の場合は特に明記されます．

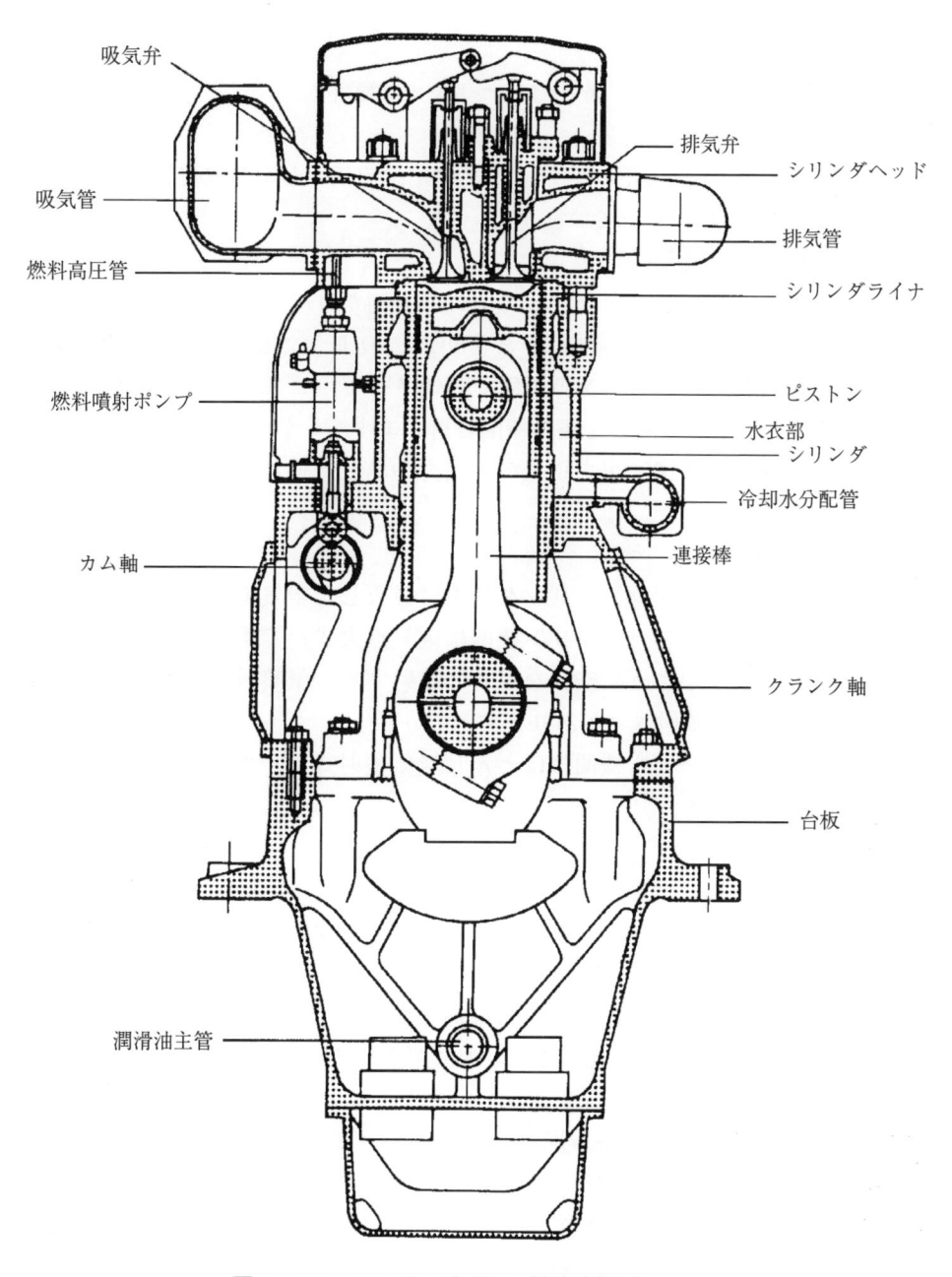

図2・12 エンジン断面図－燃焼室周辺－

(a) 横形対向　　(b) 直列立形

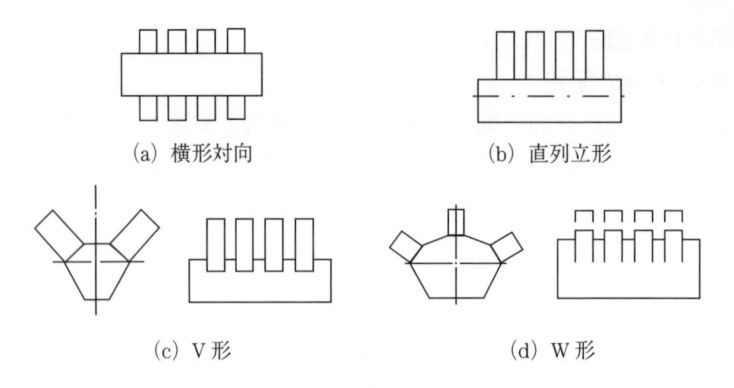

(c) V形　　(d) W形

図2・13　シリンダの配列

気筒配列の例を**図2・13**に示しますが，ディーゼル発電装置には直列立形およびV形が多く用いられています．

(b) 単動と複動

普通，シリンダの中ではピストンの上側だけで燃焼させるのでピストンに対する力は上側だけから加わりますが，このようなものを単動機関と言います．これに対して，ピストンの両側で燃焼させて，ピストンに対して両側から交互に力が働くようなものを複動機関と言います．

複動機関は数1000馬力以上の大出力の場合に使われるようで，一般的には単動機関です．

(c) 無気噴油

ディーゼル機関は，シリンダの中に吸入した空気を圧縮し，その圧縮熱により燃焼させるもの（ガソリン機関は電気点火式）ですが，燃料を噴射させる際に燃焼しやすいように空気を混ぜて噴射する有気噴射式の場合と燃料に空気を混ぜない無気噴射式とがあります．

一般のディーゼル機関はほとんど無気噴射式で，ガソリン機関などは有気噴射式といえます．

(d) 予燃焼室式

蒸気と同様に燃焼に関することで，直接シリンダの中へ燃料を噴射しないで，いったん予燃焼室へ燃料を噴射して，燃えやすいガス状にしてからシリンダへ導き着火を容易にさせるものを予燃焼室式といっています．

予燃焼室式機関は始動の際にはあらかじめ予燃焼室の予熱（蓄電池予熱せんを生かす）を行ってから始動し，始動後は予熱をOFFします．1000rpm以上の機関は予燃焼室式が多く採用されています．

(e) トランクピストン形

一般にピストンとクランク軸は連接棒（コネクティングロッドまたはコンロッドという）で接続されて，ピストンに作用した力をクランク軸に伝えますが，ピストンとクランク軸を直接コンロッドで連結しているものをトランクピスト

2・2 原動機の種類と保守

ン形といい，ピストンからいったん中間ピストン的なものに連結し，この中間ピストンクランク軸をコンロッドで連結する方式をクロスヘッドといっています．

一般にはすべてトランクピストン形です．

(4) 配管系統

補機関係の配管系統の典型的な例の概要を**図2・14**示します．

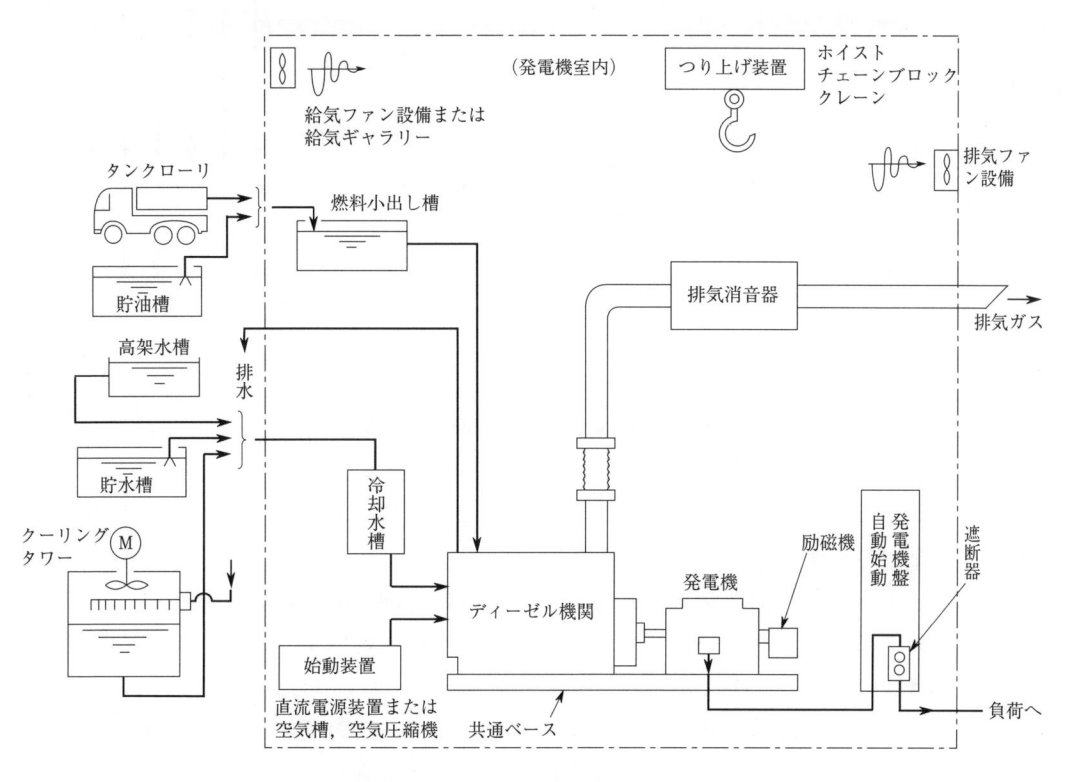

図2・14 配管系統概要図

(5) 燃料油系統

一般に高速ディーゼル機関では軽油を，中・低速ディーゼル機関ではA重油を使用しています．

常用運転用として使用される中・低速大容量ディーゼル機関では，BまたはC重油を使用して燃料費の低減をはかる場合が多く，非常用として使用される場合は，年間運転時間が非常に少なく，せいぜい100時間程度ですから，経済性よりも始動性の良いということを重視して燃料を選んでいます．BおよびC重油を使用する例は常用運転に限られますが，この場合，始動時および停止時には良質油に切り替える必要があります．また，A重油に比較して粘度が高いため，燃料過熱器や清浄器を必要とします．

近年，大気汚染防止のため，いおう分の少ない燃料，とりわけ灯油の使用が

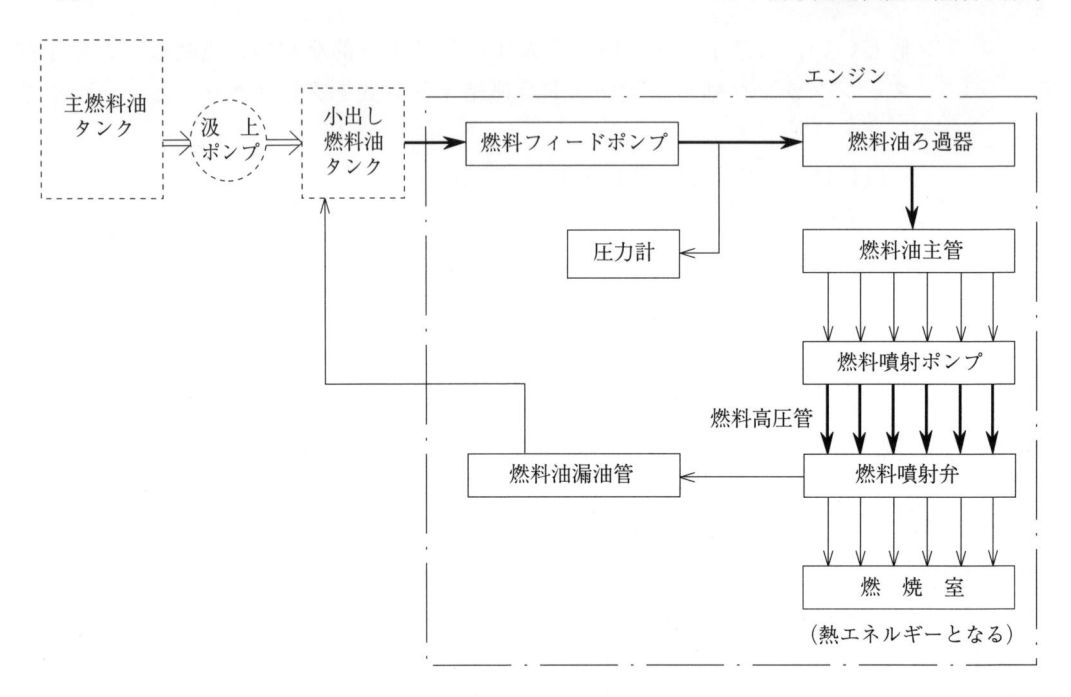

図2・15 燃料油の系統図

目立っています．灯油を使用する場合には，潤滑油が低くなるため添加剤混合などの各種の対策を講じて使用します．

① 主燃料油タンクに貯蔵されている燃料油は汲上ポンプと小出し燃料油タンクに装備されているフロートスイッチとの連動により常に一定量の燃料油が自動的に小出し燃料油タンクに汲上げられています（自動給油装置）．

② 燃料油はエンジンにより駆動されている燃料フィードポンプにより圧送され燃料油ろ過でゴミなどをろ過して燃料油主管をへて全気筒の燃料噴射ポンプに圧送されます．

③ 燃料噴射ポンプはカム軸により作動する構造で，圧縮行程となったシリンダの燃料噴射ポンプが作動し，燃料油は燃料高圧管を通り，燃料噴射弁に導かれます．

④ 燃料噴射弁により燃焼室内（圧縮行程となったシリンダ…赤熱空気）に燃料油を燃焼しやすい霧状にして噴射し，爆発燃焼し熱エネルギーとなります．

⑤ 燃料噴射弁より漏油した燃料油は漏油管により小出し燃料油タンクに戻ります．

(6) 冷却水系統

冷却方式には放水式，水槽循環式，クーリングタワー方式，ラジエータ方式などがあり，用途および機種により異なります．ここでは放水式を例にとり説明します．

① エンジンにより駆動される冷却水ポンプから吐出された冷却水は，初め

2·2 原動機の種類と保守

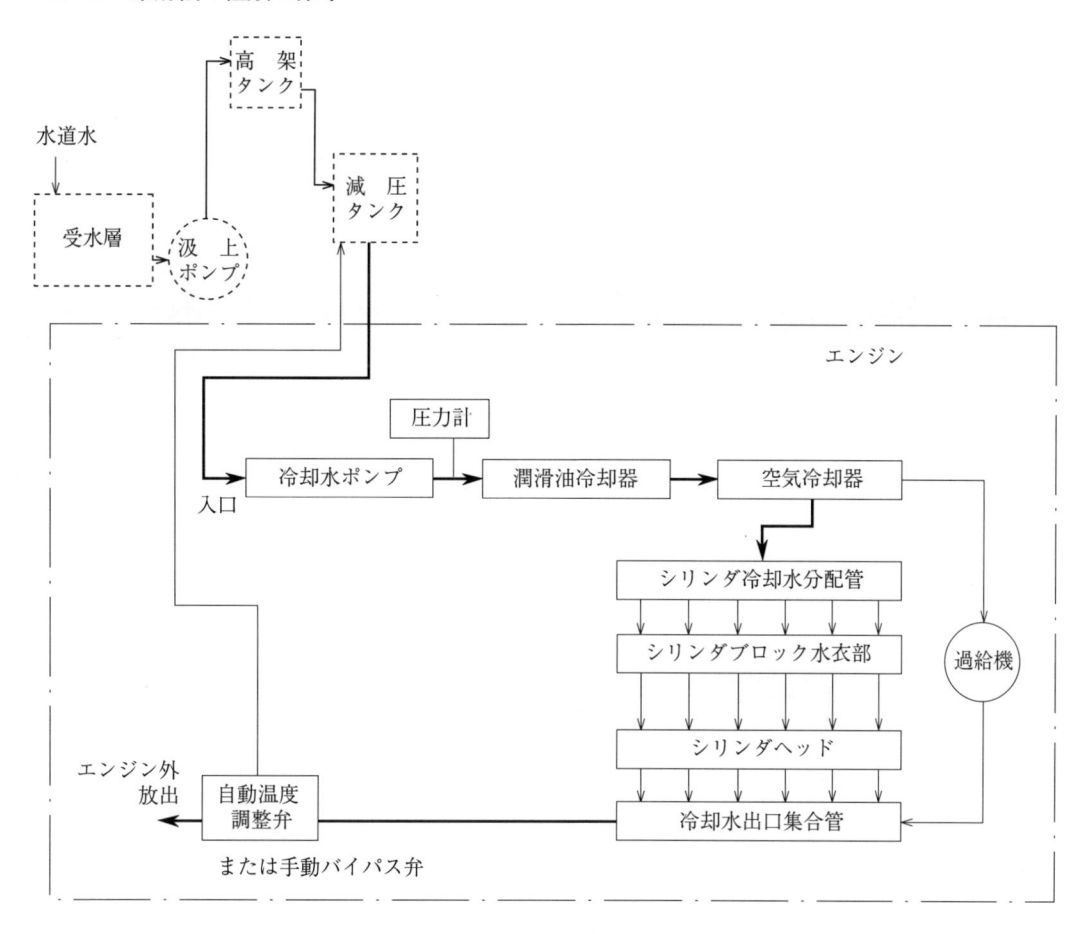

図2·16 冷却水系統図

に潤滑油冷却器で潤滑油を冷却し，空気冷却器（過給機から送り込まれる高温空気を冷却する）をへてシリンダブロックの水衣部に入りシリンダライナを冷却（間接的にピストンを冷却する）します．

② シリンダブロックの水衣部からさらにシリンダヘッドに送られ高温燃焼ガスに触れているシリンダヘッドを冷却します．

③ シリンダヘッドを冷却した冷却水は出口集合管（シリンダヘッドに付属している）から排水されますが，過冷却になるとエンジンに悪影響を与えますので，放出される冷却水の一部を自動温調弁またはバイパス弁を通して冷却水温度を一定の温度に保つようになっています．

(7) 始動装置

ディーゼル機関の始動方法には，空気始動方式と電気始動方式の2種類があります．一般に小容量は電気始動，中大容量には空気始動が採用されています．

(a) 空気始動方式

大形エンジンではこの方式が多く，空気槽および空気圧縮機があり，空気圧縮機は通常電動機によって駆動されますが，電動機のほかに小形ディーゼル機

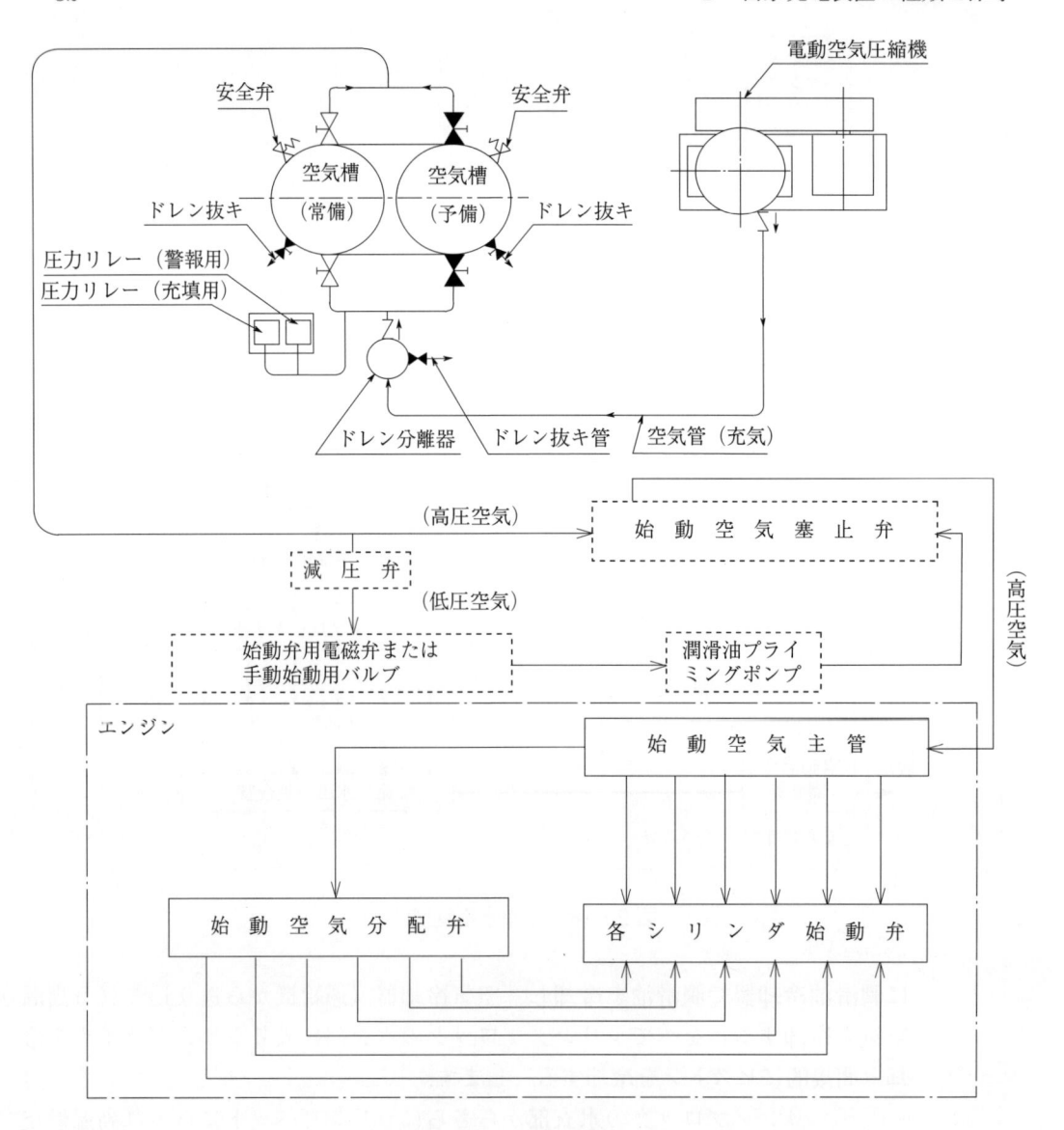

図2・17 始動空気系統図

関により駆動する方式もあります．空気槽は，内部に常時高圧空気を貯えておくものですから，「発電用火力設備に関する技術基準」によって決められた十分な安全性をもち，労働基準局の検定に合格したものを使用しています．空気槽の容量は，通常ディーゼル機関を手動で5回以上始動可能であり，自動始動方式の場合には必ず予備空気槽が備えられています．

① 空気槽の始動弁を開にすると高圧空気は始動空気塞止弁まで充満しています．また一方，高圧空気は減圧弁で10kg/cm^{2}に減圧された低圧空気が始動用電磁弁または手動始動用バルブまで充満します．

② 始動用電磁弁または手動始動用バルブが開くと低圧空気は潤滑油プライ

ミングポンプを作動させ始動空気塞止弁の高圧空気通路を開きます.

③ 高圧空気は始動空気塞止弁を通り,始動空気主管で分岐し,一方は各シリンダの始動弁まで充満しています.

④ 他方は空気分配弁に入り,ここで各シリンダの始動弁を決められた順番通り開いて,始動弁で閉止されていた高圧空気がシリンダ内に流入してピストンを押し下げてエンジンを回転させます.

(b) 電気始動方式

小形エンジンではセルモータにより始動するものが多く,電気始動系統は図2·18に示すように蓄電池,始動電動機,始動スイッチなどから構成されています.

一般に使用されている始動電動機は,機関の始動時にのみ始動電動機ピニオンギヤと機関側のリングギヤと噛み合い,機関停止時または機関運転中にはピニオンギヤとは噛み合っていません.

自家発電装置または非常動力装置は,その使命上,始動失敗が許されないので,電気始動機関については消防庁告示によって始動電動機のピニオンと機関のリングギヤとの自動噛み合わせ装置の装着が義務づけられています.(昭和48年消防庁告示第1号).

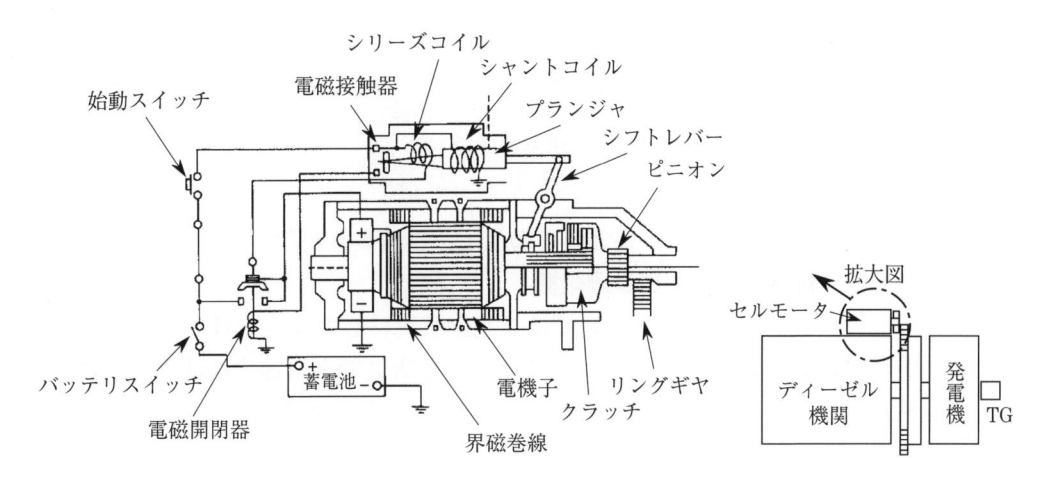

図2·18 電気始動系統の例

(8) 排気ガス装置

排気ガス管のほか,伸縮管,消音器などから構成されています.

伸縮継手は排気管の温度上昇による熱膨張をさけるため,配管が長い場合,配管途中に設けられています.普通,排気管の熱膨張は温度が100℃上昇すれば,1mにつき1mm伸びます.

消音器の選定は騒音公害問題を考慮して行われています.

(9) 換気装置

発電機室には燃料の燃焼に必要な空気の供給,機関および発電機の放熱によ

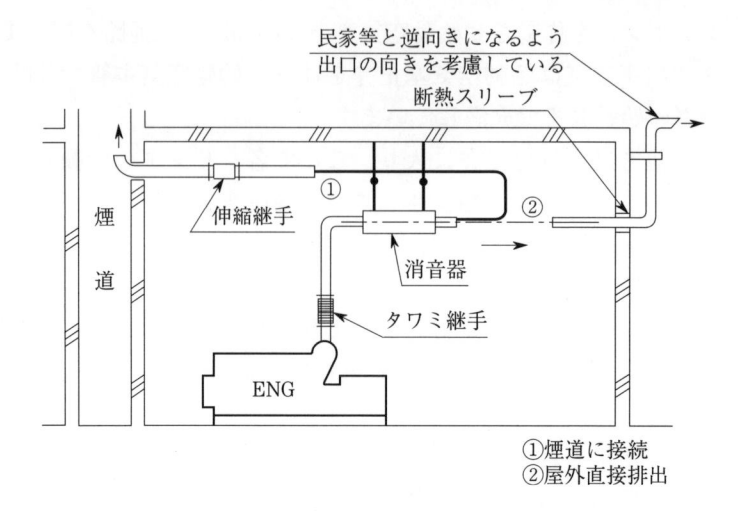

図2・19 排気装置図

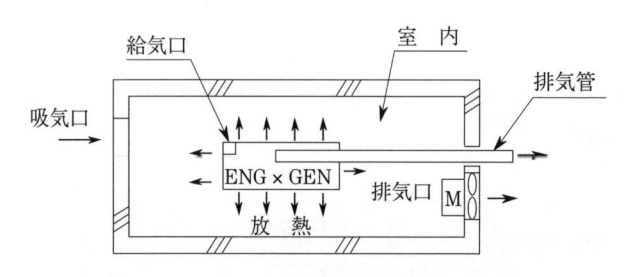

図2・20 換気装置図

る室温上昇の抑制および保守員の衛生上,換気装置が設けられています．

(10) 排気ガスタービン過給機

一般にディーゼルエンジンでは，完全燃焼に必要な空気量は与えた燃料の14から17倍を必要とし，エンジンに送り込む空気量を増加すればそれだけ多くの燃料を燃焼させることができ，エンジンの出力を増加させることができます．このようにして空気を強制的に送り込むことを過給といい，排気ガスタービン過給機はエンジンのムダに排出する排気ガスエネルギーを有効に利用して排気ガスタービンを駆動させるため，エンジンの総合熱効率を高めることができる点，今日最も発達した過給方法です．

排気ガスタービン過給機は，**図2・21**のように排気ガスにより駆動されるタービンと，このタービンロータの回転により空気を吸入加圧してエンジンに送り込むブロワより構成されます．

エンジンから排出された排気ガスは排気入口囲に導かれ，タービンノズルに流入して排気ガスのもつ熱エネルギーを速度エネルギーに変換し，タービン動翼に吹きつけこれによりタービン軸に回転仕事を与えた後に，タービン車室を通過し排気管に排出されます．

2・2 原動機の種類と保守

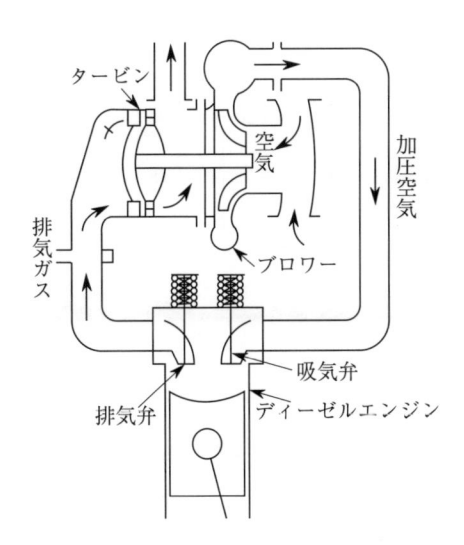

図2・21 排気ガスタービン過給機作動図

　また，入口動翼はタービンと同一軸上にあるため，タービンの回転に応じたうず巻ポンプ作用により空気を吸込み，その空気は扇車により速度のエネルギーが与えられます．
　その後，出口導翼を通過することにより速度のエネルギーは圧力エネルギーに変換され，圧縮された空気はうず巻室に導かれてシリンダ内に流入します．

2・2・2 ディーゼル発電装置の運転

　ディーゼル発電装置の制御方法は手動，自動，半自動と各種ありますが，非常用の場合はほとんど自動で運用されます．ここでは非常用を例にとり自動制御による運転も含めた運転操作について説明します．

(1) 操作および作動概要（空気始動方式）

　(a) 起動準備

　(1) 起動のための保守点検を行います（保守点検中にエンジンが始動しないよう操作レバーを停止位置または始動空気槽の始動弁を閉にします）．

　(2) エンジン操作レバーを運転の位置にします．

　(3) 空気槽の圧力を22～30kg/cm^{2}に保ちます（空気圧縮機を自動にしておけば22kg/cm^{2}にて起動し，30kg/cm^{2}にて停止します．この場合，主空気槽の充気弁および始動弁は常時開けておきます）．

　(4) 各バルブ（燃料・冷却水など）を常時開けておく．

　以上の準備ができておれば**図2・23**における高圧空気の主空気槽 ⊕ 側は空気制御盤に入り空気圧力スイッチ63A63ALにて空気槽圧力を検出し，さらに減圧弁⑤を通り10kg/cm^{2}に減圧されて始動用電磁弁20A手動起動用バルブ⑨停止用電磁弁⑦にて閉止されています．また，空気槽 ⊖ から出た高圧空気は塞止弁⑪に閉止されており，起動命令によりいつでも起動できる状態になっています．

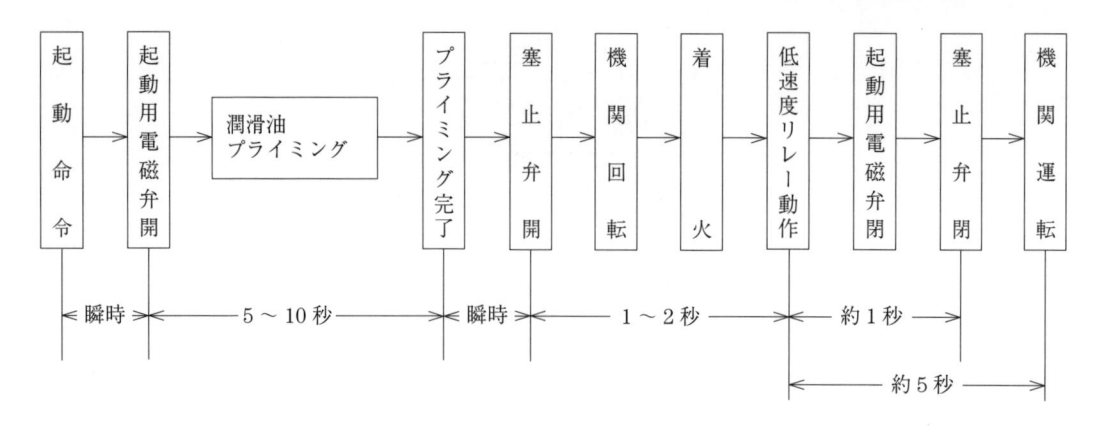

```
起動命令 → 起動用電磁弁開 → 潤滑油プライミング → プライミング完了 → 塞止弁開 → 機関回転 → 着火 → 低速度リレー動作 → 起動用電磁弁閉 → 塞止弁閉 → 機関運転
```

瞬時 — 5〜10秒 — 瞬時 — 1〜2秒 — 約1秒
約5秒

図2・22　自動起動タイムスケジュール

(b) 自動起動（盤側起動）

自動制御盤から起動命令が発せられると始動用電磁弁20Aが開いて低圧空気は潤滑油プライミングピストン⑩に入ります．そしてエヤーピストンを押して隣の部屋に充満されている潤滑プライミングが終わる位置までエヤーピストンを押すと塞止弁⑪への通路が開かれて低圧空気は塞止弁の下側に入り塞止弁を突き上げて高圧空気の通路を開きます．

高圧空気は塞止弁を通過したところでさらに二分されて，主管は直接各シリンダの始動弁⑬に至り，そこで閉止されています．また，他方は空気分配弁⑫に入り，ここで分配された空気は各シリンダの始動弁を適時開孔し，そこで主管の空気はシリンダ内に流入してピストンを押し上げてエンジンを回転させます．そしてエンジンは着火運転に入ります．

エンジンが着火運転に入りその回転数が定格回転数の約30％に達すると速度リレー⑭の動作により始動用電磁弁20Aの励磁を解き，弁がとじて空気の流れが止まります．

(c) 自動停止（盤側停止）

自動制御盤から停止命令が発せられると停止用電磁弁⑦が開いて低圧空気が停止用エヤーシリンダ⑮に入りその中のピストンを押して，燃料を遮断します．電磁弁は約30〜60秒開いておりその間にエンジンは停止します．

(d) 手動起動（機側起動）

空気制御盤の中にある手動起動⑨を押します．空気は自動起動と同様の動作をしエンジンが起動します．エンジンが着火すれば速やかにバルブをはなします．

(e) 手動停止（機側停止）

エンジンの操縦レバーを「停止」の位置におけばエンジンは停止します．なお，エンジンが停止した後は次の自動起動ができるように操縦レバーは「運転」の位置に戻しておきます．

2・2 原動機の種類と保守

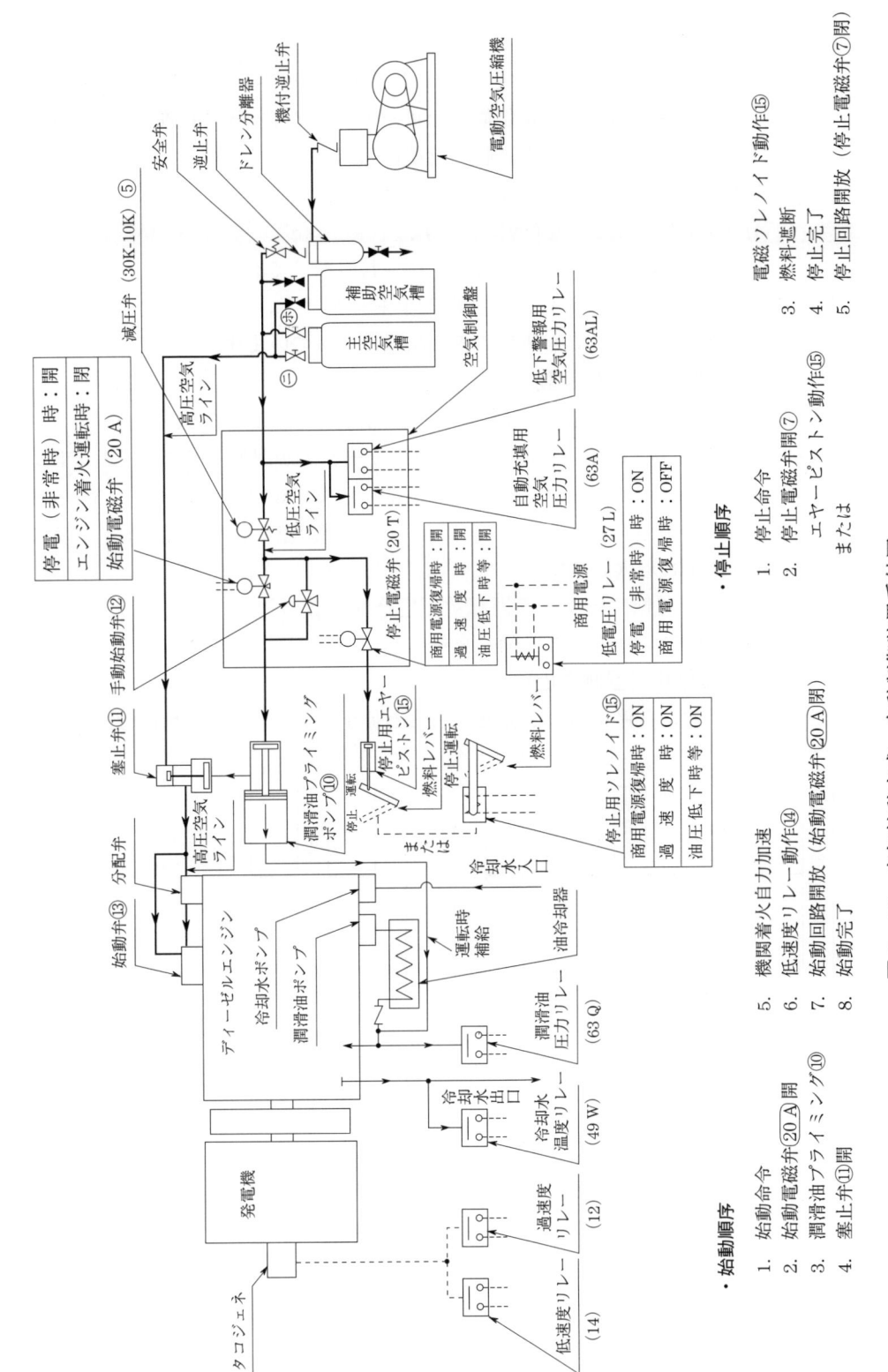

・始動順序
1. 始動命令
2. 始動電磁弁⑳A開
3. 潤滑油プライミング⑩
4. 塞止弁⑪開
5. 機関着火自力加速
6. 低速度リレー動作⑭
7. 始動回路開放（始動電磁弁⑳A閉）
8. 始動完了

・停止順序
1. 停止命令
2. 停止電磁弁⑦開
　　エヤーピストン動作⑮
　　または
3. 電磁ソレノイド動作⑮
4. 燃料遮断
4. 停止完了
5. 停止回路開放（停止電磁弁⑦閉）

図 2・23　空気始動方式　自動制御装置系統図

(2) 操作および作動概要（電気始動方式）

(a) 起動準備

(1) 起動のための保守点検を行います（保守点検中にエンジンが起動しないよう操縦レバーを停止位置またはバッテリスイッチをOFFにします）.

(2) エンジン操縦レバーを運転の位置にします.

(3) 起動用バッテリを十分充電しておきます.

(4) バッテリスイッチをONにします.

(5) 各バルブ（燃料・冷却水など）は，常時開けておきます.

以上の準備ができておれば起動用セルモータは，いつでも起動できる状態にあり，エンジンはいつでも運転できる状態になっています.

(b) 自動起動（盤側起動）

図2・25において，自動起動盤から起動命令が発せられると，停止ソレノイド20Tが動作し，燃料を遮断の状態にてセルモータ①が回転します．それよによりエンジン付属潤滑油ポンプ②により潤滑油を各軸受に送り込みます．5～10秒後プライミングが完了すると，停止ソレノイド20Tが運転状態（無励磁）になり燃料が送り込まれ着火します．

エンジンが運転に入りその回転数が定格回転数の約30％に達すると低速度リレー⑭の動作によりモータの励磁を解きセルモータ①が停止します．

(c) 自動停止（盤側停止）

自動起動盤から停止命令が発せられると停止ソレイド20Tが動作し，燃料を遮

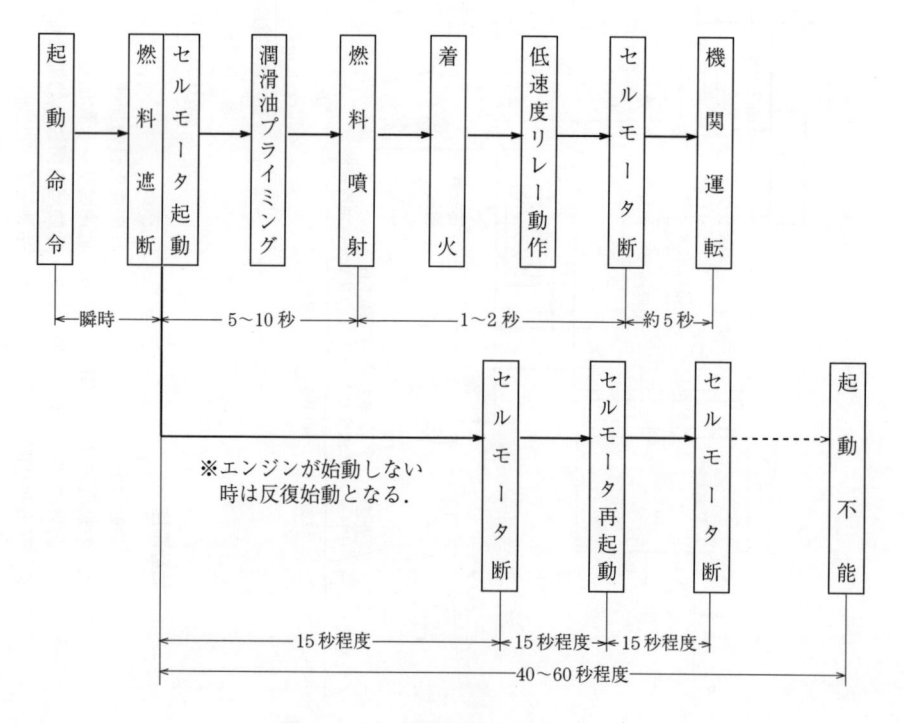

図2・24 自動起動タイムスケジュール

2・2 原動機の種類と保守

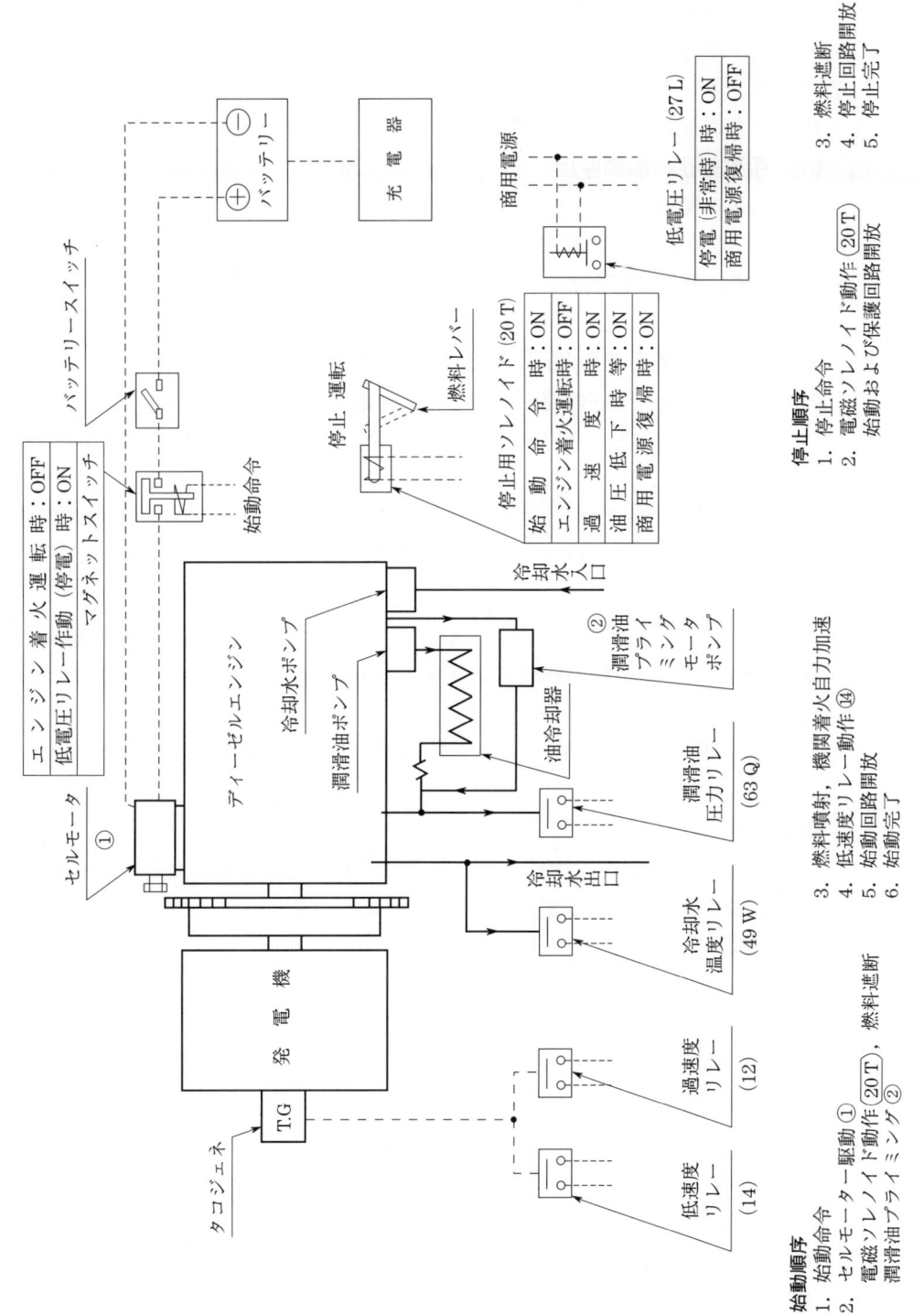

始動順序
1. 始動命令
2. セルモーター駆動①、電磁ソレノイド動作(20T)、潤滑油プライミング②
3. 燃料噴射、機関着火力加速
4. 低速度リレー動作
5. 始動回路開放
6. 始動完了

停止順序
1. 停止命令
2. 電磁ソレノイド動作(20T) 始動および保護回路開放
3. 燃料遮断
4. 停止回路開放
5. 停止完了

図 2・25 電気始動方式 自動制御装置系統図

断します．停止ソレイド20Tは約30～60秒間動作しており，その間にエンジンは停止します．

(d) 手動起動（機側起動）

エンジンに付属しているスタータスイッチを押して下さい．この場合，潤滑油のプライミングは行われないで直接エンジンが起動します．エンジンが着火すれば，速やかにスイッチを離して下さい．セルモータは元に戻ります．

(e) 手動停止（機側停止）

エンジンの操縦レバーを「停止」の位置におけばエンジンは停止します．なお，エンジンが停止した後は，次の自動起動ができるように操縦レバーは「運転」の位置に戻しておきます．

2・2・3 ディーゼル機関運転時のチェックポイント

内燃機関の運転・保守の要領について，発電用内燃機関規定JZAC3705（1987）では自主保安規定として定めています．また，点検の内容は程度により次のように分類されます．

(1) 巡 視

主として巡回しつつ目視により電気設備の異常の有無を判定するもの．

(2) 点 検

五感および点検器具により電気設備を調べ，その良否を判定するものであるが，周期および点検の程度により次の区分がある．

日常点検

一定時間または毎日等，比較的短時日で主として運転中の設備を点検すること．

定期点検

1ヶ月から1年程度の比較的長い期間で主として設備を停止して点検すること．整備点検も含まれます．

精密点検

長期間の周期で設備を分解点検すること．整備点検も含まれます．

臨時点検

事故，災害などにより異常のおそれのある場合に行うもの．

ここでは，日常行われる巡視と運転時に行われる日常点検時のチェックポイントについて説明します．

(1) 巡 視

日常，巡回しつつ主として次の項目について異常の有無を確認します．

(a) 過熱　　過熱は破損または焼損事故につながる重大な要素ですが，その要因は一般に，機械部分においては，潤滑不良，過負荷などであり，これらが規定以上の過負荷になっていないか計器で確認するとともに，潤滑油系統，冷却系統の異常の有無を監視します．

軸受け等しゅう動部においては，潤滑油温度が異常に高いか油量不足の場合，過熱します．電気回路においては，過電流，接触不良などが考えられます．

(b) **異音** ディーゼル機関および発電機は，回転体であり，据付時の心出し不良，運転中締付けボルトのゆるみなどによる振動増加，異物の侵入やディーゼル機関の燃焼不良等によって平常と異なった音を生じます．また，高圧空気の漏れなども音を生じます．

(c) **異臭** 燃料油，排気ガス等の漏れ，あるいは潤滑油，電機絶縁物などの過熱によって臭気を発生します．

(d) **変色** 導電部，絶縁物，または機械部分の塗装などが過熱によって変色します．

また，ディーゼル機関の排気色は，快調なときは無色または微灰色であるが，白色のときは，燃料油または燃焼室内に水が入っているか，燃焼室内に潤滑油が多量に入っています．

黒色のときは，空気量不足，機関が過負荷または燃料弁の不良です．

青色のときは，潤滑油が燃焼室に入っているか各シリンダの燃焼がばらついています．

(e) **その他** 台風，大雨，雪などの際は窓からの侵入あるいは浸水がないか，特に電気設備は導電部や絶縁物に水分の付着することは避けなければなりません．

(2) **日常点検**

日常点検は設備の運転中に行うため，目視を主とした巡視点検の内容と同じものになりますが，日常点検は基準を設け限定された設備を重点的に行い，日誌に記録するなどの違いがあります．運転中，定められた時間に各項目を点検のうえ記録します．

設備の運転状態を記録することによって運転状態の変化が明確に把握できるため，わずかな異常をも早期に察知でき，事故の発生を未然に防ぐことができるのです．

ディーゼル機関の点検項目の一例としてその要点をあげます．

(a) **始動前**
- ・圧縮空気圧力の確認
- ・各ゲージの狂いの有無
- ・燃料の確認
- ・水の確認
- ・潤滑油の確認
- ・無負荷であることを確認

(b) **始動直後**
- ・始動空気弁を閉じる
- ・回転上昇はゆるやかに行う
- ・危険回転はすみやかに通過
- ・各部の音，振動の異常の有無
- ・各ゲージの作動確認
- ・動弁まわりの点検

(c) **運転中**

- 各部の音，振動，温度の異常の有無・排気色
- 各シリンダ着火状況確認　　　・各部の漏れ
- ミストの量および色注意　　　・燃料調整装置まわりの動作確認
- 記録点検すべき事項；負荷/回転速度，燃料ポンプ目盛，排気温度，給気温度および同圧力，水温，油温および圧力

(d) **停止前後**
- 粗悪油の場合は燃料を切替える　・停止後燃料弁冷却を続ける
- 無負荷運転する　　　　　　　・インジケータコックを解放する
- はずみ車の止まり方に注意　　・クランク室内部を点検
- 過給機の止まり方に注意　　　・ターニングする
- 停止後潤滑油を循環させる　　・水を抜く

(e) **停止（長期の場合）**
- インジケータコックを閉じる　・押棒をはずす
- 寒冷時は水を抜く　　　　　　・各部にさび止めをする
- ミストパイプをふさぐ
- 週に1度ターニングし位置を換える

(f) **非常用機の場合**
- 毎週1回必ずプライミングしながらターニングする．
- 毎月2〜3回は始動を確認し，異常の有無をチェックして非常の場合に備える．

表2・5　現象と原因判定

原因＼現象	排気悪色化	排気温度	過給機回転速度	給気圧力	燃料ポンプ目盛
燃料ポンプ突始め遅れ	↑	↑	↑	↑	↑
燃料弁のいたみ	↑	↑	↑	↑	↑
ブロワこし網目詰まり	↑	↑	↑	↓	—
過給機の汚れ	↑	↑	↓	↓	—
吸・排気弁シート不良	↑	↑	—	—	—
燃料ポンプ吐出弁不良	↑	↑	—	—	↑
圧縮不良	↑	↑	—	—	↑
空気冷却器フィン汚れ	↑	↑	—	↓	—
空気冷却器通水不良	—	↑	—	—	—

2·2 原動機の種類と保守

・毎週1回エアタンクのドレンを抜く．

(g) 現象とその原因判定　表2·5に示します．

(3) 保守運転時の注意とチェックポイント

(a) 保守運転の必要性

とくに，非常用自家発電装置は，長期間停止していますが，『非常時』には必ず起動しその設備の機能が十分発揮するように，保守運転を実施しなければなりません．

・異常の有無を確認し，異常個所は必ず修復処理をしておきます．
・そのために，保守運転を2週間に1回（灯油使用エンジンは1週間に1回）実施し，不具合の有無，異常等チェックする必要があります．
・チェックポイント（少なくとも下記事項のチェックが必要です．）

(1) 自動・手動起動でエンジンが起動し，正常に回転するか（エア系統に異常は無いか）等確認します．

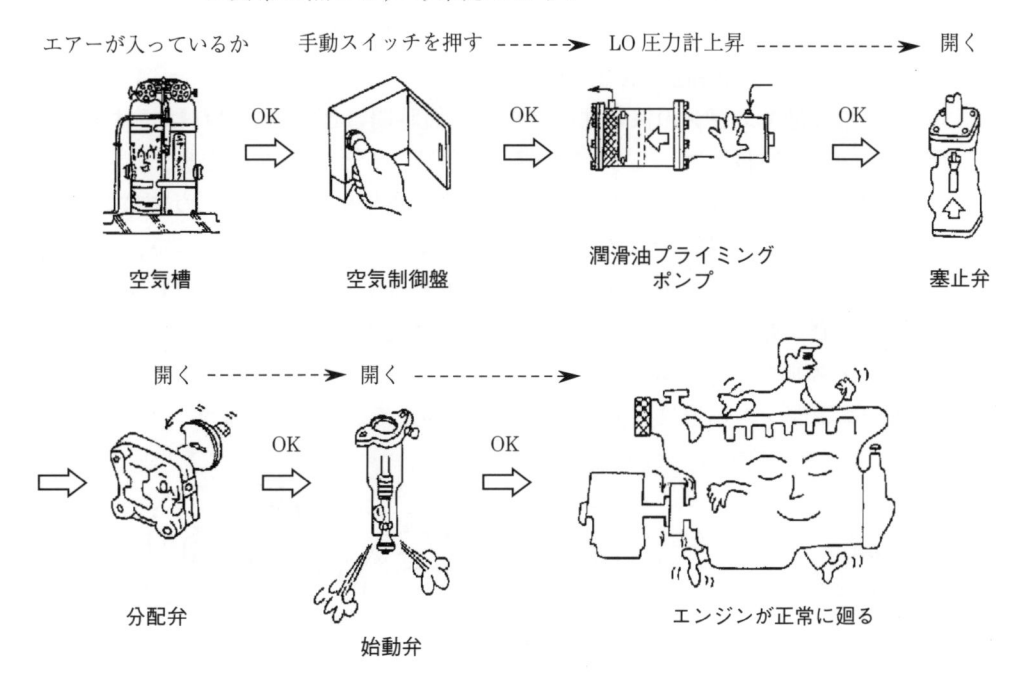

エアーが入っているか　手動スイッチを押す ------→ LO圧力計上昇 ----------→ 開く

空気槽　→OK　空気制御盤　→OK　潤滑油プライミングポンプ　→OK　塞止弁

開く ---------→ 開く ----------→

分配弁　→OK　始動弁　→OK　エンジンが正常に廻る

(2) 運転中，計器板各圧力計が正常値を指示しているか（とくに，潤滑油圧力計）．

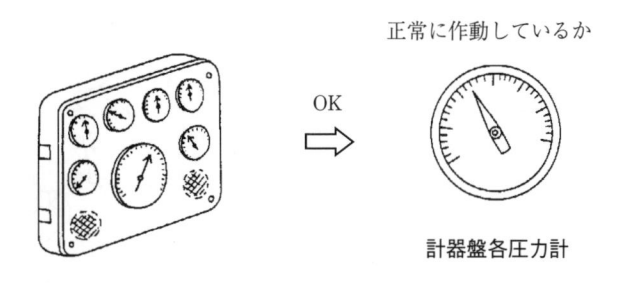

正常に作動しているか

→OK　計器盤各圧力計

(3) 運転中, 各部の水油もれおよび異常音のチェック.

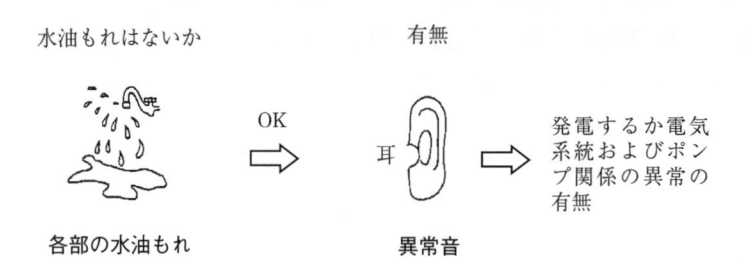

水油もれはないか　　　　　　　有無

各部の水油もれ　→OK→　異常音　→　発電するか電気系統およびポンプ関係の異常の有無

(4) 停止5分後は, 必ず指圧器コックを開けて, 燃焼室内のガスを抜きます (ホイールを2～3回ターニングします).

　燃料油には, 硫黄・残炭・灰分・水分・バナジュウム等が含有し燃焼されていますので, これらの有害な残留ガスを排出しなければ金属腐食が発生します.

(b) 保守運転時間の厳守

　過給機付エンジンの保守運転時間は, 短時間にとどめなければいけません.

　保守運転時は, エンジンに負荷 (無負荷) がかからないため, 過給気 (タービン) の回転数が低く, ブロワからの給入空気圧力が低いために噴射された燃料を完全燃焼させるだけの空気が送られて来ません. したがって, 燃え残りの燃料 (不燃焼ガスまたは生ガス) が発生します. これが, タービンノズルまたはタービン動翼に付着し, 長時間高熱 (高温ガス) にさらされるとカーボンとなりノズルを閉塞 (取れなくなる) し, タービン回転が低下して, タービンおよびエンジンの燃焼に悪循環, 悪影響を与えることになります.

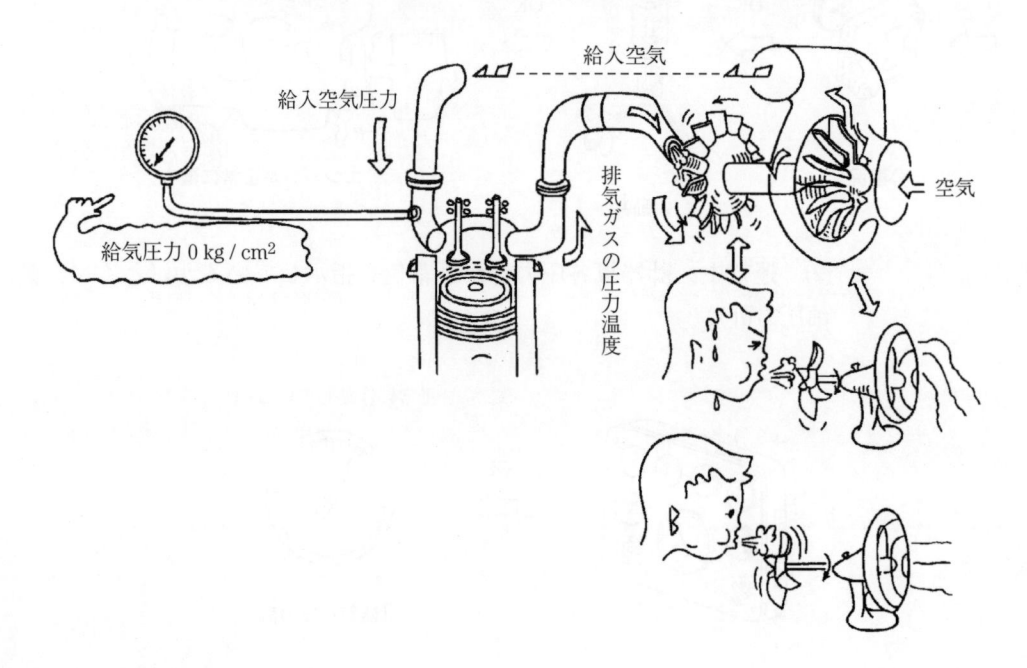

給気圧力 0 kg/cm² 　給入空気圧力　　給入空気　　排気ガスの圧力温度　　空気

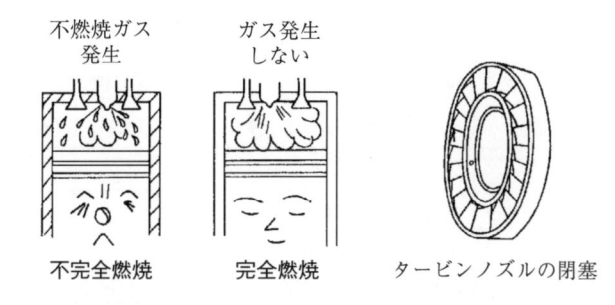

このため，未燃焼ガスが，カーボンになり固着するまでの短時間（約10分程度）にとどめなければなりません．

2・2・4　ディーゼル機関の保守・点検

整備も含んだ定期点検，精密点検は一般に整備点検とも呼ばれ，設備を停電して行いますが，ディーゼル発電設備のうち，非常用設備では，使用時間が短いため定期点検の周期は比較的長くとれます．常用の場合，とくにディーゼル機関はその部分によって周期が異なります．たとえば，燃料弁噴射状態，排気弁すり合わせ等の点検は約1 000時間に1回とすると，ピストンおよびピストンリング，燃料ポンプ，ガバナ等の点検は約5 000時間に1回というように異なります．また，容量・形式などによっても一様ではありません．したがって，その形式に対する取扱説明書や予備機との切替え等の関連で周期と点検内容を決めて実施すべきです．

配電盤なども1回/年程度の定期点検が望ましいのですが，ディーゼル機関の停止時に合わせて実施します．

(1)　点検整備の内容

次に点検整備の内容の一例について紹介します．

簡易点検〔A点検〕：おおよそ納入後から3年目までの機器を対象とした主として目視点検．

普通点検整備〔B点検〕：おおよそ3年から10年目までの機器を対象とした主要部分の点検整備．

精密点検整備〔C点検〕：10年以上経過した機器を対象とした，機器の分解精密点検と，細部にわたる点検整備．

(2)　保護装置

保護装置というのは，エンジンが運転中に冷却水とか潤滑油が何らかの故障で異常が生じた場合またはエンジンが急回転をしたような場合に，エンジンの被害を最小限にくいとめるためにエンジン自動停止（重故障）または警報（軽故障）を発するような働きをする装置のことです．一般的には**表2・7**の保護装置が装備されています．

表2・6 ディーゼルエンジンの点検整備

区分	点検部	作業内容	A点検 (簡易)	B点検 (普通)	C点検 (精密)
燃料系統	燃料噴射ポンプ	ラック目盛の位置点検調整	○	○	○
		噴射時期の点検			○
		調整ネジ，ロックナットのゆるみ点検	○	○	○
		主要部分分解点検			○
	燃料噴射弁	噴射圧力の点検，調整		○	○
		噴霧状況の点検		○	○
		ろ過器の分解，清掃		○	○
	燃料油コシ器	ドレン抜き	○	○	○
		分解清掃		○	○
	燃料油タンク	沈殿物，水分の排出	○	○	○
	燃料フィードポンプ	主要部分解点検			○
		オイルシールからの油漏れ点検	○	○	○
	燃料弁冷却油	油量点検，水分点検	○	○	○
		冷却油の交換			○
潤滑系統	潤滑油ポンプ	主要部分解点検			○
	クランク台板	油量点検	○	○	○
		潤滑油の交換			○
	潤滑油吸入側コシ器	分解清掃点検		○	○
	機関潤滑油コシ器	ドレン抜き	○	○	○
		分解，清掃，点検		○	○
	潤滑油冷却器	分解，清掃，点検			○
	弁腕注油ポンプ	注油ポンプ，主要部分解点検			○
		コシ器分解洗浄	○	○	○
		油量点検，送油点検	○	○	○
		潤滑油の交換		○	○
往復運動部	ピストン	ピストン抜出し，カーボン清掃			○
		ピストンリング・ミゾの点検			○
		ピストンピンおよび穴点検			○
		ピストン外径計測			○
	連結棒	ピストンピンブッシュ点検			○
		クランクピンメタルボルト点検			○

2・2 原動機の種類と保守

クランク軸	主軸受	主軸受点検			○
		主軸受締付ボルト点検			○
	クランク軸	ピンジャーナル径計測点検			○
		デフレクション計測調整			○
冷却水	配管	水漏れ点検	○	○	○
	タンク	点検	○	○	○
調速装置	調速機	主要部分解,点検			○
	調速リンク	点検,調整			○
始動空気系統	始動弁	弁座スリ合せ			○
		弁バネ点検			○
	各種始動空気弁	点検,スリ合せ			○
	始動空気調整弁	注油	○	○	○
	始動空気ダメ	圧力点検	○	○	○
		ドレンの排出	○	○	○
シリンダヘッド・弁装置	シリンダヘッド	燃焼室のカーボン落し			○
	吸排気弁	弁調整,開閉時期確認		○	○
		排気座スリ合せ			○
		吸気弁座スリ合せ			○
		弁バネ点検			○
その他	各種管系	漏れ点検	○	○	○
	機関外観	ボルト・ナットのゆるみ,油漏れ点検	○	○	○
	運転確認	調整運転	○	○	○
		各部計測			○
		運転記録表作成		○	○

表2・7 ディーゼル発電装置の保護装置一覧表

項目				法令により規制されるもの(※で示す)	保護方式			仕様(標準)	備考
	No.	名称	記号		機関停止	遮断器開	警報及表示		
エンジン	1	潤滑油圧力低	63 Q		○	○	○	規程圧力の1/2～1/3にてON	
	2	冷却水断水	69 W	※いずれか1つ付属 500 kWを超える場合	○	○	○		方式によっては省く 例えばラジェータ冷却方式等
	3	冷却水温度上	49 W		○	○	○	放水式約70～80℃ラジェータ式約80～95℃	
	4	過速度	12	※500 kWを超える場合	○	○	○	規格回転速度の115%を超えないこと	過速度耐力規程回転数の110% 1分間
	5	始動失敗	48		○	○	○	始動命令後40秒経過後低速度リレーが作動しない時	
発電機	6	発電機過電圧	59 G		○	○	○		
	7	発電機過電流	51 G	※500 kWを超える場合		○	○		
補機	8	燃料小出槽油面低下	33 Q				○	2～3時間運転出来る余裕をみてフロートスイッチON	
	9	空気槽圧力低	63 A				○	14～18 kg/cm²にてON(空気起動方式の場合)	常時圧力30 kg/cm²が標準,圧縮機はモータ駆動で自動始動圧力は22kg/cm²,自動停止圧力30 kg/cm²

(a) 保護装置の構成

保護装置には単に警報だけの場合と燃焼レバーを停止位置側に動かし燃料を遮断してエンジンを自動停止操作を行うものがあります.

(1) 警報だけの場合は図2・26のようにエンジンの圧力および温度を検出スイッチで検出し警報灯もしくはベルで表示します.

(2) エンジンの自動停止操作のできる装置は図2・27のように温度・圧力・エンジン回転速度などの検出用スイッチと燃料を遮断するソレノイドがあり, 検出用スイッチが異常信号を発するとリレーがそれを受け, ソレノイドを働かせて燃料レバーを引張りエンジンを停止させます.

途中に取付けているタイマはソレノイドが規定時間の間, 燃料を遮断しつづけるためについているものです.

(エンジンが完全に停止しない状態でソレノイドが無作動となるとエンジンは再び運転を始めます).

なお, 燃料遮断の方法として上記のソレノイドを用いて行う方法と圧縮空気を使用した, エアピストンを用いて燃料レバーを引張る方法があります.

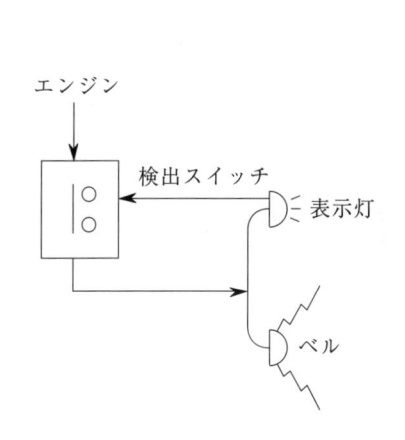

図2・26 警報装置図

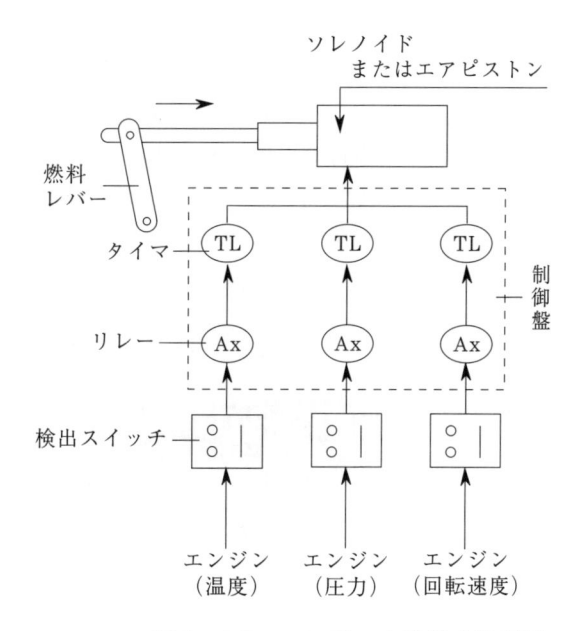

図2・27 エンジン自動停止装置図

(b) 保護装置の役割

(1) 潤滑油圧力低下

エンジンの潤滑油圧力が定められた圧力まで低下したときにエンジンを停止および遮断器が開いて警報（ベル）もしくは異常の表示灯が点灯します.

(2) 冷却水断水

　エンジン冷却水供給がストップしたとき，エンジンを停止させ遮断器を開いて警報もしくは異常の表示を行います．

(3) 冷却水温度上昇

　エンジン出口冷却水温度が定められた温度以上になったとき，エンジンを停止させ遮断器を開いて警報もしくは異常の表示を行います．

(4) 過速度

　エンジンの回転速度が定められた回転速度以上になったとき，エンジンを停止させ遮断器を開いて警報もしくは異常の表示を行います．

(5) 始動失敗

　自動始動の場合に，始動命令が発せられてもエンジンが始動しないときに，燃料を遮断し遮断器を開いた状態とさせ，警報もしくは異常の表示を行います．

(6) 発電機過電圧

　定格電圧が定められた電圧以上になったときに，エンジンを停止させ遮断器を開いて警報もしくは異常の表示を行います．

(7) 発電機過電流

　定格電流が定められた電流以上に流れたときに遮断器を開いて，警報もしくは異常の表示を行います．

(8) 燃料小出槽圧力低下

　主燃料油槽から小出槽に燃料油が補給されず小出槽の保有量が定められた量以下になったときに，警報もしくは異常の表示を行います．

(9) 空気槽圧力低下

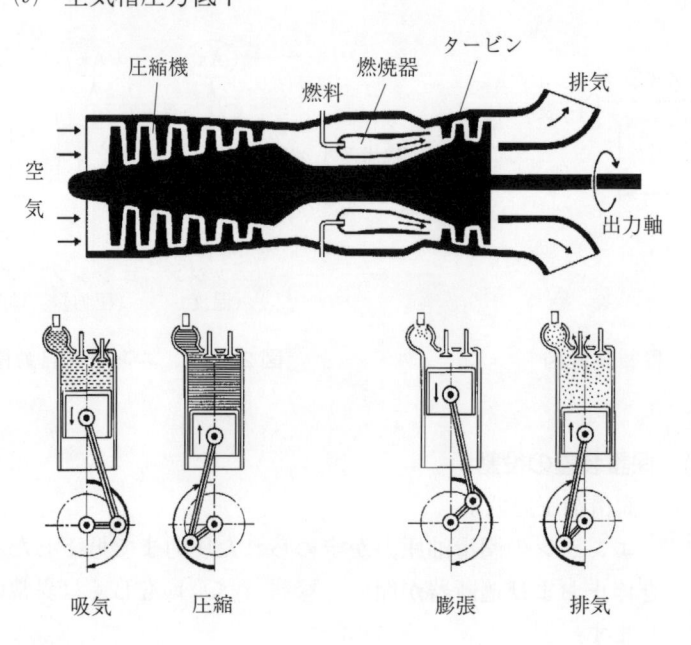

図2・28　ガスタービンの動作図（ディーゼル機関の行程と対比）

2・2 原動機の種類と保守

空気槽の圧力が定められた圧力以下になったときに，空気圧縮機が自動運転，停止します．また，空気圧縮機が何らかの原因で運転せず，さらに空気層の圧力が低下したときには警報もしくは異常の表示を行います．

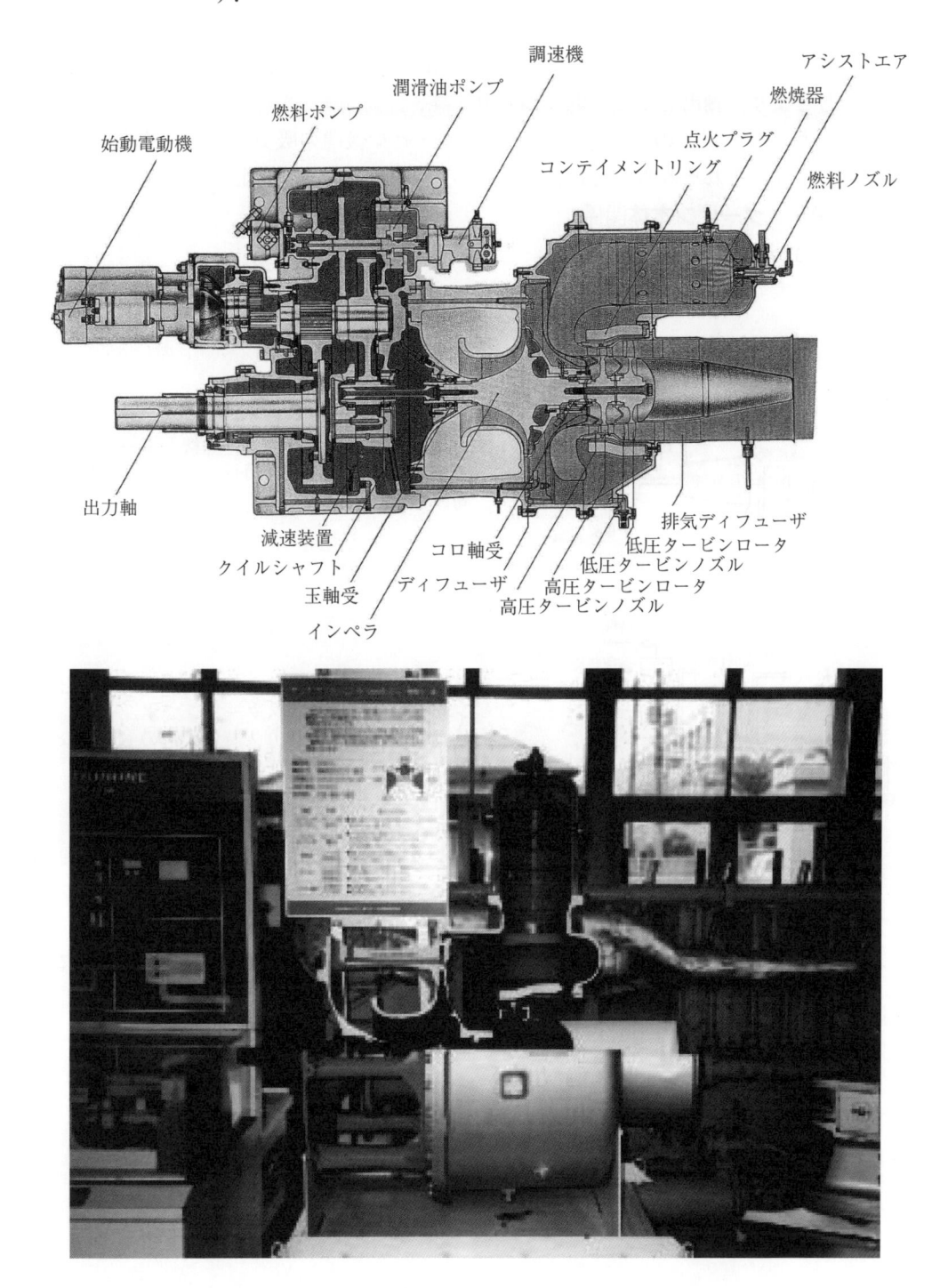

図2・29 ガスタービンの構成と写真

2・2・5　ガスタービン

(1) 作動原理

　　ガスタービンは有効出力を速度形膨張機であるタービンより取り出す気体原動機です．吸入した空気を圧縮機で圧縮し，これを加熱して生じた高温高圧ガスでタービンを回すもので，タービン出力と圧縮機駆動用動力との差が有効出力となり，軸出力として取り出されます．

　　ガスタービンの大きな特徴は，ディーゼル機関の吸気・圧縮・膨張・排気の各行程をそれぞれ独立した機器で行っていることです（**図2・28参照**）．

(2) タービン本体関係

(a) ガスタービンの種類

　　自家発電設備に使用されるガスタービンには次の様な種類があります．

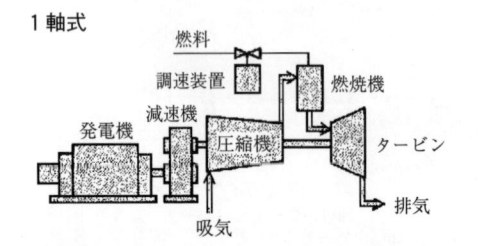

1軸式

もっとも多いタイプで，圧縮機とタービンが同一軸上に取付けられており，負荷投入特性，周波数特性が優れています．

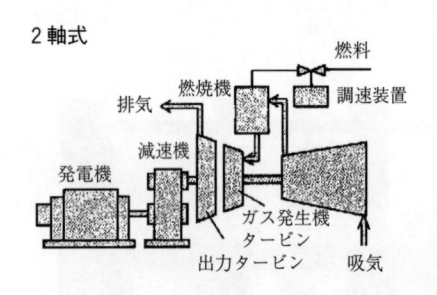

2軸式

圧縮機駆動のタービンと発電機駆動のタービンが分かれているガスタービンです．
始動装置が簡単となり，特に大形のものになるとこの形が増えます．

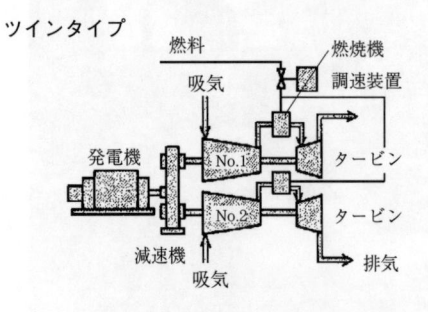

ツインタイプ

2台のガスタービンを減速機で一つの出力に取出す方法で，近年，広く普及しています．

図2・30　ガスタービンの種類

2・2 原動機の種類と保守

表2・8 ガスタービン各部の説明

No.	項目	説明
1	燃料ノズル	燃料を燃焼器内に噴射するノズル
2	アシストエア	燃料噴霧の霧化を促進するための補助空気
3	燃焼器	燃料を燃焼させて作動流体を直接的にタービン入口温度まで過熱する装置
4	点火プラグ	起動時に燃料に点火する装置
5	コンテイメントリング	運転中にタービン回転部分がバーストした時に,破片が外部に飛散することを防ぐためのストッパ.万一の場合も考慮した安全装置
6	調速器	タービンの回転数を検出して制御系の要素の作動位置を決め,作動させる装置
7	潤滑油ポンプ	軸受や歯車を潤滑するための潤滑油を供給するためのポンプ
8	燃料ポンプ	燃料を燃料噴射圧力以上に加圧してガスタービンへ供給するポンプ
9	始動電動機	ガスタービンを起動させるための電動機
10	排気ディフューザ	排気ガスの絶対速度を減少させ,その運動エネルギーの一部を静圧に変換することを目的としたタービンの出口の部分.末広がりの流路断面積を持つ.
11	タービン	作動流体の膨張によって動力を発生させるガスタービンの構成要素
12	タービンロータ	タービンの回転部分で,ガスの高速度噴流を動翼に吹き付けて得た仕事を取り出す機能を持つ.
13	タービンノズル	ガスの持つエネルギーを有効に速度エネルギーに変換するための噴出口
14	ディフューザ	気体絶対速度を減少させ,その運動エネルギーの一部を静圧に変換することを目的とした圧縮機出口の部分.末広がりの流路断面積を持つ.
15	コロ軸受	高速回転軸系を指示する軸受けの一つ.
16	インペラ	作動流体の圧力を上昇させるガスタービンの構成要素
17	玉軸受	高速回転軸系を支持する軸受の一つ.軸系に発生するスラストを支える.
18	クイルシャフト	ガスタービン部分と減速機を結合するための回転軸.過負荷に対するヒューズの役割もかねる.
19	減速装置	タービンの出力軸速度を減少して,被駆動機にタービン出力を伝達する歯車装置.
20	出力軸	被駆動機を駆動するための軸

参照 JIS B 0128 火力発電用語(ガスタービン及び附属装置)

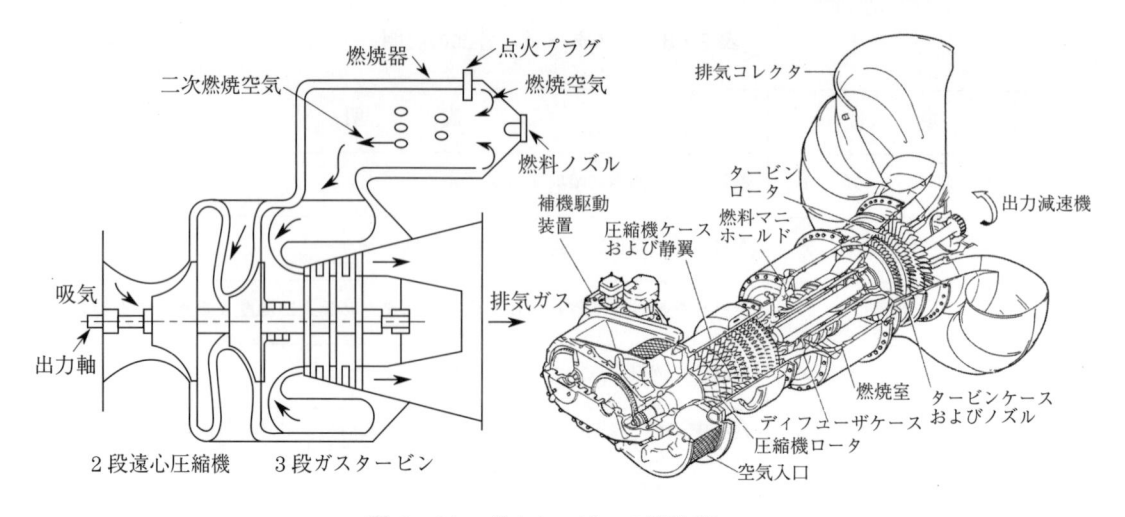

図2・31 ガスタービンの構造例

(b) 主要部の構造と機能

(1) 空気圧縮機部

空気圧縮機部は，遠心圧縮方式で空気を吸入し，所定圧力まで揚圧します．

(2) 燃焼機部

圧縮機より送り込まれた高圧空気は燃焼器内に施回流として送り込まれ，この中に燃料を連続的に噴霧し，点火栓にて着火して燃焼させます．

(3) タービン部

燃焼器室で得られた約850〜1100℃の高温，高圧ガスをタービンで大気圧まで膨張させて，高速の回転動力を発生させます．

(4) 減速機部

タービン主軸回転数を発電機の駆動回転数まで減速させます（例，53,426rpm→1 500rpm）．

(3) 配管系統

補機関係の配管系統の典型的な例の概要を**図2・32**に示します．

(4) 燃料油系統

燃料フィードポンプ（遠心ポンプ）により，燃料ポンプ（ギアポンプ）に送り込まれた燃料は，ガバナ等により制御される燃料調量弁で必要な燃料流量に調量された後，燃料噴射弁から霧となって燃焼器内に噴射され燃焼します．一般的に自家発電用ガスタービンの燃料噴射弁は補助空気（始動時はエァアシストポンプより，自立運転後は圧縮機出口より導かれる）で燃料霧化を助けるエァアシスト方式を採用しています．

また，燃料調量弁はガスタービンの全ての作動状態においてエンジンへの燃料を適性な量に調整する機能を有しており，ガバナに機械的に接続され，作動

2・2 原動機の種類と保守

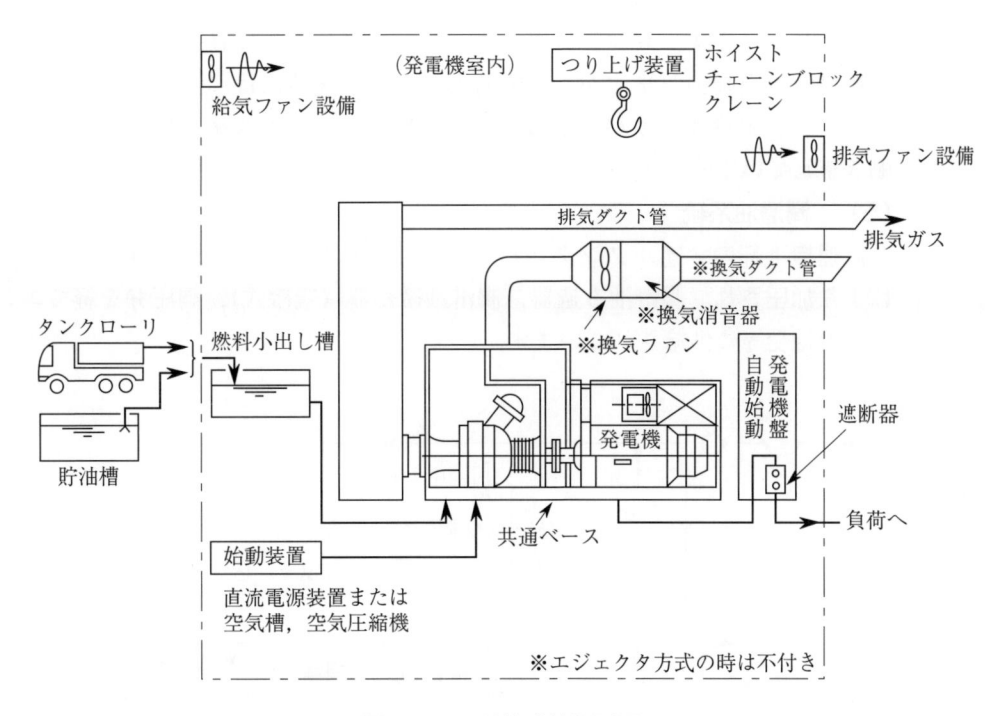

図2・32 配管系統概要図

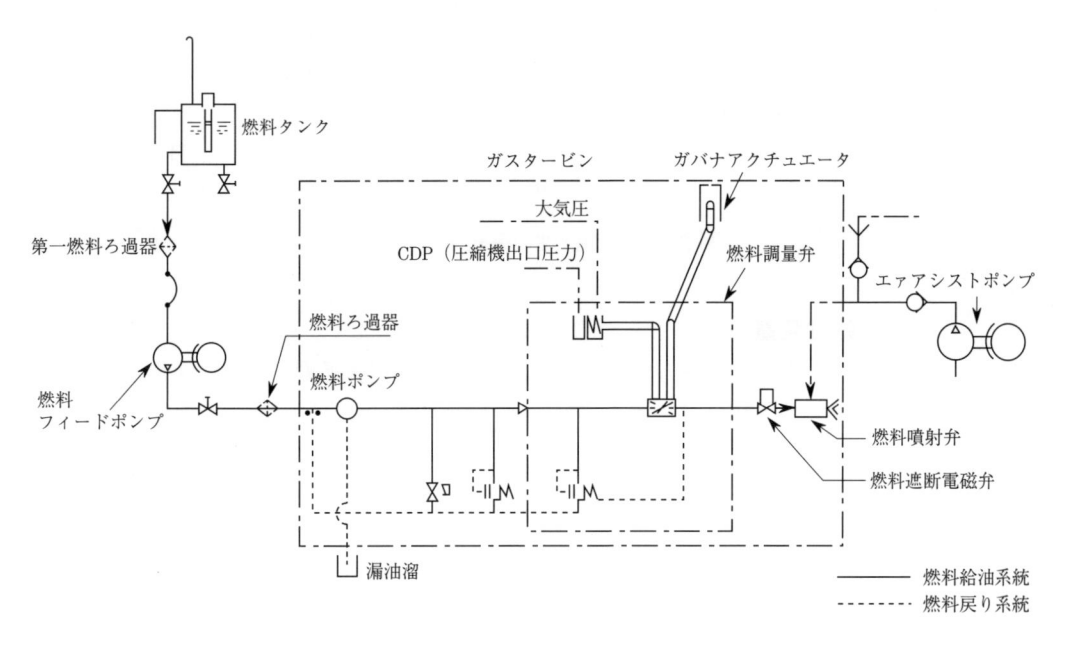

図2・33 燃料油の系統図

させられています．ガバナはガスタービンのあらゆる作動モードに対して必要な燃料流量を制御しますが，始動時および急加速時には，燃料調量弁自身が有する燃料制限機能がガバナからの入力を無効にし，ガスタービンの加熱を防ぐ働きをしています．

(5) 潤滑油系統

　減速機下部のオイルタンクから吸い上げられた潤滑油は，トロコイドポンプにより加圧され，潤滑油ろ過器，潤滑油冷却器（空冷式），調圧弁を経てエンジン内の軸受等に供給されています．

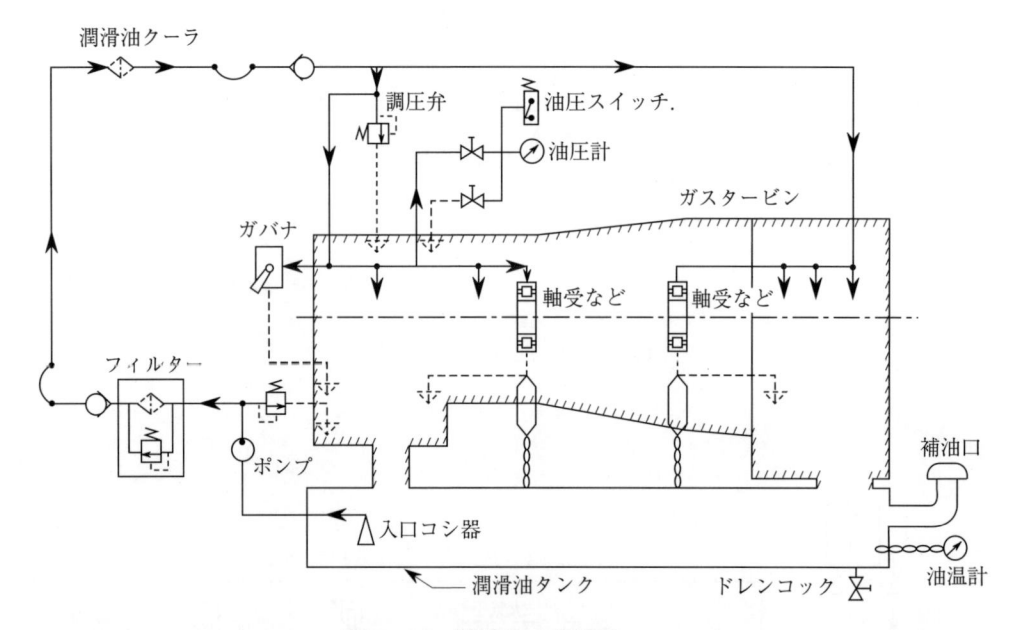

図2・34　潤滑油の系統図

(6) 始動装置

　ガスタービンの始動方式には空気始動方式と電気始動方式の2種類があり，電気始動方式が一般に多用されています．理由としては，空気始動方式は始動時

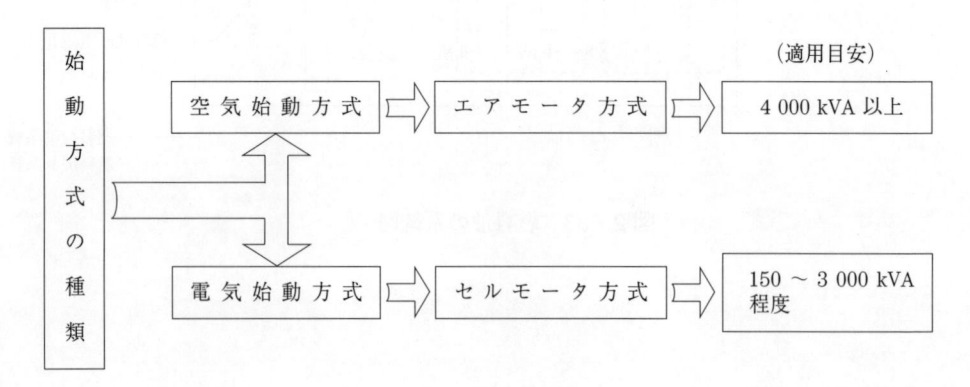

図2・35　始動方式の種類

多量の空気を使用するため，空気槽容量がディーゼル機関の10～20倍となり，設置スペースが大きくなるためです．装置内容はディーゼル機関とほぼ同様となります．

(7) 運転要領

ガスタービン発電装置は，装置据付後，まず手動にて各機器の作動を確認してから，一連の運転を自動的に行わせる自動運転または試験運転を行います．ここでは手動運転について簡単に順を追って説明します．

(a) 運転準備

運転を行う前に次の準備を行います．
(1) 燃料を規定液面まで補給します．
(2) 潤滑油を規定量給油します．
(3) 蓄電池を24時間以上充電します．
(4) 自動始動発電機盤の手動・自動切換スイッチ（以下，操作切換スイッチという）を「手動」の位置にします．

(b) 手動運転

① 準 備
(1) 燃料ラインの元コックおよび機側手動燃料遮断弁を「開」にします．
(2) 充電器の下記の各開閉器を「入」とします．
　・電源開閉器　・直流出力開閉器　・操作出力開閉器
(3) 自動手動発電機盤の排気温度指示計，潤滑油温度計を除くすべての計器類の指示が機械的零点位置にあること，および排気温度指示計，潤滑油温度計が室温を指示していることを確認します．
(4) 操作切換スイッチが「手動」の位置にあることを確認します．
(5) 主回路遮断器が「切」になっていることを確認します．
(6) エンジン制御箱，その他の制御用電源（AC100VおよびDC24V）の電源スイッチを「入」とします．

② 表示灯の確認
(1) 自動始動発電機盤の故障表示ランプ点検スイッチを押してすべての表示ランプが点灯することを確認します．
(2) 自動始動発電機盤および充電器の表示灯（下記）が点灯していることを確認します．
　・「エンジン制御電源」表示灯
　・「始動準備完了」
　・「浮動充電」あるいは「均等充電」表示灯

③ 始 動
(1) 自動始動発電機盤の始動スイッチを押すと，ただちに始動命令が発せられます．そして，これにより負荷運転準備完了までのシーケンスが自動的に行われます．

(2) 回転数が定格回転数に達した後，下記の項目の点検を行います．
　(a) 運転のランプが点灯しているか．
　(b) 回転数が定格回転数を指示しているか．
　(c) 排気温度計が約300～500℃を指示しているか（寒冷時には300℃以下になることもあります）．
　(d) 交流電圧計が規定電圧を指示しているか．
　(e) 周波数計が規定の50または60Hzを指示しているか．
　(f) 潤滑油圧力計が3～4kg/cm^{2}を指示しているか．

④ 停　止
　(1) エンジン停止用ボタンを押します．
　　(a) 停止命令とともに自動停止シーケンスが作動し，「回転速度計」，「排気温度計」，「交流電圧計」，「周波数計」等が急速に低下し始め，「運転」のランプが消え，「停止操作中」のランプが点灯します．
　　(b) エンジン回転数が5%以下になると自動的につぎの始動の待機状態となり「停止」および「始動準備完了」のランプが点灯します．

2・2・6　ガスタービン運転時のチェックポイント

非常用自家発電装置のように常時停止している機関は，通常，保守運転を毎月1回は実施します．このような保守運転時や通常の運転時は，**表2・9**(a)の作動点検実施事項にしたがって作動確認します．その結果は表2・9(b)のチェックシートに記録します．

〔保守運転の注意事項〕
(1) 運転時間は，5～10分間の無負荷運転とします．
(2) 始動前には設備全般にわたり目視確認を行い，関係箇所に触手してはいけません．
(3) 点検終了後，前回の計測データと比較検討し，判定の資料とします．
(4) 点検運転終了後は，自動起動の待機状態に戻しておきます．

次に運転時のチェック事項の要点について説明します．

(1) 振　動

運転時の各部の振動の許容範囲は取扱説明書によりますが，目安として次の例があります．

　(a) 防振ゴムのない場合
　　エンジン本体　　振幅≦0.15mm
　　エンジン配管　　振幅≦0.25mm
　(b) 防振ゴムのある場合
　　エンジン本体脚部　振幅≦0.3mm
　　パッケージ外枠　　振幅≦0.1mm

(2) 起動時間

2・2 原動機の種類と保守

表2・9 (a) 作動点検実施事項

点検区分	No.	点検作業項目	点検ポイント
運転前点検	1	燃料油および潤滑油量	規定量を確保しているか
	2	周囲温度	点検表に記入
	3	回転計・圧力計・温度計の指針	零点および正常値を指しているか
	4	給排気口・換気口・排気消音器の周辺	障害物，可燃物はないか
	5	始動装置 始動用バッテリ	液面レベル・比重，電圧は正常か
		始動装置 始動空気槽の圧力	規程圧力（30 kgf/cm^3）があるか
	6	制御装置用電源	液面レベル・比重，電圧は正常か
	7	運転モード切替スイッチ	手動側に倒してあるか
運転中点検	1	手動モードにて始動ボタンで始動	補機類自動作動状況および始動立上がり時間，最高排気温度，異音の有無を記録
	2	目視による外観検査	油漏れ，ガス漏れはないか
	3	各種管系の状況	各接続部の漏れはないか
	4	潤滑油圧力，圧縮機吐出圧力計測	正常な値を示しているか（計測値記録）
	5	周囲温度，潤滑油温度，排気温度計測	正常な値を示しているか（計測値記録）
	6	エンジン回転子の調子（周波数）	ハンチング（不規則回転）の有無
	7	排気（色）	従来に比べ異常はないか 錆粉等の異物が出ないか
	8	振動および異音	従来に比べ異常はないか
運転後点検	1	停止ボタンで停止	停止状況および停止時間の記録（R.D.T） （停止時間が短くなっていないか）
	2	前回の計測データの比較	前回との比較による異常の有無
	3	機関外観，配管の状態	異常，漏れはないか
	4	バッテリの点検	バッテリ液量は適量か
	5	充電器の操作	充電器の操作要領書に従い均等充電を実施のこと
	6	始動空気槽の確認	空気漏れはないか
	7	スイッチ類の自動起動待機への切替え	運転モードの切替スイッチが自動に戻っているか

表2・9（b） ガスタービン点検チェックシート

点検日：平成　　年　　月　　日

納入先：	機種：	E/No：	運転時間：　　　　h
納入年月日：　年　月　日	PS/rpm：	発電機容量：	発電機メーカー：
作業者　作業責任者：　　　　他メーカー：			：

① 補機類点検（作動確認）

項目	点火栓	燃料遮断弁	フィードポンプ	バイパス弁	スタータ	エアアシスト
結果						

判定：すべて作動すること

② クランキング

	最大回転数（%）	R.D.T（sec.）	L.O.圧力 kg/m²	カバナ作動
5 sec.				
10 sec.				
15 sec.	1)	2)	3)	4)

判定：1) 20±2%　2) 40sec. 以上　3) 0.5kg/cm² 以上　4) 作動のこと

③ 起動時間

回数	起動時間	排気温度（℃）			回転数（%）	周波数（Hz）	圧力（kg/cm²）		温度（℃）	
		起動前	起動時最大	整定後			圧縮	潤滑油	潤滑油	戻り油（EAC）
1			5)							
2										

注：5) は750%以下であること．

④ 停止時間

回数	停止命令 5 % sec.	エンジン完全停止	準備完了
1			
2			

⑤ 起動回数カウンター

EAC
V

⑥ バッテリー電圧（空気槽圧力）確認

起動前	瞬時 50 % 迄	起動後
V	V　　V	V

⑦ 油量確認

潤滑油	燃料油	潤滑油銘柄
/15	A重油・灯油　軽油	モービルJET-Ⅱ　シェルAST-500

⑧ スタートフロー

　　cc/ sec → cc /15 sec

⑨ スプレヤ先端及びエア・スワラのカーボン付着点検

スプレヤ	結果）
エア・スワラ	結果）

注）エアモータ仕様においてはエア・アシスト及びバッテリは装備されません．

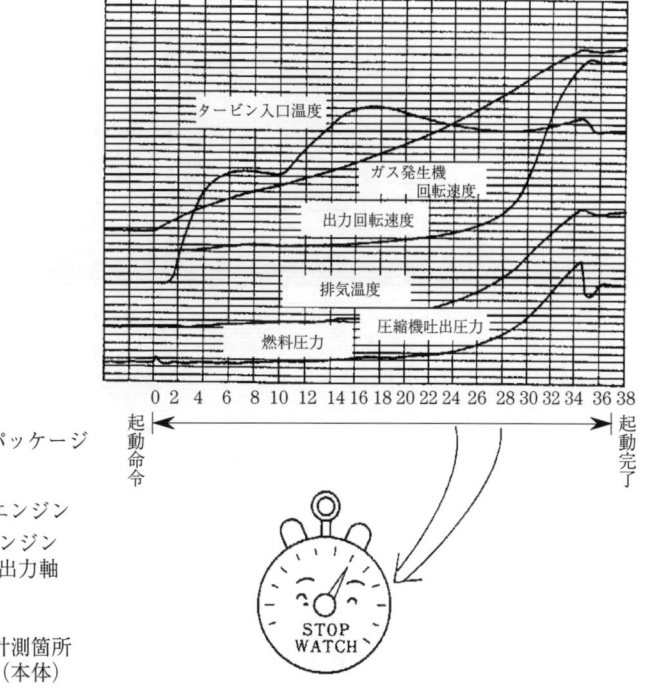

図2・36　振動計測箇所

図2・37　ガスタービン起動時の
　　　　　タイミングチャート（理想形）例

　起動指令より出力軸が規定回転数（操作盤メータにより確認）に達するまでの時間をストップウォッチにて測定（**図2・37**参考）します．

　起動指令に対し，正常な動作（補機類の動作，着火等）はするが，加速が遅く"起動渋滞"警報で機関停止する，または起動完了するが，起動時間が当初（据付時）より異常に長くなった場合，次のようなことが考えられます．

(1) 燃料のフィルタのつまり．
(2) バッテリ電圧が低い．
(3) 燃料スケジュールの不良．（燃料量の不足）
(4) ガバナレバーの位置が低過ぎる．
(5) 負荷がかかり過ぎている．
(6) バイパスバルブの漏れ．
(7) 吸排気抵抗の増大．
(8) 燃焼部，タービン部の損傷．

(3) 停止時間

　停止指令より出力軸が完全に停止（軸継手部を目視で確認する）するまで，時間をストップウォッチにて測定します．

　停止指令および保護回路の作動による機関停止の際，停止時間が当初据付時より異常に短くなった場合，次のようなことが考えられます．

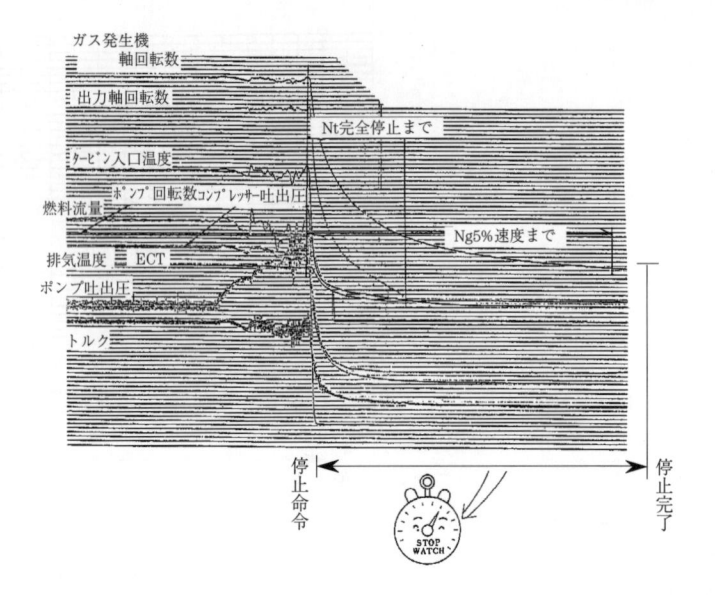

図2・38 ガスタービン停止時のタイミングチャート（理想形）例

(1) 通常より大きな負荷がかかっている．
(2) 潤滑油不足
(3) 軸受の焼付
(4) タービンの干渉

(4) 回転数

回転数は，操作盤の回転数メータで確認します．負荷そのものに変動があれば，エンジンの出力軸にもその変動があらわれますが，負荷側に問題がなく，エンジンの回転数が不安定（ふらつく）である場合，次のようなことが考えられます．

(1) ガバナおよび燃料調量弁のレバー締付ねじがゆるんでいる．
(2) ガバナリンクがガタついている．
(3) ボールジョイントがかた過ぎる．
(4) ガバナの調整不良．
(5) 燃料フィルタのつまり．
(6) 燃料系統の故障．

(5) 排気温度

排気温度は，排気温度メータで，起動中（加速中）の最高温度および運転中の常温度を確認します．

起動中（加速中）および運転中（定常時）を通じて排気温度が当初（据付時）より異常に高くなった場合，次のようなことが考えられます．

(1) 過負荷
(2) 吸排気系統が閉塞（異物の詰まり等）．

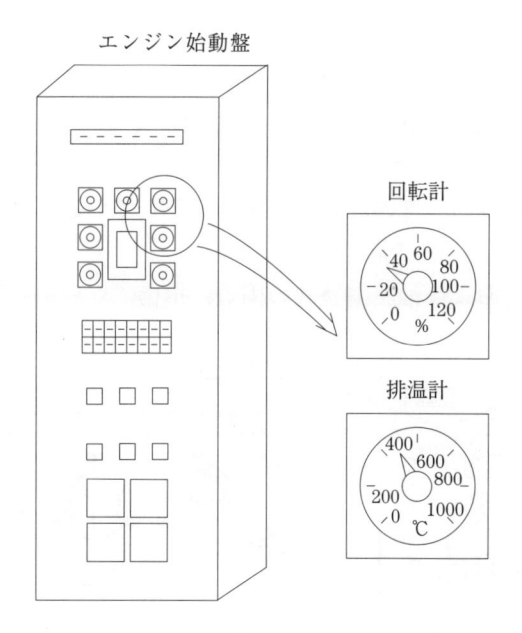

図 2・39　ガスタービンエンジン回転計取付（例）

　　(3)　圧縮機の汚れ.
　　(4)　燃焼器ライナ，スクロール等に損傷，変形等
　特に起動中（加速中）の排気温度が当初（据付時）より異常に高くなった場合には，次のようなことも考えられます．
　　(1)　燃料スケジュールの不良（燃料過多）
　　(2)　燃料制御装置内の差圧制御弁の固着

(6)　潤滑油温度

　潤滑油温は，潤滑油温度メーターで確認します．潤滑油温が当初（据付時）より高くなった場合，次のようなことが考えられます．
　　(1)　オイルクーラの故障
　　(2)　オイルフィルタの詰まり
　　(3)　軸受等の焼付
　　(4)　ベアリング潤滑用オイルジェットの目詰まり．
　　(5)　油圧が低過ぎる．
　　(6)　オイルポンプの故障

(7)　潤滑油圧力

　潤滑油圧力は，潤滑油圧力メータ（**図2・40**）にて確認します．
　潤滑油圧が当初（据付時）より異常に低くなった場合，次の諸、なことが考えられます．
　　(1)　オイルフィルタの詰まり．
　　(2)　調圧弁および安全弁（リリーフ弁）の故障．

(3) オイルポンプの故障．
　(4) オイルパン油面が異常に下がっている．
　潤滑油圧が当初（据付時）より異常に高くなった場合，次のようなことが考えられます．
　(1) 指定以外の粘度の高い潤滑油を使用している．
　(2) 配管中に異物が混入．
　(3) 安全弁および油圧調整弁の固着，損傷．

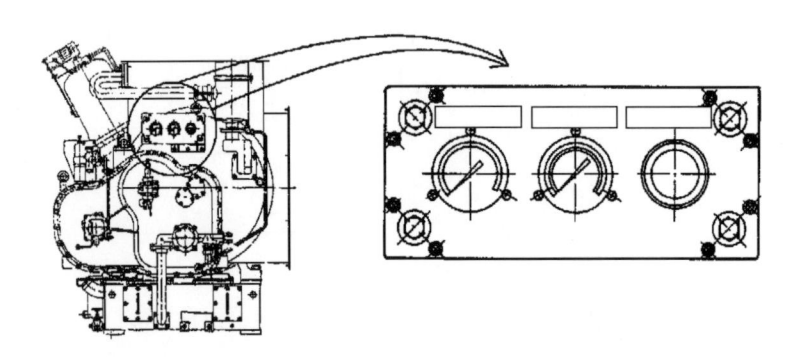

図2・40　潤滑油圧力計等の取付（例）

(8)　圧縮機吐出圧力

　圧縮機吐出圧力は，圧力計（**図2・40**）により確認します．
　圧縮機吐出圧力が当初（据付時）より異常に低くなった場合，次のようなことが考えられます．
　(1) 空気取入口の閉塞．
　(2) 圧縮機部の大きな損傷．
　(3) タービン部の大きな損傷．
　(4) 圧縮した空気の漏れ．
　(5) 圧力計配管途中での空気の漏れ．
　圧縮機吐出圧力が当初（据付時）より異常に高くなった場合．次のようなことが考えられます．
　(1) 排気ダクトの閉塞．
　(2) タービン部の大きな損傷．
　(3) エンジン内部あるいは外部で異常な負荷（軸受のトラブル，干渉等）がかかっている．
　また，圧縮機吐出圧は，気温，気圧に影響されるので，その時の気温，気圧に対する補正をした値で比較する必要があります．たとえば，夏期（気温が高い時）は冬期（気温が低い時）より圧縮機吐出圧は低くなります．

(9)　燃料消費量

　燃料消費量の測定は，流量計がある場合は流量計で，流量計がない場合は燃

料小出槽に運転前と運転後にマークをして運転時間との相関にて算出します．

　燃焼消費量は，長期使用による性能の劣化等によりわずかに増加します．

　また，その時の負荷，回転数，気温，気圧等により影響されますので，これらを考慮（補正）して比較する必要があります．

　ただし，急激に（異常に）増加した場合は，次のようなことが考えられます．
　(1)　燃料配管の漏れ
　(2)　圧縮機部，燃焼機部，タービン部の大きな損傷
　(3)　軸，軸受のトラブル
　(4)　その他，エンジンの損傷

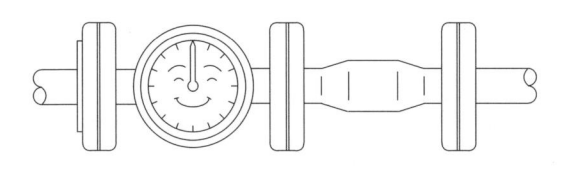

図2・41　流量計

2・2・7　ガスタービンの保守・点検

　保守点検には標準整備点検と定期点検があります．非常用発電設備に用いられるガスタービンを例にとり説明します．

(1)　標準整備点検

　標準整備点検は運転時間によって次の要項によって点検を行います．

　1-1　100時間運転後に行う点検項目（初回のみ）
　　1. 燃料噴射ノズルの点検，清掃を行います．このときカーボンの異常な付着がなければ以降500時間ごとに点検，清掃を行います．

　1-2　500時間運転ごとに行う点検項目
　　1. 燃料噴射ノズルの点検，清掃を行います．
　　2. 点火プラグを取りはずし，異常がないか点検します．
　　3. 燃焼器ライナを取りはずし，点検・清掃をします．

　1-3　2500時間ごとに行う点検
　　1. ガスタービンをメーカにて総分解点検し，必要な時には，修理または点検をします．

(2)　定期点検

　定期点検の種類としては自主点検と法定点検があり，それぞれ**表2・10**の要領によって行います．

　(a)　外観点検
　　設置状況や装置に運転上障害がないか，あるいは変形，損傷，脱落，腐食等の異常がないか，目視点検，増締め，圧力等の計測値チェックを行います．

表 2・10 ガスタービンの定期点検

種類	目的	点検周期	点検名称			
			外観点検	作動点検	機能点検	総合点検
自主点検	法令上義務づけられていませんが，非常時の信頼性をより確実にするため実施するものです．	2週間以内適宜	○			
		1ヵ月ごと	○	○		
法定点検	消防法により点検を行うことが義務づけられているものです．	6ヵ月ごと	○	○	○	
		1年ごと	○	○	○	○

(b) 作動点検

2・2・6で説明した機関を作動させての点検です．

(c) 機能点検

各装置・各計測値の動作機能，計測機能等が正常であることを確認する点検です．

(d) 総合点検

総合点検は水抵抗装置，実負荷などにより，実際に負荷を投入して出力の確認を行い，さらに消防用設備等の実際の負荷を投入し，その動作ならびに出力が適正であるかどうかを確認するための点検です．

(3) 点検整備表

点検整備の要領を示した整備表の例を表2・11に示します．

2・2・8 燃料油と潤滑油

(1) 燃料油

エンジンの使用燃料は一般的には最も安価な重油が使用されていますが，エンジンの種類によって次のように使い分けられています．

・ ディーゼルエンジン　小型の高速エンジンでは燃焼時間が短かいため，重油より燃焼性のよい軽油を使用するものもありますが，一般的には重油を使います．

・ ガスタービン　重油，軽油，灯油などの液体燃料はもち論，天然ガス，プロパンガスなどの気体燃料も使用できます．

(a) 鉱油の分類

鉱油は図2・42のように分類されますが，重油は原油より精製する成分を取った残留油ですので安価ではありますが，一般にその性状は不定であって不純物の含有量を少なくありません．したがってそれぞれのエンジンに適した性状

2・2 原動機の種類と保守

表2・11 点検整備表

```
A点検：半年ごと    E点検：12年ごと
B点検：1年ごと     F点検：起動回数1000
C点検：3年ごと           回ごとまたは運転
D点検：6年ごと           時間1000時間ごと
```

区分	点検部	点検整備項目（内容）	A点検	B点検	C点検	D点検	E点検	F点検	備考
始動系統	蓄電池	電圧・比重測定，液量点検	○	○	○	○	○	○	
		触媒栓交換			○	○	○	○	3年ごと交換
		交換（HS-E形）				○	○	○	6年ごと交換
空気始動系統	コンプレッサ	潤滑油の性状および量の確認	○	○	○	○	○	○	
		作動点検		○	○	○	○	○	（実際に作動させる．）
		分解点検			(○)	○	○	○	要すればC点検で行う．
		アンローダおよびドレン分離器分解・清掃			○	○	○	○	
		充気試験			○	○	○	○	
	始動用空気槽	ドレン抜き	○	○	○	○	○		
		操作弁・安全弁の作動確認		○	○	○	○	○	
		内部点検				○	○	○	
	始動用空気減圧弁	分解・清掃				○	○	○	
		ダイヤフラム・弁体交換			○	○	○	○	3年ごと交換
制御系統	潤滑油センサおよび吸・排気温度センサ	感温部の点検清掃			○	○	○	○	
		交換					○	○	12年ごと交換
	TAC	点検・清掃		○	○	○	○	○	フィルタ・リレー要すれば交換
		前面パネル交換				(○)	○	○	9年ごと交換
		アナログ基板交換				(○)	○	○	9年ごと交換
		CPU基板交換				(○)	○	○	9年ごと交換
		電源基板交換				○	○	○	6年ごと交換
		表示基板交換				(○)	○	○	9年ごと交換
		ファン交換				○	○	○	6年ごと交換
	EAC	点検・清掃			○	○	○	○	
		前面パネル交換				○	○	○	6年ごと交換
		アナログ基板交換				○	○	○	6年ごと交換
		CPU基板交換				○	○	○	6年ごと交換
		電源基板交換					○	○	12年ごと交換
		ファン交換				○	○	○	6年ごと交換
動力発生伝達部	圧縮機インペラ	ファイバスコープ等による健全性点検				○	○		
	ティフニーザ					○	○		
	タービンノズル					○	○		
	タービンロータ					○	○		
	スクロールおよび取付ベルト					○	○		
	ハイスピードピニオンベアリング					○	○		
総合試験	起動試験	充電なしで5回起動．			○	○	○	○	
	振動試験				○	○	○	○	別途，打合わせによる．
	機関性能試験				○	○	○	○	
	実停電試験		○	○	○	○	○		

の油を選択する必要があります．

(b) 燃料油の性状

エンジンの燃料として要求される一般的な性状には大体つぎのものがあげられます．

(1) 着火性が適当なこと．
(2) 適当な粘度をもつこと．
(3) 不純物がないこと．
(4) 発熱量が大きいこと．
(5) 安価であること．

着火性は特にディーゼルエンジンの場合，燃焼を規制してディーゼルサイクルまたはそれに近い燃焼状態を保って，最高圧力の跳び上がりを防ぎ完全燃焼をするために必要な性状です．粘度は燃料噴霧の霧化，分散，分布など燃焼室の空気とよく混和して完全燃焼を得るうえに重要な影響があります．

鉱油では粘度の小さいものほど着火性がよく精留度よいから不純物も少なく高級とされています．

表2・12に石油系燃料の性状を示します．

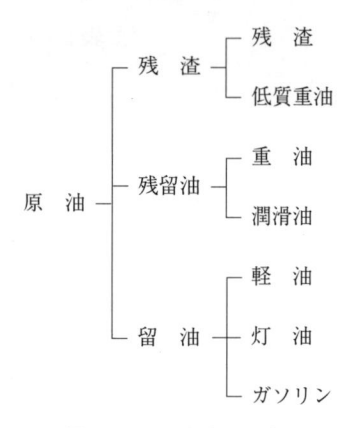

```
             ┌ 残渣 ┬ 残渣
             │      └ 低質重油
             │
             │        ┌ 重油
原油 ─┤ 残留油 ┤
             │        └ 潤滑油
             │
             │        ┌ 軽油
             └ 留油 ┼ 灯油
                      └ ガソリン
```

図2・42　鉱油の分類

表2・12　ディーゼル機関用燃料の性状例

	灯油	軽油	A重油
比重 (15/4℃)	0.78〜0.81	0.81〜0.84	0.85
引火点 (℃)	45〜53	55〜78	80
蒸留性状 (℃)	150〜270 (95%)	170〜325 (90%)	—
硫黄分 (%)	0.001〜0.009	0.3〜0.45	0.7
粘度 (cst)	1.2〜1.5 (30℃)	2.0〜4.0 (30℃)	2.72 (50℃)
セタン価	40〜45	50〜60	45〜55

(灯油のディーゼルエンジン使用について)

一般的にはディーゼルエンジンに灯油は使用しません．しかし，市街地などではSOxの総量規制の関係で，硫黄をほとんど含まない灯油の使用を要望される場合があります．灯油は軽油よりセタン価が低いため，自己着火性が悪く，噴射時期など機関調整により使用できますが，問題は，灯油は粘度が低く潤滑性に乏しいのと，水分溶解性があり機関の停止中に燃料系内で水分が滴粒化する点にあります．このため，燃料噴射ポンプ摺動部に錆を発生したり，スラッジによるエンジン停止事故に至る場合があります．この防止には，

2・2 原動機の種類と保守

① 燃料に微量の潤滑油を混合する．
② 燃料噴射ポンプに注油機構を付加する．
③ 燃料供給系に水分トラップ装置を設ける．

などの種々の対策が必要であり，使用時には十分な検討を必要とします．

（A重油について）

従来A重油は，原油の常圧，または減圧蒸留法によって製造されていましたが，近年，生活水準の向上に伴うガソリン，灯油の需要増大から使用燃料の軽質化が進み各石油メーカではFCC（触媒）石油精製装置による製造が増加しています．そのため常圧蒸留装置によるA重油の生産量が減少し，重油の品質低下が表面化して，ディーゼルエンジンのトラブルの原因になる場合があります．現在のA重油は，原油の熱分解により生産された軽油（分解系軽油）と常圧または減圧蒸留の残査油（C重油）を混合することで生産されることが多く，特に分解系軽油をベースとしたA重油では芳香族成分が増加し，ディーゼルエンジンのような特有の燃焼方式（圧縮着火）において重要な燃料のセタン価（またはセタン指数）が低く，高速，中速ディーゼル機関での着火不良や始動異常を生じる主要因となっています．

このことから，燃料油としてA重油を購入する場合には，必ず「ディーゼルエンジン用A重油（セタン価45以上）」と指定することが必要です．

また，大気汚染防止の観点（法に準拠し）から，硫黄分の少ないもの（A重油1種1号等）が望ましいことはもち論です．

ワード：セタン価：セタン価は，燃料の着火性の良否を示すものであり，この値が大きいほど着火性がよくディーゼル・ノックを起こしにくい．

セタン価の表わしかたは，着火性のよいセタンと着火性の悪いαーメチルナフタリンを標準燃料とし前者の着火性を100，後者の着火性を0として，セタンの混合パーセントで表します．

表2・13に燃料油の種類とセタン価，表2・14にディーゼル機関の回転速度と所要セタン価の関係を示します．

表2・13 燃料油の種類とセタン価

種　類	セタン価
セタン	100
軽　油	45～60
ディーゼルオイル	35～55
ライトフユニル	15～33
ヘビイフユニル	5～10
αーメチルナフタリン	0

表2・14 ディーゼル機関の回転速度と所要セタン価

回転速度〔rpm〕	所要セタン価
<100	15～30
100～200	15～40
200～400	30～45
400～800	35～50
800～1500	45～55
1500	50～60

(2) 潤滑油

エンジンには無数の摩擦部分があって，接触圧力，すべり速度，温度それぞれ種々雑多です．

潤滑の目的は，これら多くの摩擦部分に油をやって摩擦や摩耗を減少し更に摩擦部分に生ずる摩擦熱を取去って，かじりや焼付きを防ぐことです．

その他に気密作用といって例えばピストンとシリンダライナの間の気密を保って燃焼ガスの吹き抜けや圧縮空気の漏れを防ぐ作用があります．

また応力の分散作用といって，歯車とかローラおよびボール軸受のように点または線の接触をおこなっている．すなわち集中接触をしているようなものでは機械の素材の中に生じる集中応力の分散を図って機械の疲労破損を防ぐという効果も果たしています．

また，研磨された軸，軸受面の錆止めの効果や，摩擦面間の防塵効果などもあげられます．

潤滑油はこれら種々の減摩，冷却，気密，応力分散，防錆，防塵などの目的を同時に達成させなければならないのです．

(a) 潤滑の目的

前述の説明によってわかるように，潤滑油は6つの主要目的のために使用されます．すなわち，

減摩作用　冷却作用　気密作用　応力分散　清浄作用　防錆

です．これらを1つずつ考えてみると，つぎのようになります．

① 減摩作用

潤滑油は機械のすべり面が直接接触しないように互いに接している2つの面を潤滑油膜で引離して固体摩擦を液状摩擦におきかえて摩擦を減少する作用をします．

② 冷却作用

機械を運転するとき摩擦の起る場所ではどのような潤滑油が使われてもまたどのような潤滑状態，運転状態であってもかならずいくらかの発熱を伴うものです．またこの外に摩擦によって発生する熱以外に電動機，蒸気機関，内燃機関のように電気損失や熱損失による熱の一部が伝わってくることもあります．

こうしたいろいろな熱がいつも摩擦部に止り蓄積されていると，ついには焼付きの原因となりますから，これを早く取去ってやらなければなりません．そこで潤滑油は減摩の目的とともに，これらの熱を運び去るつまり冷却作用の役割をつとめています．

③ 気密作用

内燃機関や，圧縮機または冷凍機などのシリンダのように高圧，高熱ガスが作用する機械では，このガスが吹き抜けては効率は低下することになることはいうまでもありません．

このガスの吹き抜けを防止する密封作用も潤滑油に果たせられています．

④ 応力分散作用

このほか歯車とかボール軸受,ローラ軸受のように点または線で接触しているような摩擦面では機械の素材内で生ずる応力の集中によって,疲労破損することが多いものです.潤滑油はこのような集中圧力も分散して疲労破損を防止しております.

⑤ 清浄作用

摩擦面に滞留する塵埃を潤滑油によって洗い流すとか,付着したカーボンを潤滑油の中に分散させるといった防塵,清浄の効果ももっています.

⑥ 防錆作用

研磨された摩擦面はもちろん,金属表面を油膜で覆って空気との接触を断ち金属の発錆を防ぐ効果をもっています.

このように潤滑油は単に減摩の目的だけに使われるのでなく,いろいろの効果をあげているのですから,潤滑油にはもっと関心をよせるべきでしょう.

(b) 潤滑油の交換時期

潤滑油には非常に多くの炭化水素が混在しており,その炭化水素は,光,熱または金属イオンなどによって劣化します.

この劣化を防止するために,潤滑油には種々な添加剤(流動点降下剤,粘度指数向上剤,酸化防止剤,清浄分散剤,油性剤,防錆剤,消泡剤,アルカリ中和剤)が配合されており,保管状態が完全であれば使用されない油はほとんど劣化しません.

しかし,エンジン油はクランクケース内などで常に呼吸作用を起しており,通常の保管状態では,どうしても微量水分の混入を避けることができません.水分混入量の差はありますが,水分により添加剤との異常反応,スラッジの生成などを引き起し油が劣化することがあります.

一方,燃料油中のいおう分の燃焼によって生ずる硫酸の影響も見逃すことはできません.

硫酸は強い酸化作用を有し,高音においてエンジン油を激しく酸化し,あるいはスラッジや炭化物を生じ,これに水分,金属摩耗粉などもからみついて全体的な油劣化へつながります.

したがって,使用頻度の極めて少ない非常用発電ディーゼルエンジンの場合を例にとると,潤滑油の交換時期については,設置場所の環境,運転頻度と時間,使用燃料油などにより,潤滑油劣化の度合が異なり一概に言えませんが,上述したように長期保存による水分混入とスラッジ状析出物の成長傾向などを考慮し1.5～2年で交換するのが安全です.

ただし,最も理想的な交換時期の決定については油メーカが行っている管理試験結果から判断する必要があります.

2・2・9 ディーゼル機関とガスタービンの違い

主要原動機としてのディーゼル機関とガスタービンを選択時の仕様やシステムも含めて比較すると次のようになります．

表2・16　ディーゼル機関とガスタービンの比較

原動機 項目	ディーゼル機関	ガスタービン
作動原理	断続爆発燃焼する燃焼ガスの熱エネルギーをいったんピストンの往復運動に変換し，それをクランク軸で回転運動に変換する．（往復運動→回転運動）	連続燃焼であり，燃焼ガスの熱エネルギーを直接タービンにて回転運動に変換している．すなわち出力を直接回転で取り出せる．サイクルは，吸気・圧縮は圧縮機，燃焼は燃焼器，膨張はタービンというように各独立した機構で行う．（回転運動）
出力	通常の使用条件下では吸入空気温度の変化による出力の影響は少ない．	吸入空気温度が上昇することにより，出力が低下する割合が大きい．寒冷時には，出力に余裕が出る．
使用燃料	軽油，A重油	灯油，軽油，A重油，天然ガス（多種類の燃料が使用可能）
燃料消費率	少ない．	比較的多い．
始動時間	短い．	長い． 40秒始動は可能だが，10秒始動は困難．
負荷投入	即時全負荷投入不可（50～60％） （平均有効圧力に応じた投入率となる．）	100％投入可能（一軸式の場合）
回転数変動率	変動率が大きく，制定時間も長い．	変動率が小さく，整定時間も短い．
軽負荷運転	長時間の無負荷運転は不可． 軽負荷運転ではすすが出やすくなる．	特に問題ない． （長時間無不可運転でも問題ない．）
冷却水	一般的には必要だが，ラジエータ方式ならば不要（氷点下以下では凍結防止対策が必要）	自己空冷式のため不要（寒冷地でも凍結の心配がない．）
燃焼用空気量		空気量はディーゼルエンジンと比べ約2.5～4倍となる．
排気	排気ガス中のCO，NO_x等の含有率が高い．	排気ガス中のCO，NO_x等の含有率がきわめて低い．
過負荷耐量	往復運動で低速回転のため，過負荷を吸収できる慣性力が小さい．	高速回転のため，慣性力が大きく瞬時の過負荷も容易に吸収できる．
潤滑油消費量	多い． 燃焼ガスの熱にさらされるため劣化する． 消費される量の補充以外に全量交換の必要がある．	少ない． ディーゼルエンジンより軸受数が少なく直接燃焼ガスに触れるところがないので劣化しない．
体積，重量	部品点数が多く中低速機関等は重量が重い．	構成部品点数が少なく，寸法・重量ともに小さくて軽い．
振動	往復運動のため，振動が発生しやすい． 防振装置により減少可能．	回転機械でしかも連続燃焼であるため振動はほとんどない．
据付	設置スペースが大きくなる． 基礎が必要． 給排気の設備が小さくなる．	設置スペースが小さくてよい． 基礎がほとんど不要． 吸排気の設備が大きくなる．
騒音	低周波主体で消音対策が難しい．	高周波主体で消音対策が容易．

2.3 発電機用配電盤

発電装置としての回路構成は，そのプラント全体の最適な一部として構成さ

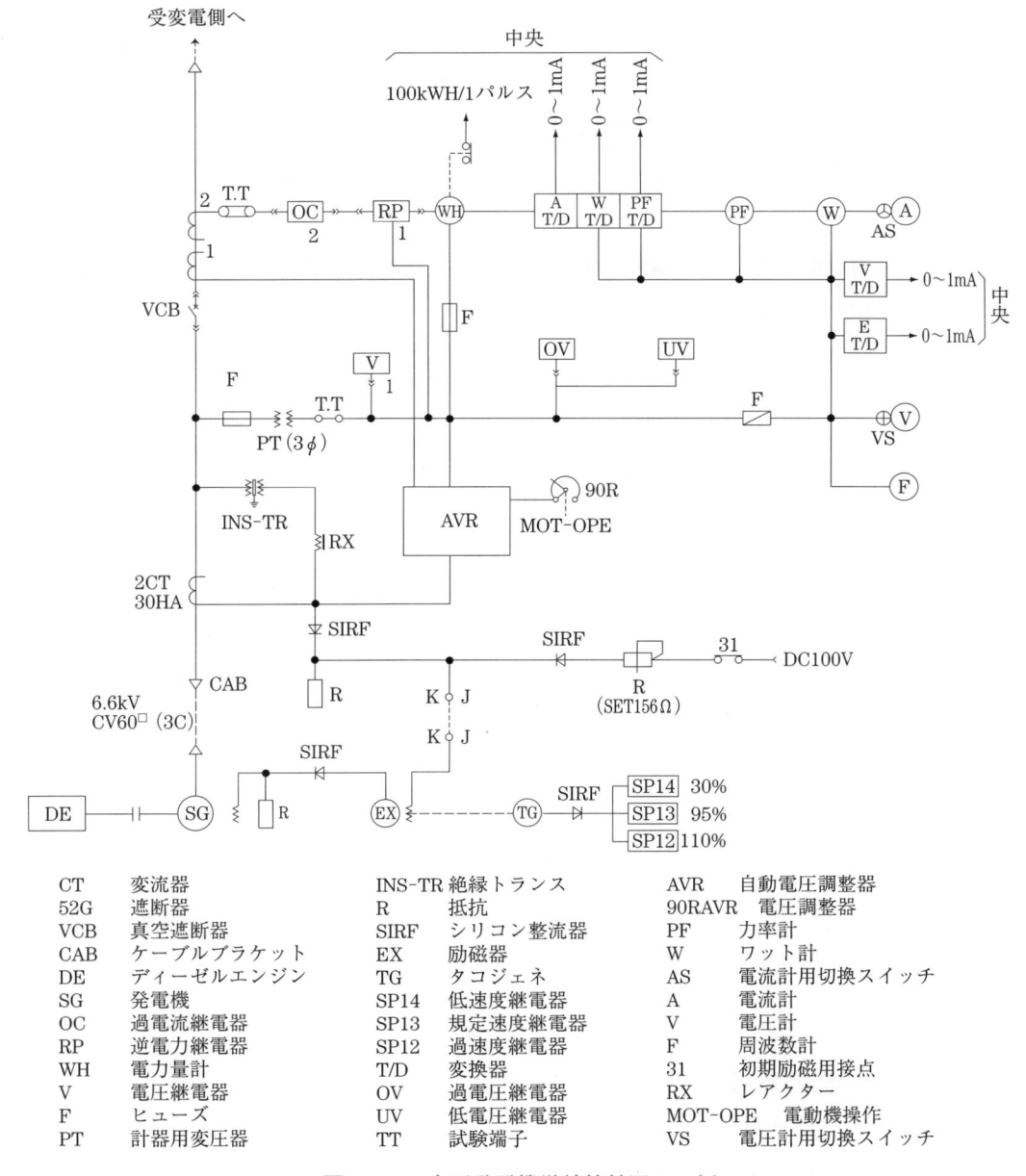

CT	変流器	INS-TR	絶縁トランス	AVR	自動電圧調整器
52G	遮断器	R	抵抗	90RAVR	電圧調整器
VCB	真空遮断器	SIRF	シリコン整流器	PF	力率計
CAB	ケーブルブラケット	EX	励磁器	W	ワット計
DE	ディーゼルエンジン	TG	タコジェネ	AS	電流計切換スイッチ
SG	発電機	SP14	低速度継電器	A	電流計
OC	過電流継電器	SP13	規定速度継電器	V	電圧計
RP	逆電力継電器	SP12	過速度継電器	F	周波数計
WH	電力量計	T/D	変換器	31	初期励磁用接点
V	電圧継電器	OV	過電圧継電器	RX	レアクター
F	ヒューズ	UV	低電圧継電器	MOT-OPE	電動機操作
PT	計器用変圧器	TT	試験端子	VS	電圧計用切換スイッチ

図2・43　高圧発電機単線接続図の一例

れています．すなわち，発電機容量，負荷容量，短絡容量，負荷電圧，負荷までの距離，並行運転の有無等によって，多くの種類があります．図2・43に6.6kV級の単線接続図の一例を示します．

2・3・1 配電盤の形式

発電機用配電盤としては，自立閉鎖形と搭載形に大別されます．このうち搭載形は主として小出力，単独運転用として使用されます．また，常用電源としてのコージェネレーションシステムには，自立閉鎖形配電盤が多く採用されています．自立形の有利な点としては，種々の制御装置を収納するスペースの問題，日常点検のやりやすさ等があります．

2・3・2 配電盤の構成

配電盤の構成も前述のように，発電機容量その他の条件で一様ではありませんが，機能上から分類すると，一般に次のようになります．

(1) 発電機盤

発電機出力回路の制御をするもので，主遮断器，計測関係，母線等を収納．

(2) 励磁装置盤

発電機用励磁装置一式を収納．

(3) 自動制御盤

機関の運転，停止その他の制御を行うもので，各種継電器類，操作スイッチ，監視用表示灯などを収納．

(4) 補機盤

機関運転に必要な補機電動機類の始動器を収納．

(5) 同期盤

並行運転に必要な同期投入装置，負荷分担装置，その他を収納．

ブラシレス励磁方式を採用した場合は，励磁装置が小型化され，中容量発電機（2,000kVA程度以下）では発電機盤，励磁装置盤を含めて一面構成が可能です．

次に一般標準的な配電盤について概略を述べます．図2・44は鋼板製閉鎖自立形の高圧配電盤で，全面は右開き扉，背面は3分割の引掛け扉，側面はねじ止めカバーとなっています．

盤表面には，各種計器類，操作，切替えスイッチ，表示灯，保護継電器，テスト用端子等が取り付けられ，盤内には，主遮断器，計器用変流器，励磁装置等が収納されています．

2・3・3 配電盤の点検

(1) 日常点検

配電盤の日常点検は目視による巡回点検が主となりますが，次の事項につい

2・3 発電機用配電盤

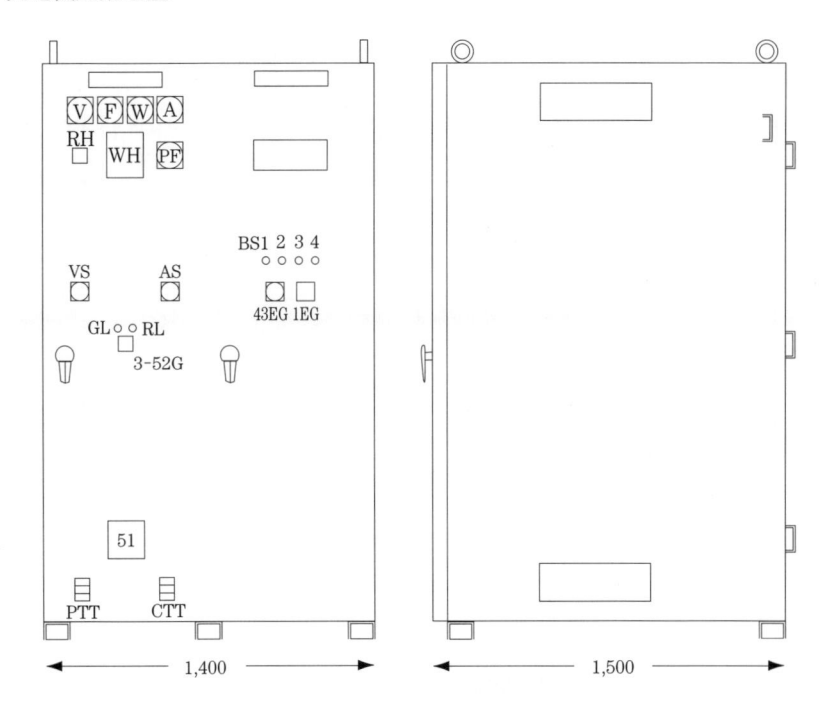

図2・44 高圧キュービクル形配電盤の一例

て行います．
① 盤本体，扉，蝶板，錠，ガラス窓等の損傷，発錆，変色，変形，腐食等のないことを確認します．塗装のはく離，発錆箇所は，補修，塗装を行っています．
② 扉の開閉が確実に行えることを確認します．
③ 母線，制御・操作・表示用配線その他の配線に腐食，損傷，加熱，じんあいの付着，断線等のないことを確認します．損傷のある場合は絶縁テープなどにより応急装置を施し，速やかに修理を行います．
④ 主回路端子部，補機回路端子部，検出端子部などの接続部分のゆるみの有無を点検します．ゆるんでいる場合は増締めします．また，接続部分，クランプ類に腐食，損傷，過熱による変色等のないことを確認します．
⑤ 盤面の計器の変形，損傷，著しい腐食，指針の狂い等のないことを目視により確認します．なお，指針の零点に異常があるときは，調整ネジで調整します．
⑥ 電源表示灯に球切れがなく正常に点灯していることを確認します．表示灯でランプチェック回路のあるものは，これを操作して球切れの有無を確認します．

(2) 点検整備の内容

表2・16に点検整備の内容について一例を紹介します．

表2・16 配電盤の点検整備

点検項目		A点検 (簡易)	B点検 (普通)	C点検 (精密)
点検部	本体内容			
主遮断器	本体部点検		○	○
	操作器部点検		○	○
	接触子点検		○	○
	絶縁油の耐圧試験またはオイル交換		○	○
	絶縁抵抗測定	○	○	○
継電器	接点の接触点検	○	○	○
	動作試験		○	○
計器	零調整	○	○	○
	較正			○
配線	締付点検	○	○	○
	電線の点検	○	○	○
補助接触器	接触子点検			○
その他	絶縁抵抗測定	○	○	○
	シーケンステスト		○	○
運転確認	無負荷運転	○	○	○
	実負荷運転		○	○

第3章 コジェネ用発電設備の運転と保守

3.1 コージェネレーションシステムの概要

3・1・1 コージェネレーションシステムとは

コージェネレーション（Cogeneration，熱電併給，（略語）コジェネ）システムとは，一つのエネルギー源から熱と電力を同時に発生させるシステムの総称と定義されています．具体的には図3・1(c)に示すように「原動機としてディーゼルエンジン，ガスエンジン，ガスタービンなどを用いて自家発電するとともに，その排熱を有効利用して総合効率の向上を目的としたシステム」といえます．

図3・1(a)に示すような集中形大容量発電所においては，膨大な排熱を捨てて，送配電損失を伴い受電端で約32％程度の効率を得ているのに対し，コージェネレーションシステムは，エネルギー消費地で個別形熱併給発電を行うことで，総合効率を75〜85％と大容量発電所の2倍以上の総合効率をもっています．

3・1・2 エンジンのヒートバランス

コージェネレーションに使用されるエンジンには，一般的に，
・ディーゼルエンジン
・ガスエンジン
・ガスタービン

があり，それぞれのヒートバランスは概略図3・2のようになっています．

エンジンの軸出力端での熱効率は，ディーゼルエンジンでは35〜40％，ガスエンジンでは30〜35％，ガスタービンでは19〜24％となっており，現在のところディーゼルエンジンが最も良いことをしめしています．

一方，エンジンの冷却水への排熱は，ディーゼルおよびガスエンジンでは

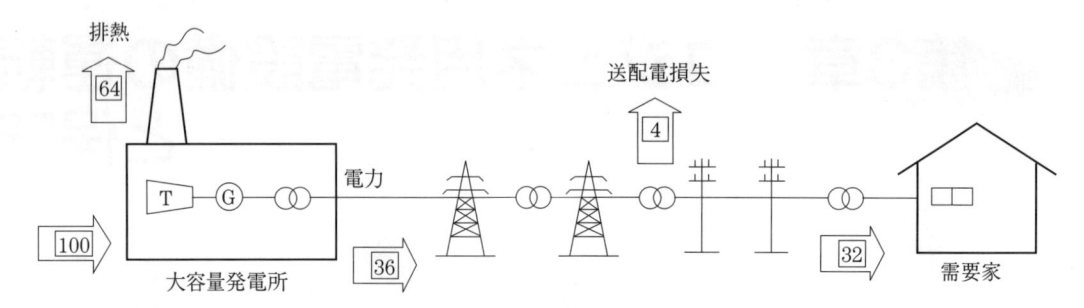

(a) 集中形大容量発電システム

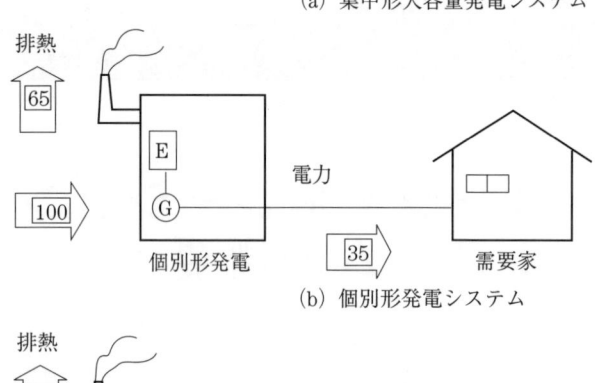

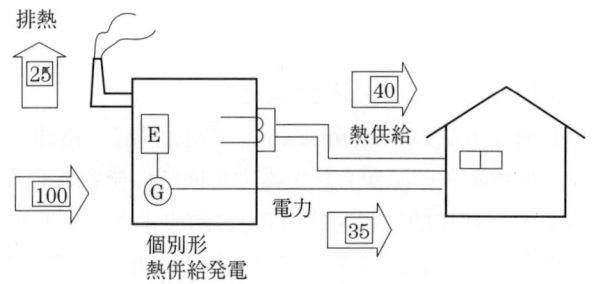

(b) 個別形発電システム

(c) コージェネレーションシステム

（注）▭▷印はエネルギーの流れを示し，枠内数値は割合〔％〕を示します．

図3・1　エネルギーの供給系統

30％前後であり，この排熱が温水として回収されることになります．また，排気ガスは400～500℃で排出され，放熱量は30％前後で温水または蒸気として比較的容易に回収できます．

　ガスタービンは冷却水系がなく，排気ガスは500～600℃で排出され，放熱量は75％前後で，蒸気での回収が容易になるメリットを持っています．

　このことから，一般的に電気利用が主体のディーゼルおよびガスエンジンと，熱利用が主体のガスタービンが，状況によって使い分けされているといえます．

3・1・3　コージェネレーションシステムの運転方式

　コージェネレーションシステムでは，電力と熱はほぼ比例して発生します．しかし，実際に適用した場合，電力と熱の発生量と消費量は一致しないのが普通です．したがって，運転方式は電力負荷に追従させる方式と熱負荷に追従さ

3・1 コージェネレーションシステムの概要

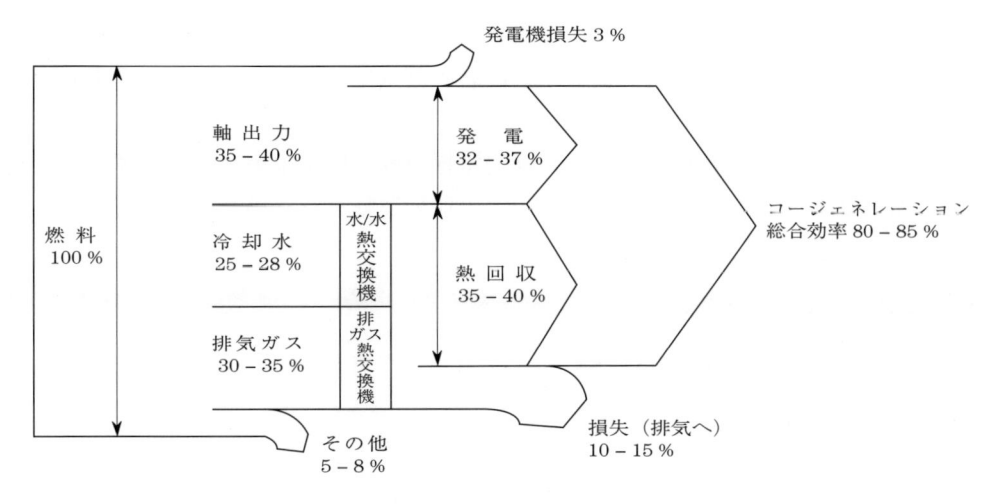

(a) ディーゼルエンジン・コージェネレーションシステム

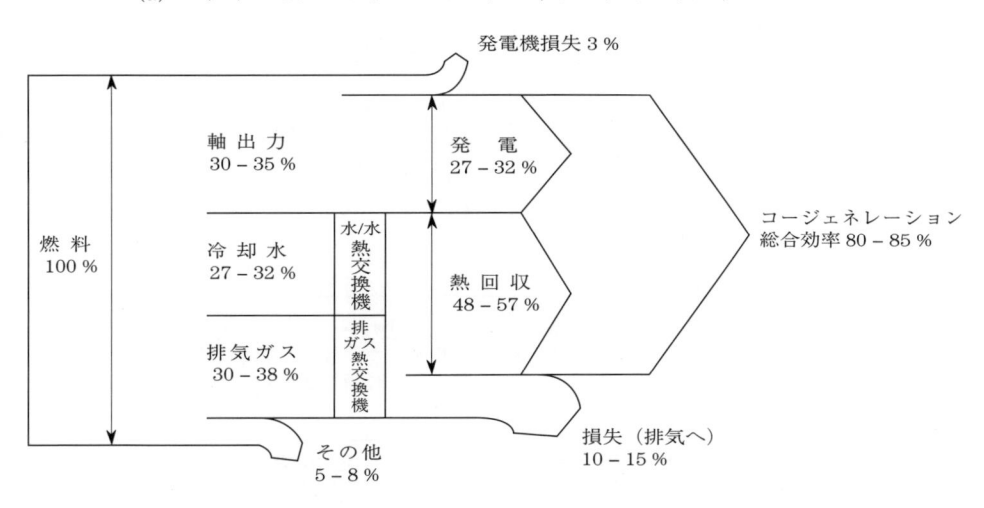

- 燃料 100 %
  - 軸出力 35 – 40 % → 発電機損失 3 %、発電 32 – 37 %
  - 冷却水 25 – 28 % （水/水熱交換機）
  - 排気ガス 30 – 35 % （排ガス熱交換機）
  - → 熱回収 35 – 40 %
  - その他 5 – 8 %
  - 損失（排気へ）10 – 15 %
- コージェネレーション総合効率 80 – 85 %

(b) ガスエンジン・コージェネレーションシステム

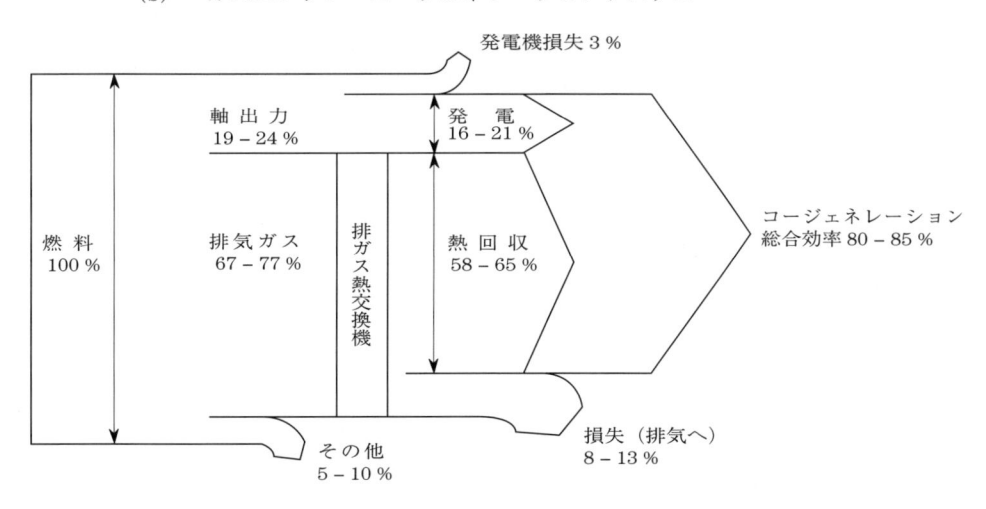

- 燃料 100 %
  - 軸出力 30 – 35 % → 発電機損失 3 %、発電 27 – 32 %
  - 冷却水 27 – 32 % （水/水熱交換機）
  - 排気ガス 30 – 38 % （排ガス熱交換機）
  - → 熱回収 48 – 57 %
  - その他 5 – 8 %
  - 損失（排気へ）10 – 15 %
- コージェネレーション総合効率 80 – 85 %

(c) ガスタービン・コージェネレーションシステム

- 燃料 100 %
  - 軸出力 19 – 24 % → 発電機損失 3 %、発電 16 – 21 %
  - 排気ガス 67 – 77 % （排ガス熱交換機）
  - → 熱回収 58 – 65 %
  - その他 5 – 10 %
  - 損失（排気へ）8 – 13 %
- コージェネレーション総合効率 80 – 85 %

図3・2 コージェネレーションに使用される各種のエンジンのヒートバランス

せる方式に大別されますが,実際には電力と熱負荷の小さい方に合わせて運転する熱電負荷バランス形運転が,両者の欠点を補う方式なので,実用的であると考えられています.

また,電力日負荷特性に合わせ発電機運転時間を定め,定出力運転を行う一定出力形も運転効率は高く,商用との並列運転を行う場合によく用いられています(図3・3).

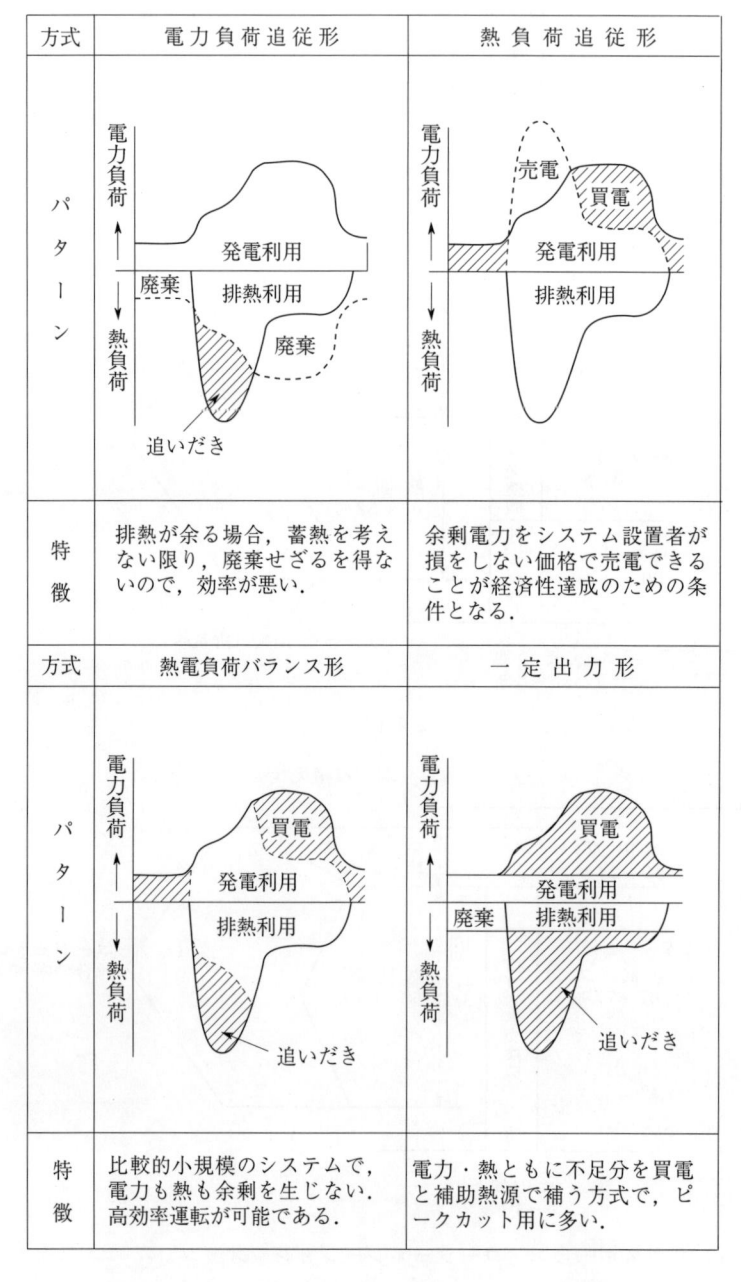

方式	電力負荷追従形	熱負荷追従形
パターン	(電力負荷／熱負荷のグラフ:発電利用,排熱利用,廃棄,追いだき)	(電力負荷／熱負荷のグラフ:売電,買電,発電利用,排熱利用)
特徴	排熱が余る場合,蓄熱を考えない限り,廃棄せざるを得ないので,効率が悪い.	余剰電力をシステム設置者が損をしない価格で売電できることが経済性達成のための条件となる.
方式	熱電負荷バランス形	一 定 出 力 形
パターン	(電力負荷／熱負荷のグラフ:買電,発電利用,排熱利用,追いだき)	(電力負荷／熱負荷のグラフ:買電,発電利用,廃棄,排熱利用,追いだき)
特徴	比較的小規模のシステムで,電力も熱も余剰を生じない.高効率運転が可能である.	電力・熱ともに不足分を買電と補助熱源で補う方式で,ピークカット用に多い.

図3・3 コージェネレーションシステムの運転方式

3・1・4 コージェネレーションシステムの構成機器

コージェネレーションシステムは，基本的には，以下の7つのシステムから構成されています．

(1) 原動機
(2) 発電機
(3) 熱回収機器
(4) 補助熱源
(5) 燃料供給系
(6) 制御系
(7) 負荷

図3・4に各システムの主な構成機器を示します．

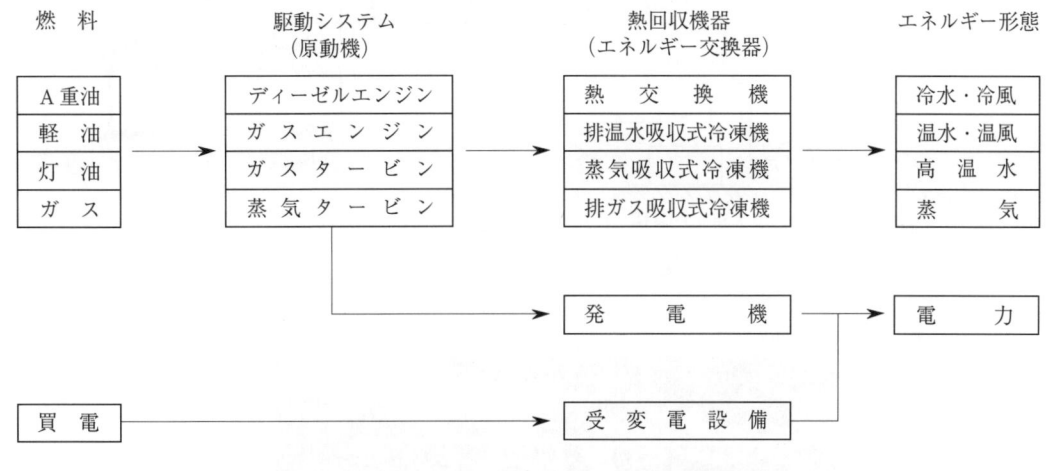

燃料	駆動システム (原動機)	熱回収機器 (エネルギー交換器)	エネルギー形態
A重油 軽油 灯油 ガス	ディーゼルエンジン ガスエンジン ガスタービン 蒸気タービン	熱交換機 排温水吸収式冷凍機 蒸気吸収式冷凍機 排ガス吸収式冷凍機	冷水・冷風 温水・温風 高温水 蒸気
		発電機	電力
買電		受変電設備	

図3・4 各コージェネシステムの主な構成機器

3・1・5 コージェネレーションの熱回収システムフロー

熱エネルギーは多くの場合，蒸気または温水の形で回収され，暖房，給湯，プロセス加熱や吸収式冷凍機の駆動熱源などに利用されます．これらに対する熱回収システムの代表的なフローを図3・7に示します．

ガスタービン方式は，回収熱源が排ガスのみの1系統であり，ヒートバランスはとりやすいと考えられています．

図3・8にガスタービン方式，ディーゼルエンジン方式によるコージェネレーションシステムの例を示します．

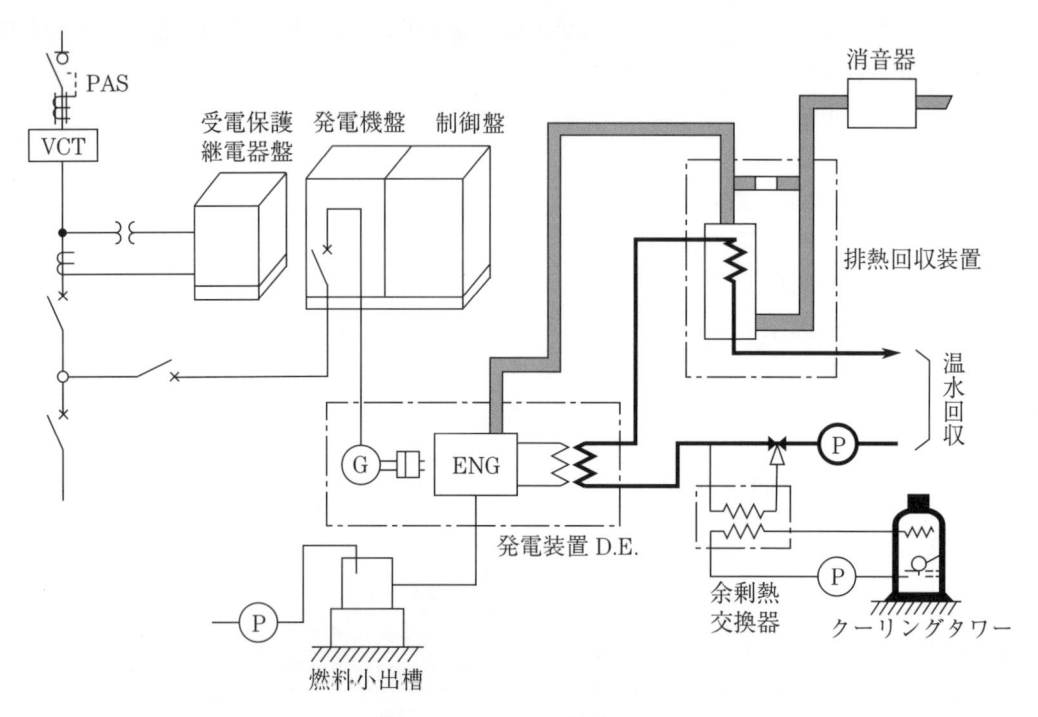

図3・5 システム構成図

図3・6 システム外観

3・1 コージェネレーションシステムの概要

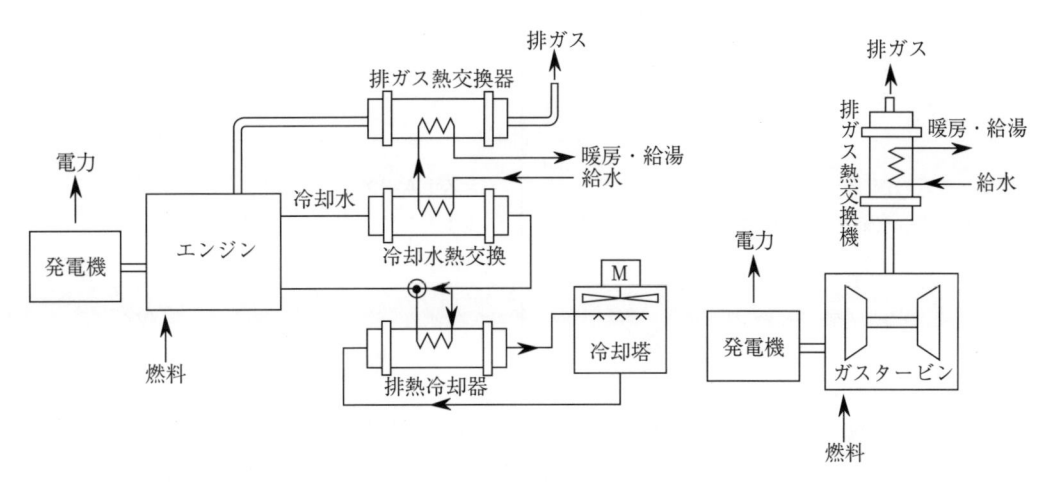

(a) 電力と給湯・暖房システムフロー

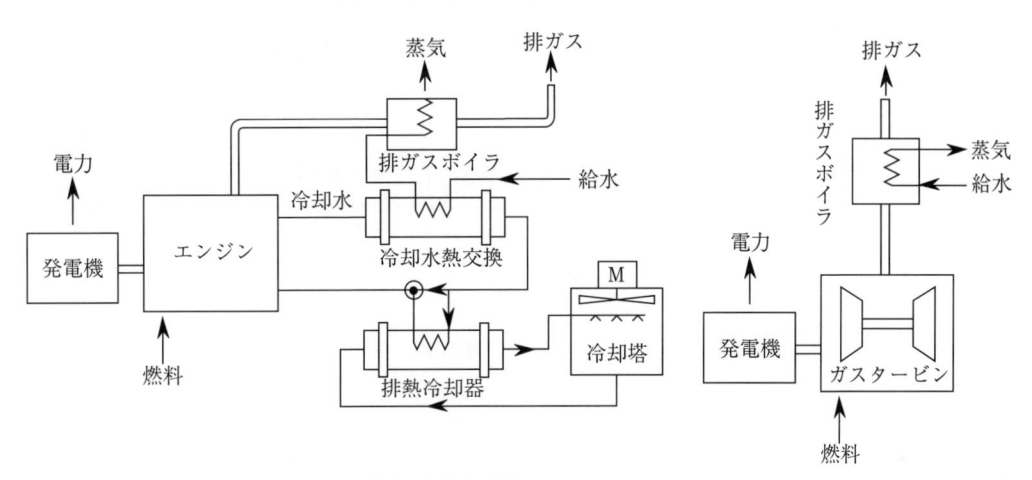

(b) 電力と蒸気システムフロー

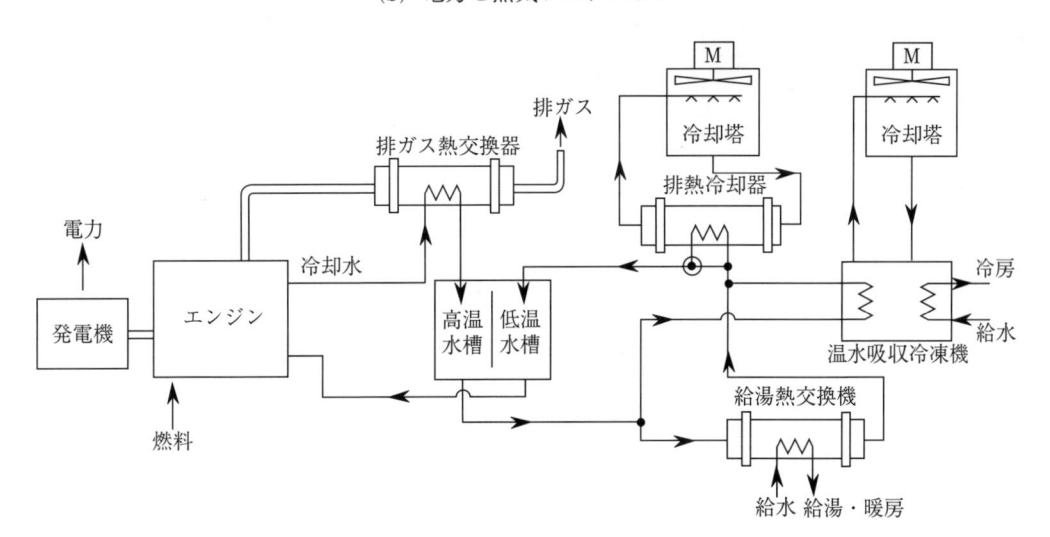

(c) 電力と給湯・暖房・冷房システムフロー

図3・7 熱回収システムフロー（代表例）

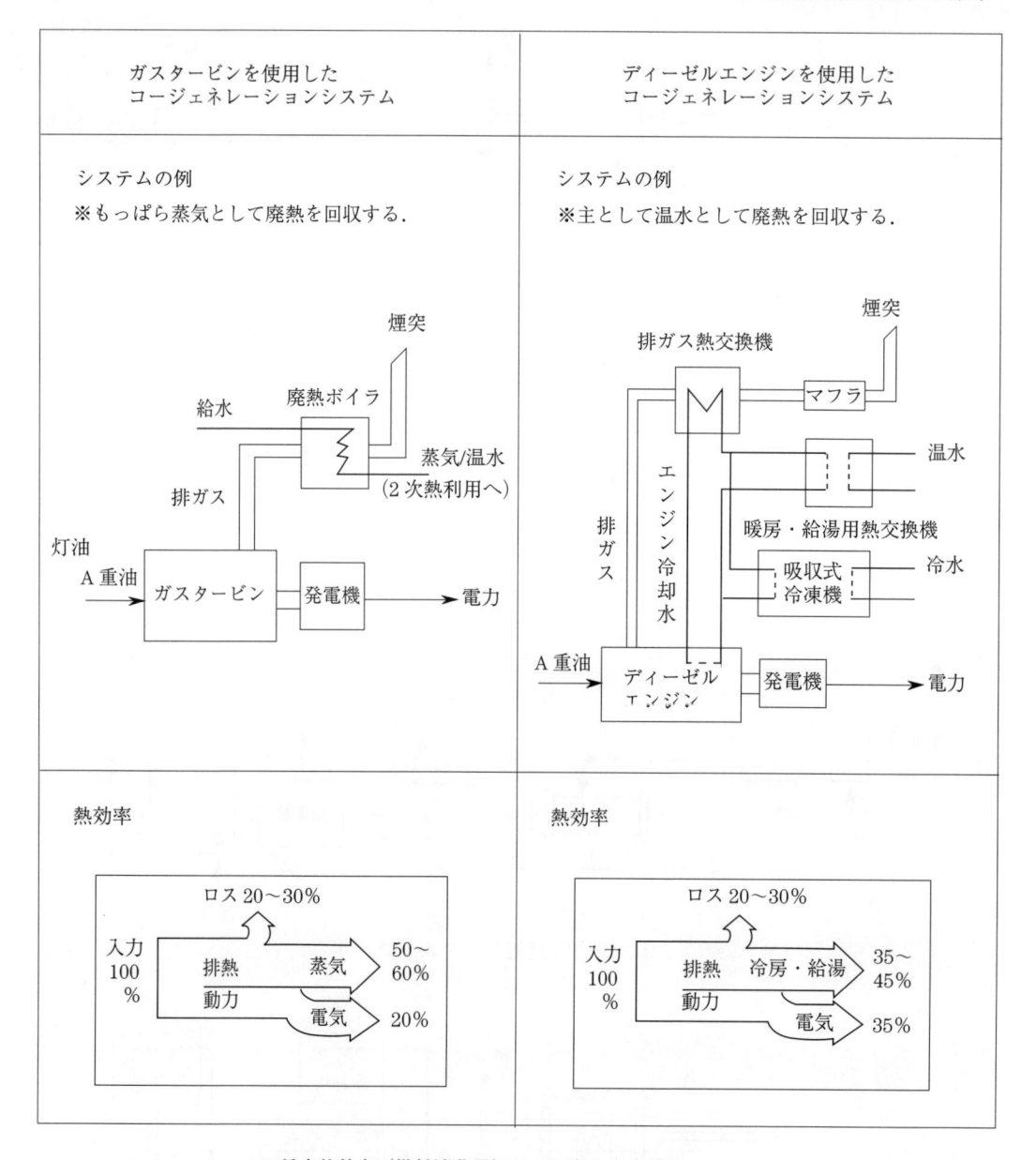

ガスタービンを使用したコージェネレーションシステム	ディーゼルエンジンを使用したコージェネレーションシステム
システムの例 ※もっぱら蒸気として廃熱を回収する．	システムの例 ※主として温水として廃熱を回収する．
熱効率 入力100％ → 排熱／動力 → ロス20〜30％，蒸気 50〜60％，電気 20％	熱効率 入力100％ → 排熱／動力 → ロス20〜30％，冷房・給湯 35〜45％，電気 35％

※総合熱効率（燃料消費量）は，両者とも大差ない．

図3・8 ガスタービンまたはディーゼルエンジンを使用したコージェネレーション

3.2 コージェネレーションシステムの電気系統

3・2・1 コージェネレーションシステムの主回路構成

コージェネレーションシステムの主回路構成は主として次の4種類に分類されます（図3・9）．

(1) 独立回路方式

一般に商用との並列を行わない場合にとられる方式で，ピークカット運転または停電時に発電に切換運転（停電要）が行えます．

(2) 単母線方式（母連CBなし）

比較的中規模設備に用いられ，コジェネシステムの場合，ピークカット運転に使用されることが多く，発電機は商用電源と並列運転し，負荷へ電力を供給できるシステムです．

(3) 単母線方式（母連CBあり）

(2) と同様ですが，52Bを開路することにより，受電と無関係に発電機を運転することができます．

(4) 二重母線方式

それぞれ独立した受電母線と発電母線を設け，各負荷に各々どちらの母線からでも電力供給が可能です．また，52Bを閉路して商用と並列運転，開路して受電・発電の分離運転ができます．

3・2・2 系統連系技術要件ガイドラインの概要

コージェネレーションシステムの運転効率の向上，電気の質の向上などの観点からは発電機は単独運転よりは商用との並列運転（系統併入）が望ましいと言われています．

一方，通産省資源エネルギー庁においても，コージェネレーションの電力系統への併入について検討がなされ，下記条件が満たされている場合は併入しても問題はないとの見解が示されています．

(1) コージェネレーションの併入によって供給信頼度（停電など），電力品質（電圧，周波数，力率など）の面で他の需要家に悪影響を及ぼさないこと．
(2) コージェネレーションの併入によって，公衆および作業者の安全確保と電力供給設備あるいは他の需要家の設備の安全に悪影響を及ぼさないこと．

上記を満たすために必要な具体的事項は，「系統連系技術要件ガイドライン」に定めてあり，表1・3にその概要を示します．

方式	切換回路方式	単母線方式（母連CBなし）	単母線方式（母連CBあり）	二重母線方式
主回路構成	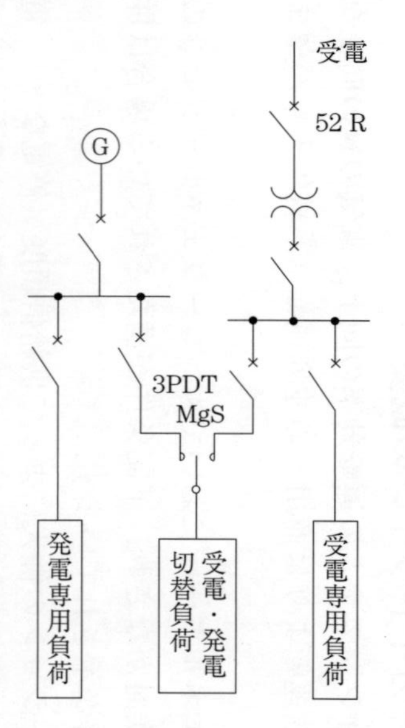	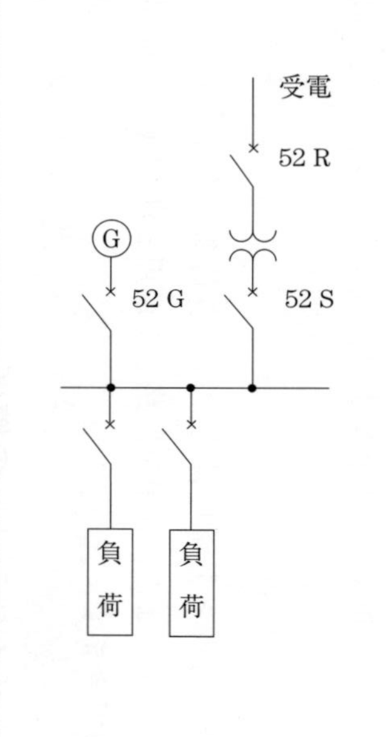	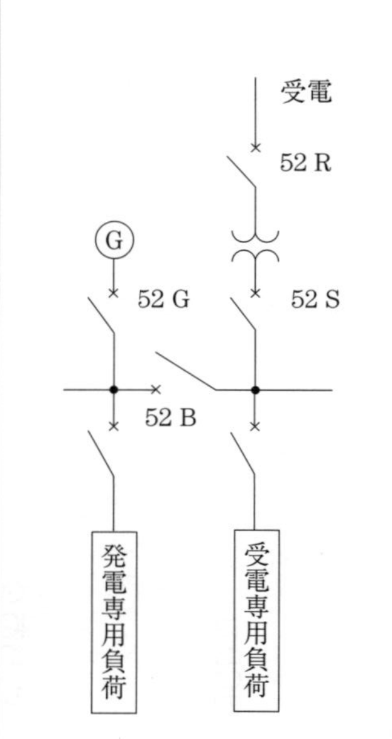	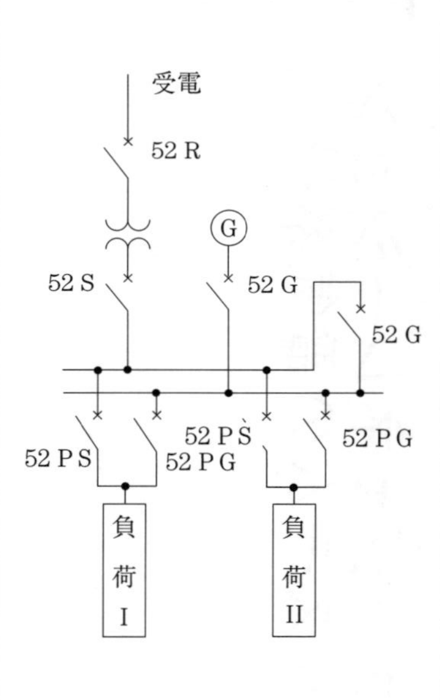
系統構成	やや複雑	シンプル	ややシンプル	複雑
供給信頼度	やや高い	普通	やや高い	高い
運転操作	簡便（受電との逆列運転なし）	簡便	比較的簡便	複雑
運用性	運用の自由度はあまりない	運用の自由度はあまりない	運用の自由度はあまりない	運用の自由度大
保守点検	母線は各々分離して停電可	母線点検時全停	母線は各々分離して停電可	無停電でのGB点検、母線点検可
保守性	やや簡便	簡便	やや簡便	はん雑
設置スペース	大	最小	小	最大
コスト	やや大	最小	中	最大

図3・9　コージェネレーションシステムの主回路構成

3・2 コージェネレーションシステムの電気系統

逆潮流あり（回転機を用いた場合）
単独運転検出機能を採用，線路無電圧確認
装置を設置する場合の例
（転送遮断装置を設置しない）

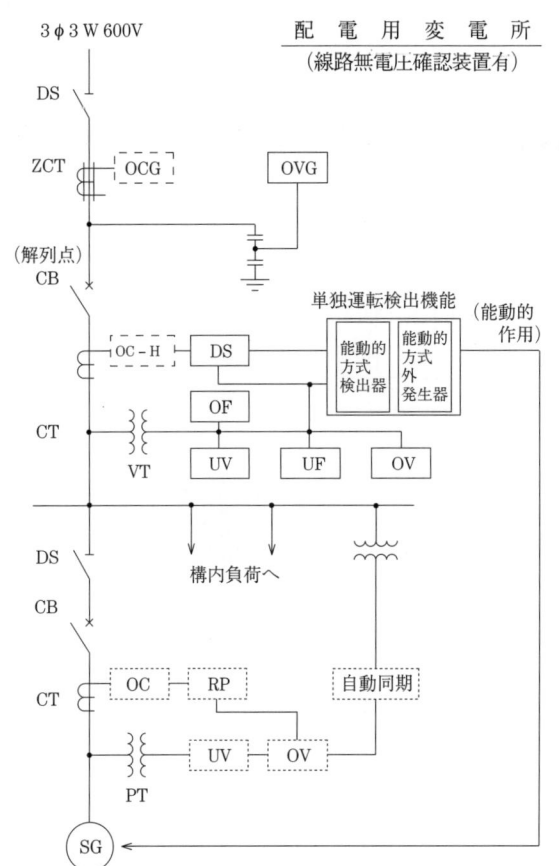

☐ は系統との連系に必要な保護継電器を示す．（極力，同一継電器盤に収納する．）

┆┈┈┆ は機器保護継電器及び構内事故対策用の保護継電器の一部を示す．

略記号	継電器保護内容	設置相数等
OC-H	過電流	2相
OCG	地絡過電流	1相（零相回路）
OVG	地絡過電圧	1相（零相回路）
OV	過電圧	1相
UV	不足電圧	3相
DSR	短絡方向	3相
UF	周波数低下	1相
RP	逆電力	1相
OF	周波数上昇	1相

略記号	器具名称
DS	断路器
CB	遮断器
ZCT	零相変流器
CT	変流器
PT	計器用変圧器
SG	同期発電機

図3・10　保護装置構成例（高圧受電需要家）

3・2・3　保護シーケンス

自家発設備と受電系統が連係している場合の保護シーケンスは次のようになります．

（1）　並列運転の保護

自家発電系統と受電系統が並列運転を行う場合，事故や運転の不具合による影響を電力会社や他の需要家に及ぼさないための保護としては図3・11に示すような方式がとられます．

(a)　逆電力保護

受電電力の逆流を防止するため受電点に高速動作の逆電力継電器（RP）を設け，随時継電器（TL）を介して系統分離遮断器（CB1）を引外す．

(b)　過負荷保護

受電点に，自家発電機の事故停止などによる受電電力の超過防止のために，

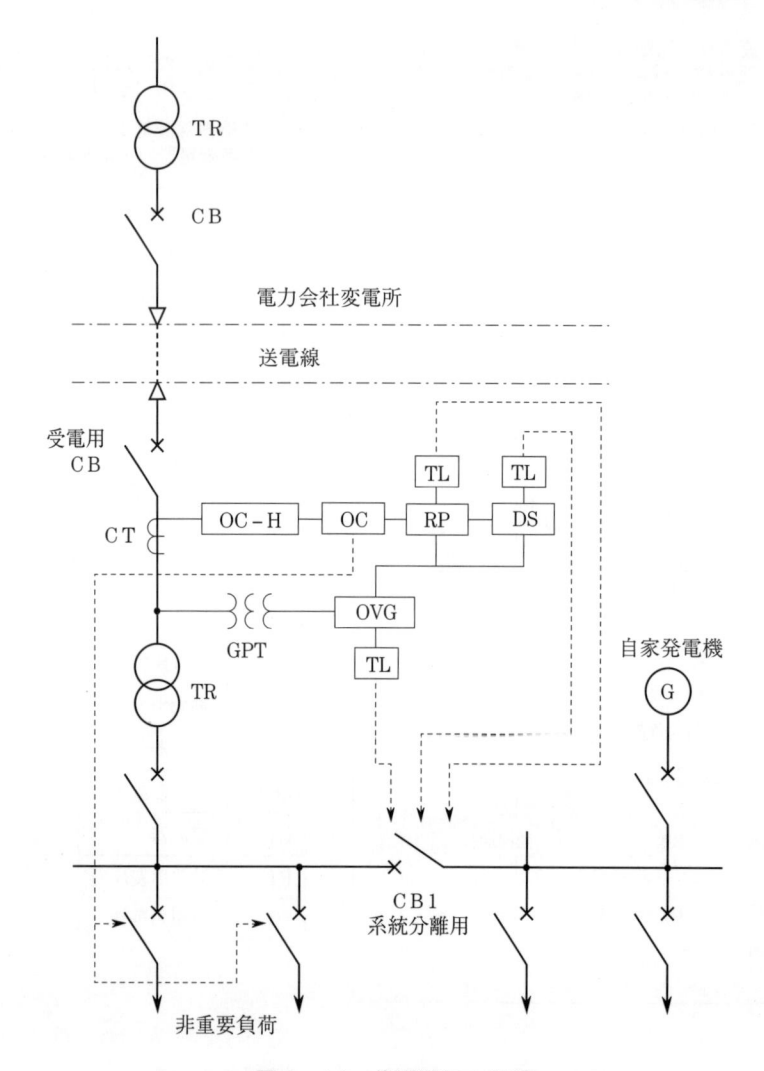

図3・11 並列運転の保護

過電流継電器（OC-H）を設ける．一般には受電回路の短絡保護と兼用する．ただし，発電機の事故時に全停を防止するため，受電点に別の過負荷継電器（OC）を設け，停止した発電機出力に見合う非重要負荷を遮断する方法などもとられます．

(c) 送電線事故対策

供給送電線など外部事故の継続防止用に，受電点に，短絡に対しては方向短絡継電器（DS）を，地絡に対しては地絡過電圧継電器（OV）を設け，いずれも限時継電器を介して系統分離用遮断器（CB1）を引外します．

(2) 系統分離保護

電力会社側系統および自家用の受電系統の事故を発電系統に波及させないように系統分離保護が行われます．この保護方式は母線系統により相違しますが，一般的な連結母線方式の例を図3・12に示します．

3·2 コージェネレーションシステムの電気系統

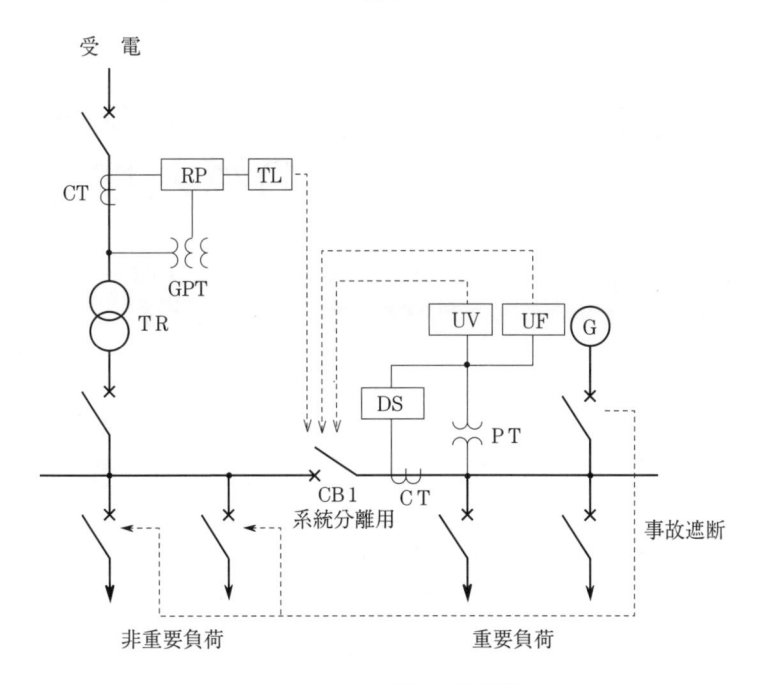

図3・12 系統分離保護

(a) 発電機の分離保護

電力会社側の系統電源が停止すると自家発電機は外部の最大負荷を負って周波数が低下し，タービンを停止させてしまいます．この場合の保護として受電点電力方向継電器（RP）により，系統分離用遮断器（CB1）を引外します．

(b) 外部系統短絡保護

外部系統の短絡事故の際に早めに系統分離を行う考え方で，短絡方向継電器（DS）と高速度不足電圧継電器（UV）との動作により，系統分離用遮断器（CB1）を引外す方式です．

(c) 受電系の短絡保護

受電系統の配電線および母線の事故時に系統を分離し，万一の波及事故から発電系を保護する考え方です．系統分離遮断器の発電系側母線に，短絡方向継電器（DS）を設け，高速度不足電圧継電器（UV）と組み合わせて系統分離用遮断器（CB1）を引外します．

(d) 発電機の脱落保護

自家発電機が系統から切離された状態がしばらく続くと受電電力の増加により受電過負荷継電器が動作し，受電遮断器が引外されて全停になります．これを防止するために受電点過負荷継電器（OC）による非重要負荷の制限とか，発電機用遮断器の事故引きはずしに連動させて負荷制限をするなどの対策が必要です．

3.3 コージェネレーションシステムの導入検討

3・3・1 コージェネレーションシステム導入計画フロー

コージェネレーションシステムの導入にあたっては，エネルギーの有効利用

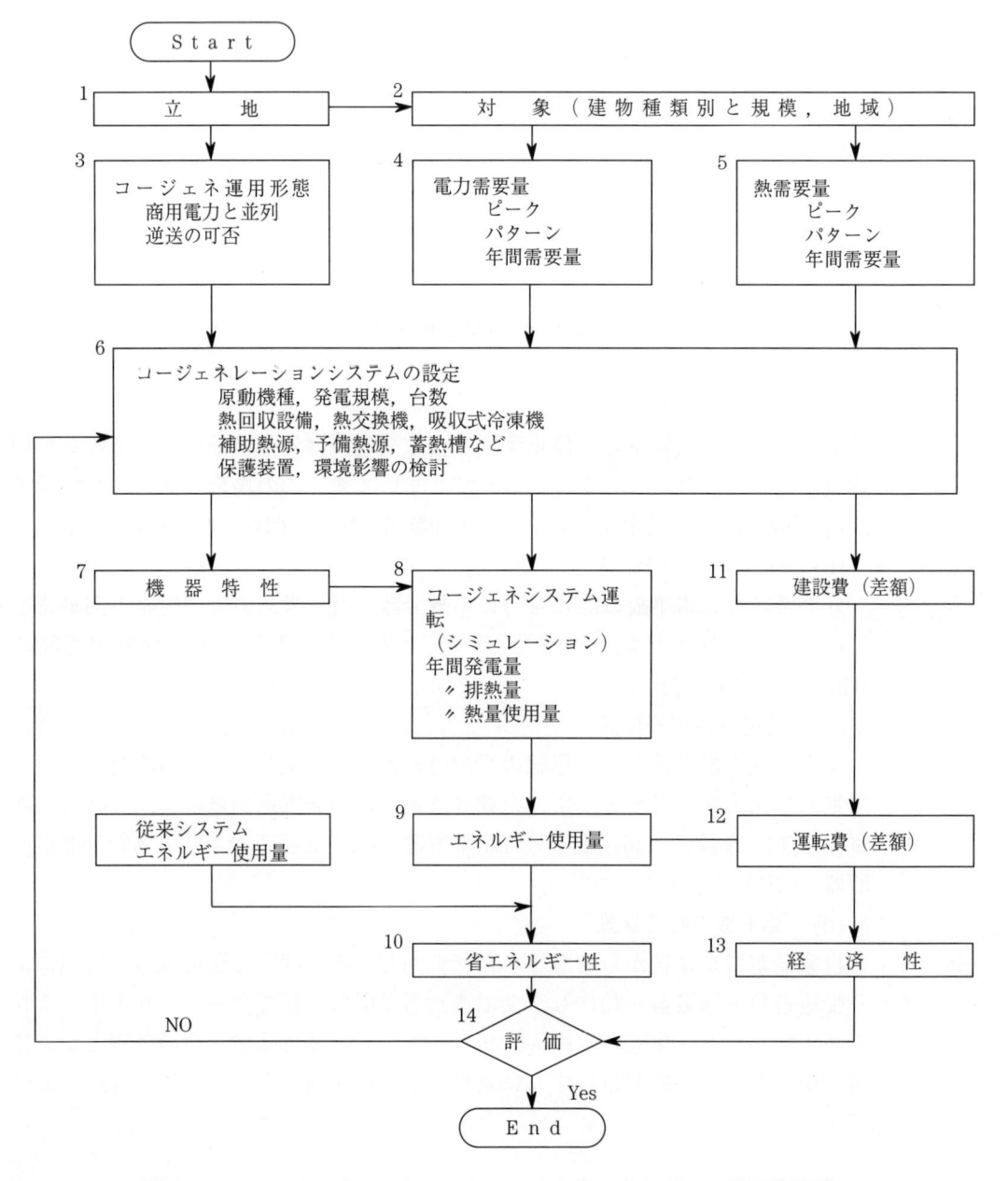

```
1 立 地
2 対 象（建物種類別と規模，地域）
3 コージェネ運用形態
  商用電力と並列
  逆送の可否
4 電力需要量
  ピーク
  パターン
  年間需要量
5 熱需要量
  ピーク
  パターン
  年間需要量
6 コージェネレーションシステムの設定
  原動機種，発電規模，台数
  熱回収設備，熱交換機，吸収式冷凍機
  補助熱源，予備熱源，蓄熱槽など
  保護装置，環境影響の検討
7 機器特性
8 コージェネシステム運転
  （シミュレーション）
  年間発電量
   〃 排熱量
   〃 熱量使用量
11 建設費（差額）
9 エネルギー使用量
  従来システム
  エネルギー使用量
12 運転費（差額）
10 省エネルギー性
13 経済性
14 評価 → NO / Yes → End
```

図3・13 コージェネレーションシステムの省エネルギー・経済性検討フロー

3・3 コージェネレーションシステムの導入検討

による経済性の検討が最も重要な事項です．計画に際しては，建物用途規模に基づく電力負荷，熱負荷の特性，商用電源との並列運転の採否，商用電源側への逆送の可否，供給熱媒の種類および温度の設定，原動機の種類・容量の選定，燃料の選定など各項目を把握設定したうえで，省エネルギ性，経済性，エネルギー安定供給性，法規制，建築スペース，騒音，振動，環境，影響度，耐久性，信頼性，保守性などについて詳細に検討し，総合的な判断を行う必要があります．(図3・13)

3・3・2　コージェネレーション検討用調査表

表3・1　コージェネレーション検討用調査票

項　目		内　容			
導　入　目　的		○ピークカット　　○電気エネルギー原単価低減 ○熱電併給（温水，蒸気）			
電気エネルギー（現状）	契　約　電　力	＿＿＿＿＿ kW		受　電　電　圧	＿＿＿＿＿ kV
	基本料金（一般）	＿＿＿＿＿ 円/kWh		基本料金（特別）	＿＿＿＿＿ 円/kWh
	電力量料金 （　一　般　）	夏＿＿＿＿＿ 円/kWh その他＿＿＿＿＿ 円/kWh		電力量料金 （　特　別　）	夏＿＿＿＿＿ 円/kWh その他＿＿＿＿＿ 円/kWh
	年間使用電力量				
	負　荷　曲　線	kWh　　　　　　　　kWh 　　1 2 3 4 5 6 7 8 9 10 11 12　3 6 9 12 15 18 21 24 　　　　　　月　　　　　　　　　　時			
熱エネルギー（現状）	蒸　気　使　用　量	＿＿＿＿＿ T/時			
	蒸　気　単　価	＿＿＿＿＿ 円/T			
燃料	燃　　　　料	重油　灯油　ガス　　＿＿＿＿＿ 円/l			
設置条件	設　置　場　所	屋外　　屋内（地上，　　階），地下			
	振　動　規　制	有　　　　無			
	騒　音　規　制	＿＿＿＿＿ ホン以下			
	排　ガ　ス　規　制	NOx ＿＿＿＿＿ ppm以下			
竣　工　予　定		年　　　月			
そ　の　他					

3・3・3　内熱機関適用ガイド (1)

表3・2　内燃機関適用ガイド (1)

	ディーゼルエンジン	ガスエンジン	ガスタービン
機　構	往復動機関で空気を圧縮した後に燃料を噴射し自然着火，爆発によって回転運動をうる．	往復動機関で燃料と空気を混合し圧縮し，火花または自然着火によって爆発させ回転運動をうる．	連続ノズルをもつ燃焼室に燃料を連続供給し，発生する燃焼ガスでタービンを回転させる．燃料は加圧供給する必要あり．
燃　料	A重油, 軽油, 灯油, C重油	都市ガス, 天然ガス	A重油, 軽油, 灯油, 都市ガス
始動時間	10秒以内	15秒以内	40秒以内
利用可能排熱	排ガス（450℃前後） 冷却水（70～85℃）	排ガス（500℃前後） 冷却水（85℃前後）	排ガス（450～550℃）
重量, 体積 振　動 騒　音	大 大 95～105 dB	ディーゼルより小	小 小 高周波域の防音カバー要
冷　却	補機冷却水要	補機冷却水要	空冷で補機不要
排気　NOx 　　　すす	中間（500～1 000 ppm） 出やすい	多い 少ない	少ない（80～100 ppm） 少ない
設備費 保守費	安い やや高い	中間 やや安い	やや高い 高い
適用容量〔kW〕	理論 1～30,000 実績多い 10～5,000 （1,000～2,500, ～3,000）	理論 1～12,000 実績多い 15～1,000	理論 40～12,000 実績多い 200～10,000
用　途	発電 温水	発電 蒸気, 温水	発電 蒸気

内熱機関適用ガイド (2)

表3・3 内燃機関適用ガイド (2)

条件		種類	ディーゼルエンジン	ガスエンジン	ガスタービン	蒸気タービン	備考（△に対する注釈）
燃料	重油		○	×	△	○	燃焼率が比較的低い.
	ガス		×	○	○	○	
	灯油		○	×	○	○	
熱併給	電気のみ		○	△	△	×	発電効率がディーゼルに比較すれば低い.
	温水		○	○	△	×	排ガスからは蒸気での回収が適する.
	蒸気 (15 T/時以下)		×	△※1	○	△※2	※1 発生量が小さい. ※2 経済性が悪い.
	蒸気 (15 T/時以上)		×	×	×	○	
運転時間	24時間		△	△	○	○	点検周期が短い (8 000時間).
	ピークカット		○	○	△	×	間欠運転に適さない.
対振動			△	△	○	○	振動大のため対策要
対NOx規制			△	△	○	△	NOx多いため対策要
最適容量	2,500 kW以下		○	○	△	×	コージェネとしての経済性が比較的低い.
	2,501 kW以上		△	△	○	○	〃

選定法

　ニーズ（条件）項目ごとにチェックする.
　×印であればその該当機種は適用不可.
　○△印の数の多い機種を選定する.
（注）　○ 適用可
　　　　△ 条件付適用可
　　　　× 適用不可

3・3・4 ディーゼル発電設備経済性の検討（例）

1. ディーゼル発電設備 800 kW を設置し，ピークカット用電力として供給します．
2. 検討条件
   (1) 現状の買電の状況

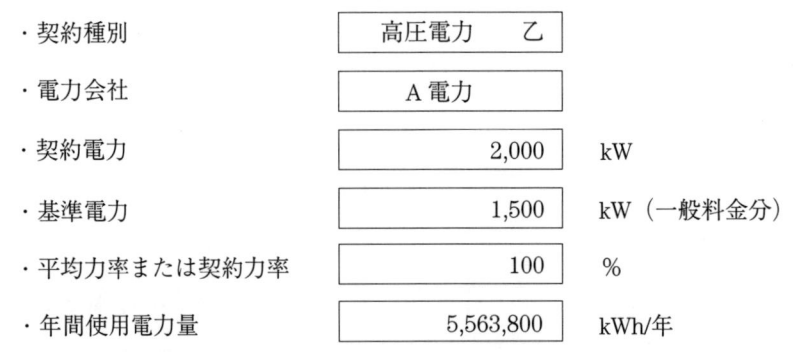

・契約種別	高圧電力　乙	
・電力会社	A 電力	
・契約電力	2,000	kW
・基準電力	1,500	kW（一般料金分）
・平均力率または契約力率	100	%
・年間使用電力量	5,563,800	kWh/年

   ・電力料金（昭和 63 年 1 月以降の新料金を適用）

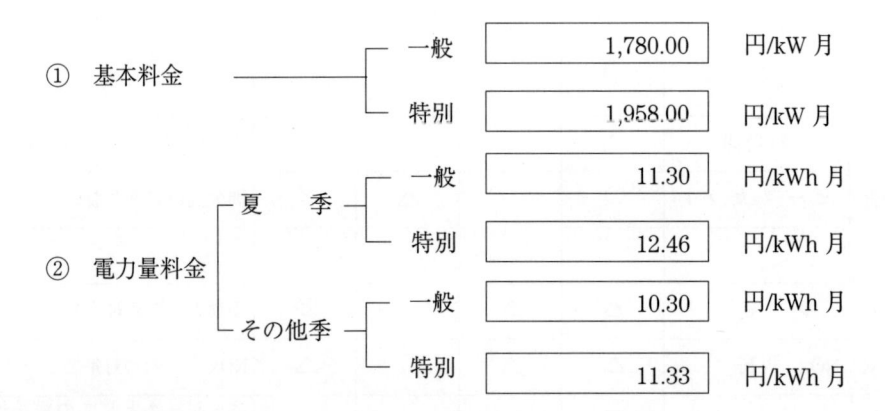

① 基本料金	一般	1,780.00	円/kW 月
	特別	1,958.00	円/kW 月
② 電力量料金 夏　季	一般	11.30	円/kWh 月
	特別	12.46	円/kWh 月
その他季	一般	10.30	円/kWh 月
	特別	11.33	円/kWh 月

   (2) 今回の電力計画
   　目　的

   現状の商用契約電力 2,000 kW を 1,200 kW に下げ，下図の通り斜線部分の電力負荷をディーゼル発電装置でまかない，ランニングコストの低減をはかる．

   (3) ディーゼル発電装置

・発電機出力	800	kW
	1	台
・エンジン出力/回転数	1,200 PS ／ 900	rpm
・発電機の型式	同期発電機	

3·3 コージェネレーションシステムの導入検討

(4) 年間電力計画
  ① 月別最大需要電力

年 月	最大需要電力〔kW〕
62.01	1,800
02	1,800
03	1,800
04	1,800
05	1,800
06	1,800
07	2,000
08	2,000
09	2,000
10	1,800
11	1,800
12	1,800

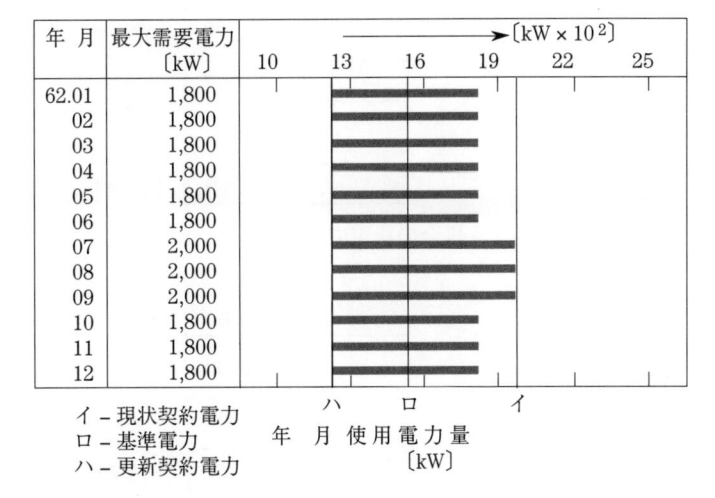

イ － 現状契約電力
ロ － 基準電力
ハ － 更新契約電力

  ② 月別使用電力量

年 月	使用電力量〔kW〕
62.01	397,400
02	397,400
03	397,400
04	397,400
05	397,400
06	397,400
07	662,400
08	662,400
09	662,400
10	397,400
11	397,400
12	397,400
合 計	5,563,800

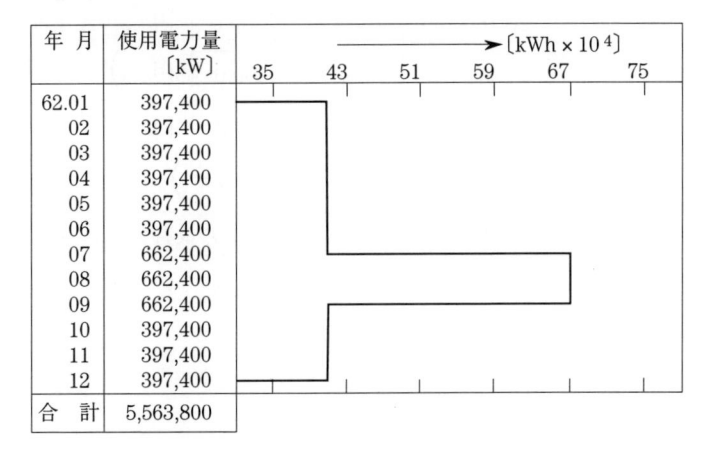

  ③ 年間使用電力量の内訳

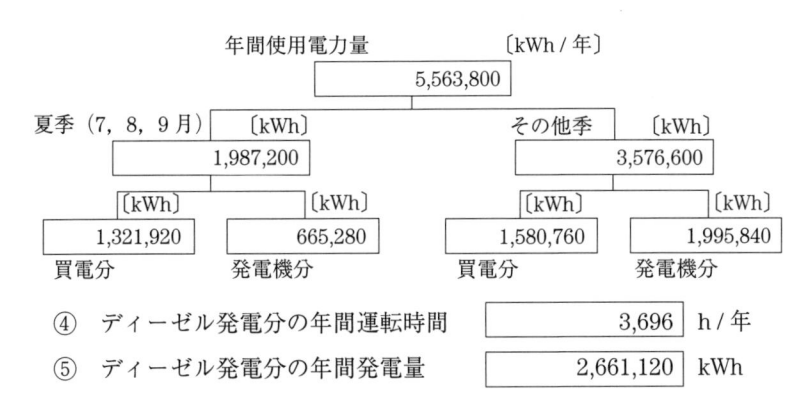

年間使用電力量 〔kWh／年〕: 5,563,800

夏季（7，8，9月）〔kWh〕: 1,987,200
  買電分〔kWh〕: 1,321,920
  発電機分〔kWh〕: 665,280

その他季〔kWh〕: 3,576,600
  買電分〔kWh〕: 1,580,760
  発電機分〔kWh〕: 1,995,840

  ④ ディーゼル発電分の年間運転時間　3,696　h／年
  ⑤ ディーゼル発電分の年間発電量　2,661,120　kWh

3. メリット計算（年間）

(1) 全電力を買電のみでまかなった場合の経費

① 基本料金　　　　　　　39,080,790　円/年
② 電力量料金　　　　　　63,878,127　円/年
③ 年間電気料金総費用　　102,958,127　円/年
④ 電力単価　　　　　　　　　　18.5　円/kWh

(2) 一部の負荷をディーゼル発電でまかなう場合の総電力経費

（買電分経費）
① 基本料金　　　　　　　22,876,560　円/年
② 電力量料金　　　　　　32,822,139　円/年
③ 買電分経費　　　　　　55,698,699　円/年
④ 電力単価　　　　　　　　　19.19　円/kWh

（ディーゼル発電装置による発電経費）
① 燃料費　　　　20,180,160　円/年（ 30.0 円/l , A重油 ）
② 潤滑油費　　　　　879,648　円/年（ 200.0 円/l ）
③ 用水費　　　　　　369,600　円/年（ 100 円/m^3 ）
④ 保守点検費　　　2,661,120　円/年（ 1 円/kWh ）
⑤ 発電税　　　　　1,370,477　円/年（ 買電電力量料金換算 ×5% ）
⑥ D/G総発電経費　25,461,005　円/年
⑦ 電力単価　　　　　　　9.57　円/kWh

（総経費）
① 総電力経費　　　81,159,704　円/年
② 総電力単価　　　　　14.59　円/kWh

(3) 年間便益

　買電のみの買用 － 買電とディーゼル発電でまかなった場合の買用
　　　　= 21,799,210 円/年

3・3　コージェネレーションシステムの導入検討

4. 設備回収計算

(1) 設　備　費

　　ディーゼル発電装置　　　1式　　　　　80,000,000　　円

　　電力系統連系装置　　　　1式

　(注) 1. 現地工事費, 組立運転を含む
　　　 2. 騒音 85 ホン
　　　 3. 客先付帯設備は不含

(2) 年　間　便　益

　　電力節約費, 燃料費　　　1式　　　　　21,799,210　　円

　(注) 1. 消耗品, 潤滑油, 保守点検費を含む

(3) 税　　等

　　設備費金利　　　　　　　　　　設備費の 5.2 %
　　固定資産税　　　　　　　　　　〃　　 1.4 %
　　保　険　料　　　　　　　　　　〃　　 0.15 %
　　計　　　　　　　　　　　　　　　　　 6.75 %

(4) 回　収　年　数　　　　　　　4.8　年

　(注)　設備費は標準仕様の概算とします.

3・3・5 ディーゼル熱併給発電設備経済性の検討（例）

1. ディーゼル発電設備 500 kW を設置し，コージェネ（熱電併給）として供給します．
2. 検討条件
   (1) 現状の商用受電の状況

   ・契約種別　　　　　　　　　　特別高圧　　66kV

   ・電力会社　　　　　　　　　　B 電力

   ・契約電力　　　　　　　　　　3,000　kW

   ・基準電力　　　　　　　　　　2,400　kW（一般料金分）

   ・平均力率または契約力率　　　100　％

   ・年間使用電力量　　　　　　　12,960,000　kWh/年

   ・電力料金（昭和 63 年 1 月以降の新料金を適用）

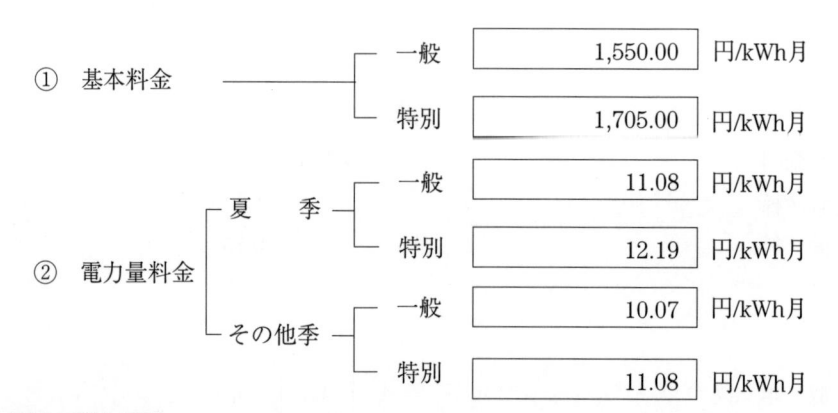

   ① 基本料金 ─┬─ 一般　　1,550.00　円/kWh月
   　　　　　　 └─ 特別　　1,705.00　円/kWh月

   ② 電力量料金 ─┬─ 夏　季 ─┬─ 一般　　11.08　円/kWh月
   　　　　　　　 │　　　　　　└─ 特別　　12.19　円/kWh月
   　　　　　　　 └─ その他季 ─┬─ 一般　　10.07　円/kWh月
   　　　　　　　　　　　　　　 └─ 特別　　11.08　円/kWh月

   (2) 今回の電力計画
      ① 目　的
         現状の商用契約電力　3,000　kW を　2,500　kW に下げ，下図の通り斜線部分の電力負荷をディーゼル発電装置でまかない，ランニングコストの低減をはかる．

3·3 コージェネレーションシステムの導入検討

(3) 年間電力計画
　① 月別最大需要電力

年　月	最大需要電力〔kW〕
62.01	2,500
62.02	2,500
62.03	2,500
62.04	2,500
62.05	2,500
62.06	2,500
62.07	2,500
62.08	2,500
62.09	2,500
62.10	2,500
62.11	2,500
62.12	2,500

イ – 現状契約電力　　ロ – 基準電力　　ハ – 更新契約電力

② 月別使用電力量

年　月	使用電力量〔kWh〕
62.01	1,080,000
62.02	1,080,000
62.03	1,080,000
62.04	1,080,000
62.05	1,080,000
62.06	1,080,000
62.07	1,080,000
62.08	1,080,000
62.09	1,080,000
62.10	1,080,000
62.11	1,080,000
62.12	1,080,000
合　計	12,960,000

③ 年間使用電力量の内訳

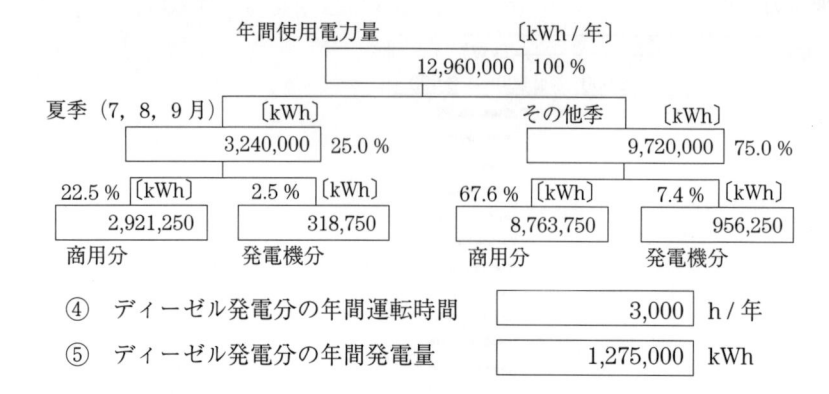

```
                        年間使用電力量       〔kWh／年〕
                         12,960,000   100 %

   夏季（7，8，9月） 〔kWh〕              その他季       〔kWh〕
              3,240,000   25.0 %               9,720,000   75.0 %

   22.5 % 〔kWh〕   2.5 % 〔kWh〕      67.6 % 〔kWh〕    7.4 % 〔kWh〕
      2,921,250       318,750           8,763,750        956,250
        商用分        発電機分             商用分         発電機分
```

④　ディーゼル発電分の年間運転時間　　　3,000　h／年

⑤　ディーゼル発電分の年間発電量　　　1,275,000　kWh

(4) ディーゼル発電装置

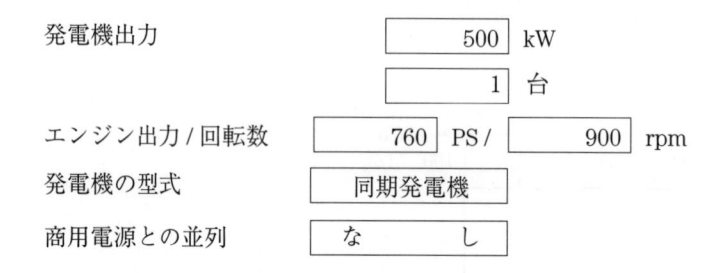

　　　発電機出力　　　　　　　　　500　kW
　　　　　　　　　　　　　　　　　　1　台
　　　エンジン出力／回転数　　　760　PS／　900　rpm
　　　発電機の型式　　　　　　同期発電機
　　　商用電源との並列　　　　　な　　し

3・3 コージェネレーションシステムの導入検討　　　　　　　　　　　　　　　　　　　　*121*

3. メリット計算（年間）

(1) 全電力を商用電力のみでまかなった場合の経費

　　① 基本料金　　　　　　　　50,797,530　　円/年

　　② 電力量料金　　　　　　　143,285,436　　円/年

　　③ 年間電気料金総費用　　　194,082,966　　円/年

　　④ 電力単価　　　　　　　　　　　　14.98　円/kWh

(2) 一部の負荷をディーゼル発電装置でまかなう場合の総電力経費

　（商用分経費）

　　① 基本料金　　　　　　　　41,667,255　　円/年

　　② 電力量料金　　　　　　　127,157,281　　円/年

　　③ 年間電気料金総費用　　　168,824,536　　円/年

　　④ 電力単価　　　　　　　　　　　　14.45　円/kWh

　（ディーゼル発電装置による発電経費）

　　① 燃料費　　　　　　　　　　9,667,674　　円/年　（ 30.0 円/l,　A重油 ）

　　② 潤滑油費　　　　　　　　　　465,666　　円/年　（ 200.0 円/l ）

　　③ 用水費　　　　　　　　　　　217,800　　円/年　（ 100 円/m^3 ）

　　④ 保守点検費　　　　　　　　1,912,500　　円/年

　　⑤ 発電税　　　　　　　　　　　641,963　　円/年

　　⑥ DG総発電経費　　　　　　12,905,603　　円/年

　　⑦ 電力単価　　　　　　　　　　　　10.12　円/kWh

　（総　経　費）

　　① 総電力経費　　　　　　　181,730,139　　円/年

　　② 総電力単価　　　　　　　　　　　14.02　円/kWh

　（年間便益）

　　　　買電のみの費用　－　商用電源とディーゼル発電でまかなわれた場合の費用

　　　　　　　　　　　＝　12,352,827　円/年

(3) 排熱回収による総経費　437.2×10^9 〔kcal/h〕× 3,000 h

① 回収熱量：$\boxed{1,312 \times 10^9}$ kcal/年　冷却水（ジャケット＋クーラ）熱＋排気熱

② A重油換算量：$\boxed{149.6}$ kl/年　低位発熱量：10,200 kcal/kg，比重：0.86

③ A重油換算金額：$\boxed{5,280,000}$ 円/年　$\begin{cases} \text{油焚ボイラ入口換算} \\ \text{ボイラ効率 85 \% と仮定} \end{cases}$

　　温水量：約 $\boxed{6}$ m³/h　　温度 $\boxed{-}$ ℃（熱交2次水）

④ 排熱利用をした場合の発電々力単価：$\boxed{6.01}$ 円/kWh

⑤ 一部の負荷をディーゼル発電装置でまかなった場合の排熱利用時の

　　総経費 ＝ $\boxed{\text{総電力経費}}$ － $\boxed{\text{排熱利用 A 重油換算金額}}$

　　　　　＝ $\boxed{176,450,139}$ 円/年

　　（総電力単価 ＝ $\boxed{13.61}$ 円/kWh）

したがって，年間便益（排熱回収をした場合）

　　　$\boxed{17,632,827}$ 円/年

3・3 コージェネレーションシステムの導入検討

4. 設備回収計算

(1) 設 備 費

| ディーゼル発電装置 電力系統連系装置 | 1式 | 50,000,000 | 円 |

(注) 1. 現地工事費，組立運転を含む
2. 騒音 85 ホン
3. 客先付帯設備は不含

| 熱回収装置 | 1式 | 10,000,000 | 円 |

(2) 年 間 便 益

| 電力節約費，燃料費 | | 17,632,827 | 円 |

(注) 1. 消耗品，潤滑油，保守点検費を含む

(3) 税 等

設備費金利	設備費の 5.2 %
固定資産税	〃 1.4 %
保 険 料	〃 0.15 %
計	6.75 %

(4) 回 収 年 数　　　　　　　4.4　年

(注)　設備費は標準仕様の概算とします．

3・3・6　関係官庁申請手続きの概略
（1）　経済産業局（電気設備関係）　　提出先：所轄経済産業局長

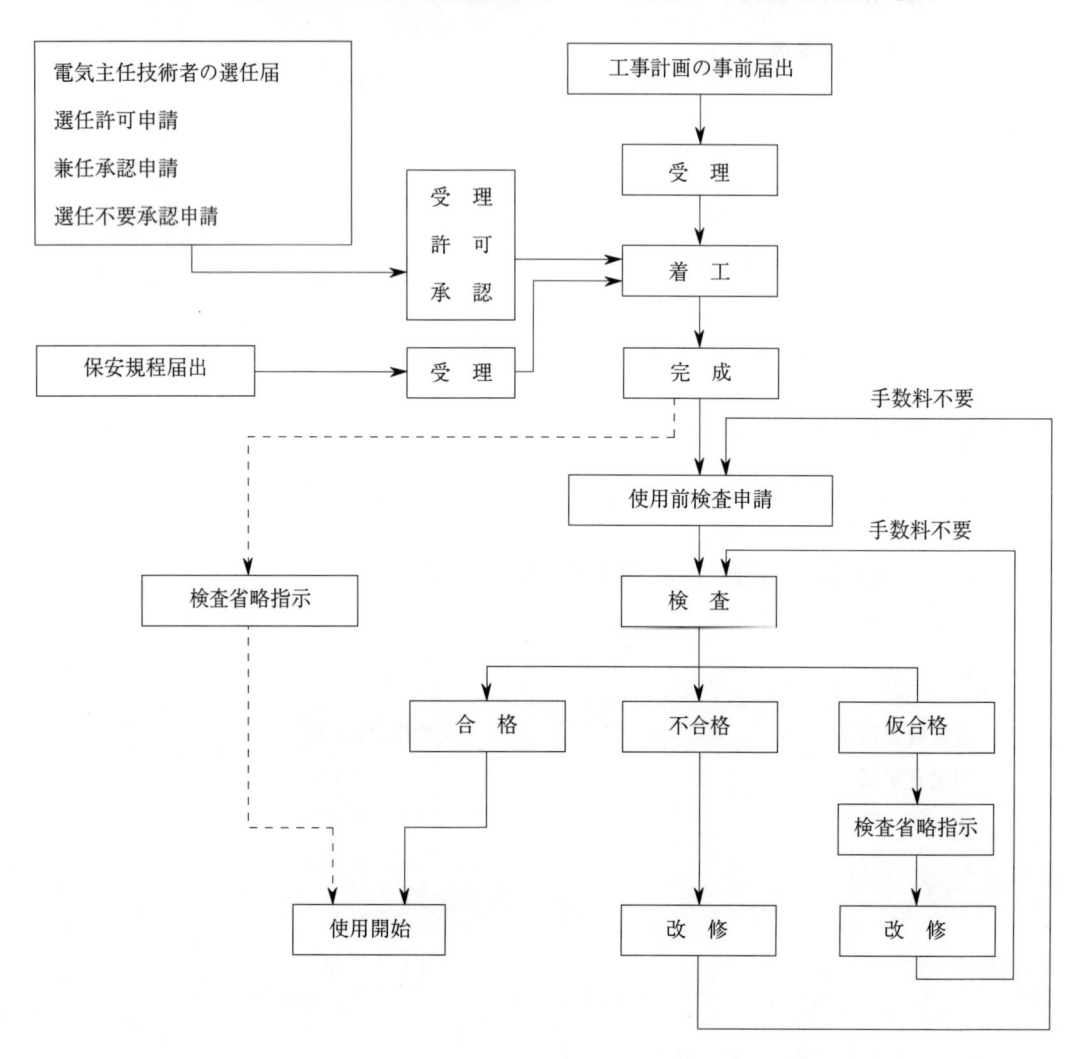

```
[電気主任技術者の選任届]
[選任許可申請]              →  [受理]            [工事計画の事前届出]
[兼任承認申請]                 [許可]    →  [着工]       ↓
[選任不要承認申請]             [承認]               [受理]
                                                   ↓
[保安規程届出]          →  [受理]              [着工]
                                                ↓
                                             [完成]
                                                ↓                    手数料不要
                                        [使用前検査申請] ←──────
                                                ↓                    手数料不要
[検査省略指示]                            [検査] ←──────
                                    ┌──────┼──────┐
                                 [合格]  [不合格]  [仮合格]
                                                     ↓
                                                [検査省略指示]
                                    ↓       ↓        ↓
                                [使用開始] [改修]  [改修]
```

3・3 コージェネレーションシステムの導入検討

(2) 労働基準監督署（排熱ボイラ関係）　　提出先：所轄労働基準監督署長

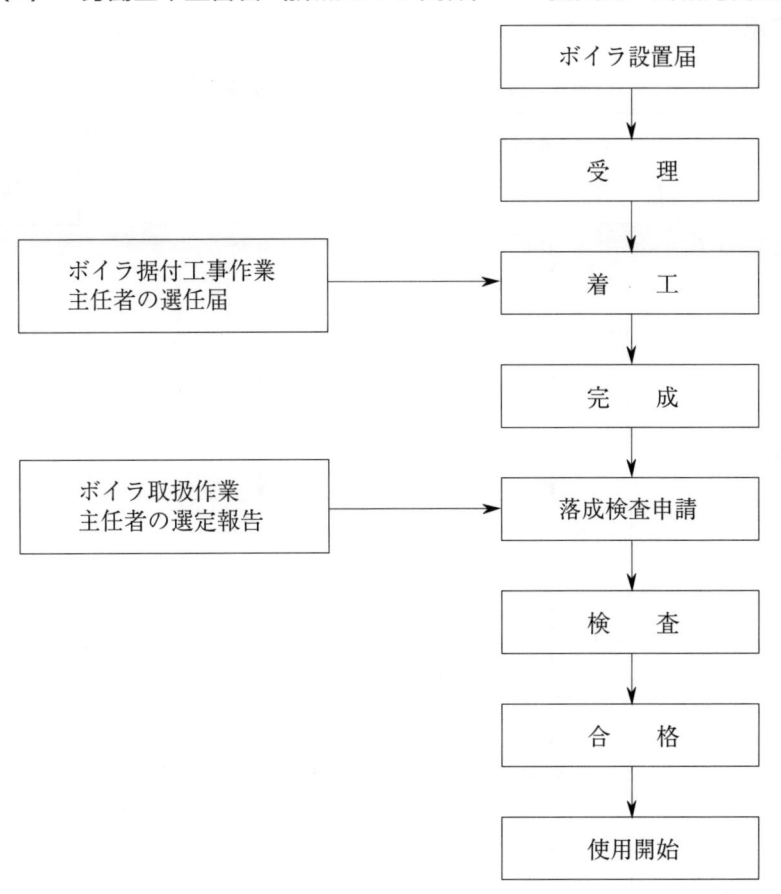

```
                                    ┌──────────┐
                                    │ ボイラ設置届 │
                                    └─────┬────┘
                                          ↓
                                    ┌──────────┐
                                    │ 受　　理 │
                                    └─────┬────┘
                                          ↓
    ┌──────────────┐              ┌──────────┐
    │ ボイラ据付工事作業 │─────────→│ 着　　工 │
    │ 主任者の選任届    │              └─────┬────┘
    └──────────────┘                    ↓
                                    ┌──────────┐
                                    │ 完　　成 │
                                    └─────┬────┘
                                          ↓
    ┌──────────────┐              ┌──────────┐
    │ ボイラ取扱作業    │─────────→│ 落成検査申請 │
    │ 主任者の選定報告  │              └─────┬────┘
    └──────────────┘                    ↓
                                    ┌──────────┐
                                    │ 検　　査 │
                                    └─────┬────┘
                                          ↓
                                    ┌──────────┐
                                    │ 合　　格 │
                                    └─────┬────┘
                                          ↓
                                    ┌──────────┐
                                    │ 使用開始 │
                                    └──────────┘
```

(3) 消防局または消防本部　提出先：所轄消防局長または所轄消防本部消防長

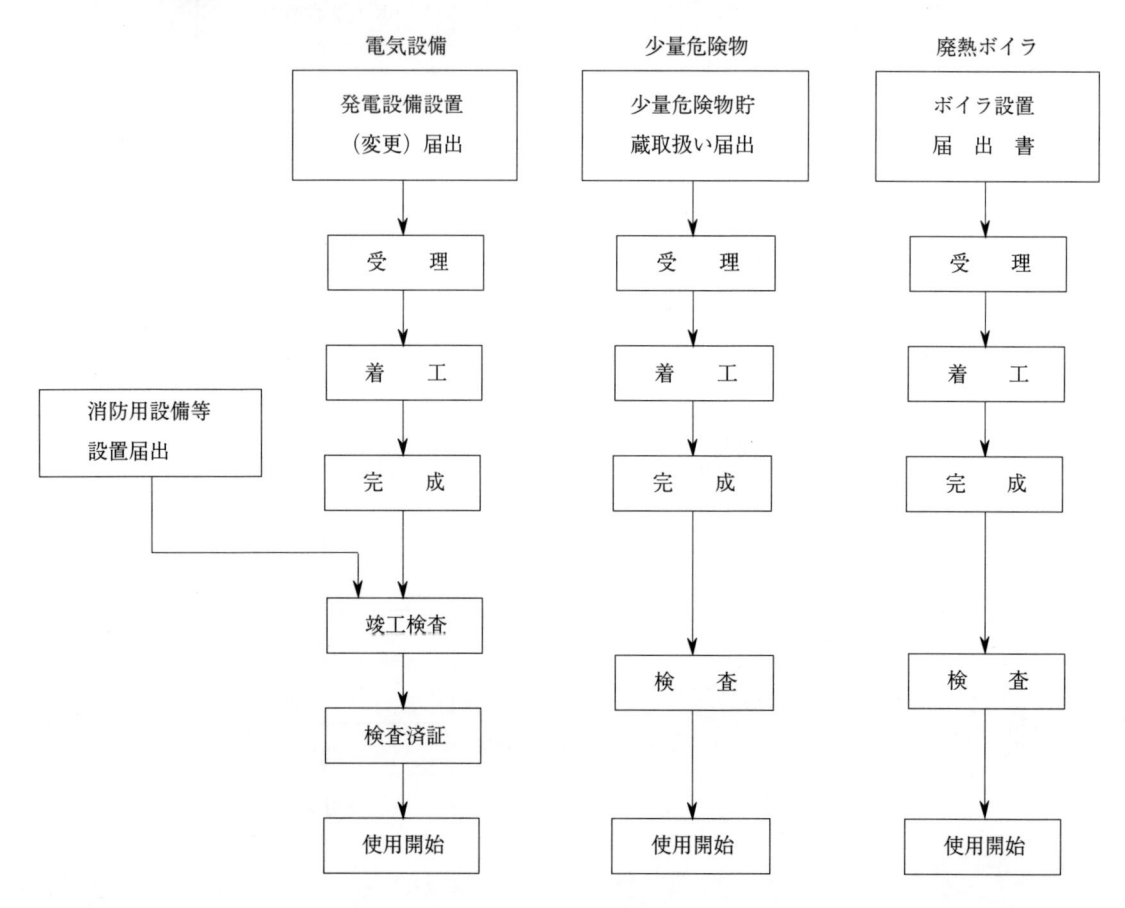

```
    電気設備              少量危険物              廃熱ボイラ

 ┌─────────┐        ┌─────────┐         ┌─────────┐
 │発電設備設置│        │少量危険物貯│         │ボイラ設置│
 │（変更）届出│        │蔵取扱い届出│         │  届 出 書 │
 └─────────┘        └─────────┘         └─────────┘
       ↓                    ↓                     ↓
   ┌─────┐            ┌─────┐             ┌─────┐
   │受  理│            │受  理│             │受  理│
   └─────┘            └─────┘             └─────┘
       ↓                    ↓                     ↓
   ┌─────┐            ┌─────┐             ┌─────┐
   │着  工│            │着  工│             │着  工│
   └─────┘            └─────┘             └─────┘
       ↓                    ↓                     ↓
┌──────────┐  ┌─────┐            ┌─────┐             ┌─────┐
│消防用設備等│→│完  成│            │完  成│             │完  成│
│設置届出    │  └─────┘            └─────┘             └─────┘
└──────────┘      ↓                    ↓                     ↓
              ┌─────┐            ┌─────┐             ┌─────┐
              │竣工検査│          │検  査│             │検  査│
              └─────┘            └─────┘             └─────┘
                  ↓                    ↓                     ↓
              ┌─────┐            ┌─────┐             ┌─────┐
              │検査済証│          │使用開始│           │使用開始│
              └─────┘            └─────┘             └─────┘
                  ↓
              ┌─────┐
              │使用開始│
              └─────┘
```

3・3 コージェネレーションシステムの導入検討

3・3・7 コージェネレーションシステム標準工程表（ガス燃料の場合）

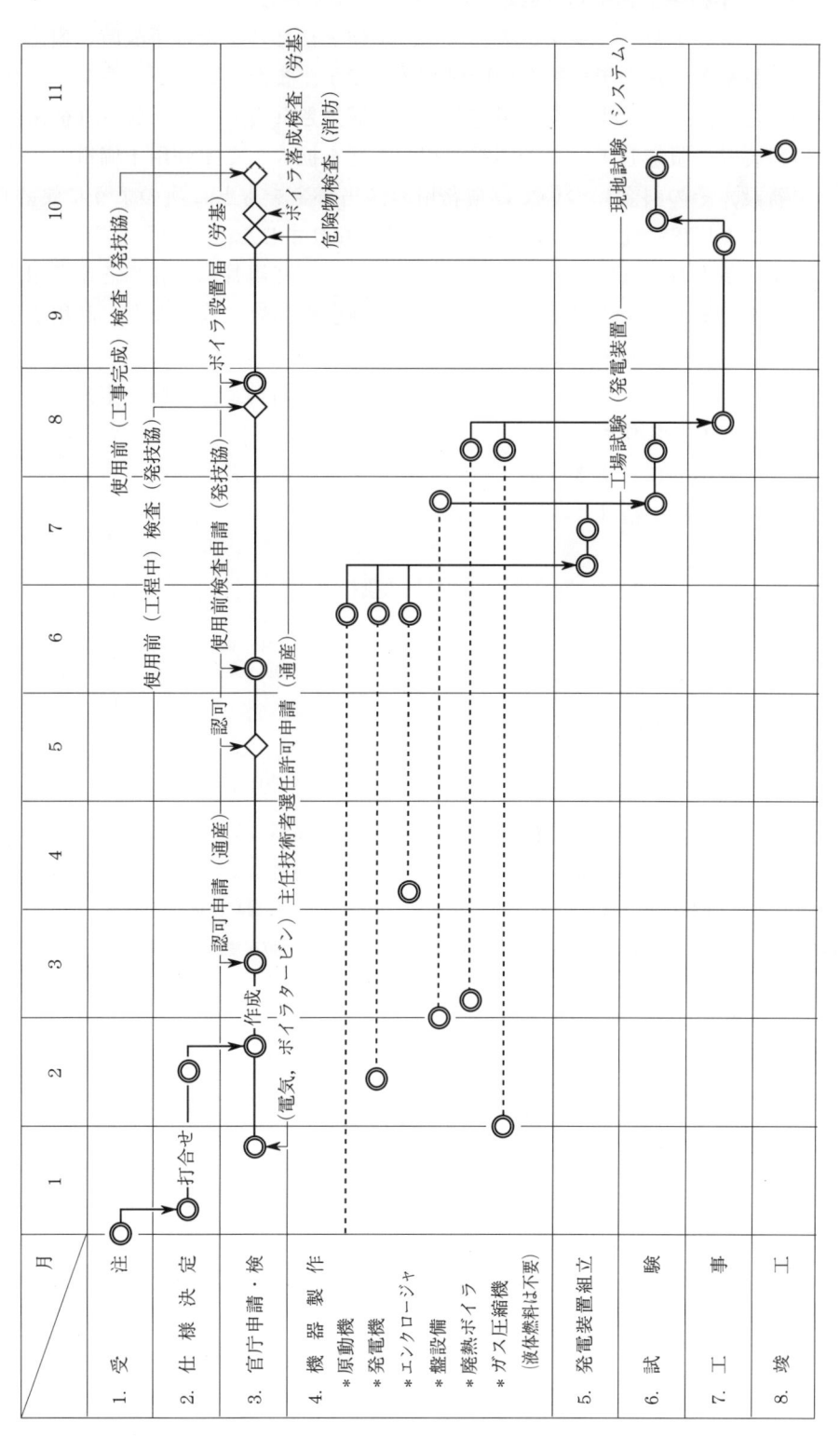

図3・14 コージェネレーションシステム標準工程表（ガス燃料の場合）

3・3・8 予備電力について

(1) 業務用予備電力（自家発補給電力）契約制度

コージェネレーションシステムは，定検・補修時または事故時に備え，一般電気事業者からの予備電力の確保が必要です．また，コージェネレーションは今後とも，その大半が業務用電力として導入されるものと予想され従来，産業用需要家に限定していた予備電力契約制度を拡大して業務用予備電力契約制度を新設，その料金については業務用の該当料金をもとに次のように決められ，これにより契約電力量の大幅削減が可能となりました．

① 基本料金は特別料金とする．ただし，不使用月は現在ある産業用自家発を対象とした予備電力甲とは，利用機会が頻繁になるなど，利用実態が異なるため30%（現行予備電力甲は20%）とする．

② 電力量料金は，定検・定修については特別料金，定検・定修以外は特別料金の25%増とする．

基本的には需要家の実態に応じて，電気事業者との間で新規分について個別契約が結ばれることになります．

表3・4 電気供給規程以外の供給条件

昭和61年8月15日　関西電力　電気供給規程
電気供給規程以外の供給条件の抜粋

	業務用自家発予備電力	予 備 電 力 甲
適 用 範 囲	業 務 用 電 力	産業用電力（高圧，特別高圧）
契 約 電 力	※1　自家発容量基準協議	負荷実績による協議
供 給 条 件	※2　定検　事前届出	定検事前協議
料　　　金	業務用電力該当	高圧，特別高圧電力該当
基 本 料 金	特別料金/不使用30 %	特別料金/不使用20 %
電力量料金	定検定修　特別料金 それ以外特別料金の25 %増	同　左

※1　自家発　最大定格出力（1台当り）を基準
※2　計画的に設定しにくいため，文書にて届出

3.4 コージェネレーションシステムの保守管理

3・4・1 システムの日常点検と定期保守

　コージェネレーションシステムの設備は緒法規（電気事業法，消防法，大気汚染防止法等）により保守，管理が義務付けられていますが，法的な点検や報告のみでは十分にその機能を発揮することができません．

　これは，システム構成機器が多く，そのいずれが故障しても設備の運転が停止することが多いためです．したがって，システムを構成する各機器に適応した保守管理を実施することが必要です．

図3・15　コージェネレーションシステムの機器類

　日常点検は設置者が実施し，部品交換や調整などの専門的な技術を要する定期点検は機器メーカや専門業者が担当するのが一般的です．

(1) ガスエンジン発電機，排熱ボイラ

(a) 日常点検

　システムの運転開始前，運転中，停止後の状況を点検し記録するもので，不具合を早期に発見し，事故を未然に防止するのにとくに大切です．

　点検内容としては目視点検を主体とするもので，運転開始前および運転中一日数回は巡回点検することが必要です．日常点検の内容を**表3・5**に示します．

(b) 定期保守

　各機器の性能を維持するとともに予防保全として，定められた運転時間ごとに実施する保守点検です．点検スケジュール，内容は各機器によって定められており，それに基づいて実施します．

　定期保守内容の例を**表3・6**に示します．

表3・5 日常点検内容

設　備	点　検　項　目	点　検　ポ　イ　ン　ト
設　備　全　般	・ガス，オイル，水，排気の漏れ ・異音，異常振動の発生 ・保温，断熱部の劣化 ・換気状況 ・周辺温度（室温） ・フィルタ，ストレーナの清掃 ・冷却水の水質管理 ・各部ボルト，ナットのゆるみ	異常な焼けや変色が無いか． 換気ファンは正常に運転しているか． 定期的に点検清掃すること． 水質チェックと薬剤補給
ガ　ス　エ　ン　ジ　ン	・燃料ガス圧力 ・燃料ガス流量 ・潤滑油圧力 ・潤滑油温度 ・排気ガス温度 ・ジャケット冷却水温度 ・ジャケット冷却水圧力 ・アフタクーラ冷却水温度 ・アフタクーラ冷却水圧力 ・混合気温度 ・触媒槽温度 ・エアクリーナダストインジケータ ・潤滑油の油面（オイルパン） ・潤滑油の油面（補給タンク） ・バッテリー液面 ・排ガスの色	 正常時より上昇していないか，要すればアフタクーラ系点検 正常時より大きな変化はないか． 黄色ピストンが15目盛以上で清掃 オイルレベルゲージまたはオイルレベルレギュレータで確認 油面計目視確認 1回/週．要すれば液補充
発　電　機　盤 発　　電　　機	・発電電力 ・発電力率 ・発電周波数 ・発電圧 ・発電流 ・積算電力量 ・積算時間計 ・バッテリー充電電圧 ・発電機固定子温度 ・発電機軸受温度	正常に電力制御しているか． 大きなハンチングの有無 1回/月，均等充電を行うこと．
排ガス温水ボイラー	・排気ガス温度 ・温水出口温度 ・温水圧力	
排ガス蒸気ボイラー	・排気ガス温度 ・蒸気圧力 ・水面計レベル ・薬注状況 ・軟水器内塩量 ・軟水チェック ・全ブロー	 正常に水位制御しているか． 給水ポンプと同時に薬注しているか． 1回/日，硬度指示薬によりチェック 所定の時間，日ごとに実施 （濃縮倍数により決定）

3・4 コージェネレーションシステムの保守管理

表3・6(1) 定期保守内容

ガスエンジン

点検周期	主要点検項目		備考
A1点検 750時間ごと	・エアクリーナエレメント点検 ・プラグアダプターの点検 ・スロットル弁作動点検 ・キャブレタ,ガバナリンケージの点検給油 ・点火タイミング,点火プラグの点検調整 ・エンジンオイル,オイルエレメントの交換 ・コンプレッション計測 ・マグネチックピックアップ清掃 　　　　　（初回のみ）	・バイブレーションダンパ点検 ・ワイヤハーネスゆるみ点検 ・ブリーザ清掃 ・確認運転	
A2点検 3,000時間ごと	・点火プラグ交換		A1点検を同時に実施
A3点検 750時間 （初回のみ） 9,000時間ごと	・バルブクリアランス調整		A1点検を同時に実施
B点検 2,250時間ごと	・ターボチャージャ作動点検 ・エミッションフィルタ交換	・バルブクリアランス調整	A1点検を同時に実施
C点検 3,750時間ごと	・キャブレタダイヤフラム交換 ・エアクリーナエレメント交換 ・イグニッショントランス抵抗計測 ・スターティングモータターミナルゆるみ点検	・排気バイパス弁ダイヤフラム交換 ・マグネチックピックアップ清掃	A1点検を同時に実施
D点検 8,250時間ごと	・トップオーバーホール（シリンダーヘッド開放点検） ・ガバナアクチュエータO.H ・スロットル弁交換 ・ターボチャージャ点検 ・スターティングモータ点検 ・アフタクーラ清掃	・ジャケットウォータポンプ点検 ・サーモスタット交換 ・排気バイパス弁ベース点検 ・マグネット点検	A1, A2, A3, B, C点検を含む
E点検 16,500時間ごと	・オーバホール ・マグネットO.H ・オイルクーラO.H ・排気バイパス弁ベース交換 ・ピストンボディ点検 ・シリンダライナー交換 ・メインベアリング交換 ・クランクシャフトフロントシール,リヤシール交換 ・排気フレキ点検	・ジャケットウォータポンプO.H ・ターボチャージャO.H ・排気バイパス弁交換 ・ピストンリング交換 ・バルブリフタ点検 ・コンロッドベアリング交換 ・センサ,ケージ類点検	A1, A2, A3, B, C, D点検を含む

艤装・発電機・発電機盤　　　表3・6（2）　　定期保守内容

点検周期	主要点検項目		備考
A点検 3,750時間ごと	・ガス遮断弁点検 ・オイルレベルレギュレータ点検 ・発電機軸受けグリース注入，点検 ・NO_x制御用O_2センサ，比例弁，コントロールモータ作動点検 ・ブローバイガス配管，潤滑油サブタンク均圧管の点検清掃およびゴムホース類交換 ・冷却水配管，ガス配管のストレーナ点検清掃 ・バッテリー液比重の確認点検	・ガス漏れ警報器作動点検 ・発電機のボルト点検 ・電動抵抗器（MOP）モータ点検，清掃	
B点検 8,250時間ごと	・絶縁抵抗測定（主回路，制御回路，補機回路） ・配線および機器（マイコン部含む）のネジのゆるみ，変色，劣化の点検 ・発電機巻線のメガ測定 ・熱感知器の作動点検	・三元触媒装置点検 ・排温センサ交換	A1点検を同時に実施
C点検 16,500時間ごと	・発電機軸受，回転整流器の点検 ・排気ガスフレキ管，ガスケット交換 ・遮断器の点検 ・エンジンオーバホールに伴う発電機・エンジンの直結分解および再直結と結合確認試験	・センサ類の点検 ・冷却水フレキ管，ガスケット交換 ・配管上計器の点検	A, B点検を同時に実施

排ガス温水ボイラ　　　表3・6（3）　　定期保守内容

点検周期	主要点検項目		備考
A点検 4,000時間ごと	・制御・計測用センサの点検整備 ・水管外部の点検		
B点検 8,000時間ごと	・缶内点検 ・装備計器の点検調整 ・監視盤および保護作動の点検	・排ガス圧力・温度の測定 ・安全弁の点検 ・炉内す，点検と洗浄	A点検を同時に実施
C点検 16,000時間ごと	・伸縮継手の交換 ・安全弁の交換（結果により）		A, B点検を同時に実施

3・4 コージェネレーションシステムの保守管理

表3・6(4) 定期保守内容

排ガス蒸気ボイラ

点検周期	主要点検項目		備考
初回点検 初めの750時間	・水面計,ストレーナの点検清掃 ・軟水器,薬注器の点検設備 ・缶水検査 ・缶内汚れ点検	・軟水タンクの点検清掃 ・給水ポンプの点検整備 ・濃縮ブローの作動点検 ・蒸気,給水,排ガスの漏れ点検	
A点検 4,000時間ごと	・水面計(ゲージガラス,パッキン) 　交換 ・缶水入替え ・給水水質の分析検査 ・制御・計測用センサの点検整備	・缶内,水管外部の点検 ・スラッジ堆積量点検	初回点検を 同時に実施
B点検 8,000時間ごと	・排ガス圧力・温度の測定 ・装備計器の点検調整 ・電磁弁,電動弁,安全弁の点検 ・濃縮ブロー用熱交換器の点検 ・制御盤,制御作動の点検	・蒸発量の測定 ・炉内すゝ点検と洗浄	初回点検, A点検を同 時に実施
C点検 16,000時間ごと	・伸縮継手の交換 ・電磁弁,電動弁,安全弁の点検(結 　果により交換) ・給水ポンプの点検(結果により交換)	・缶内洗浄	初回点検, A,B点検 を同時に実 施

(2) ガス吸収冷温水機,温水吸収冷凍機

(a) 日常点検

吸収冷温水機は,押しボタン等のスイッチ操作だけでシステムの運転が可能であり,最近では機械から離れた場所やスケジュールタイマで運転するケースが多く,日常点検を実施することが困難な要素があります.

しかし,無点検では機械の故障が発生して初めて異常に気付くといった事態となるので,できるだけ機会をみて設置場所を巡回し,点検すべきです.日常点検として特に注意する点として

① 真空関連
② 燃焼関連
③ 冷却水関連
④ 補機類

があげられます.

① 真空関連

吸収冷温水機は機内を高真空で運転しているので,万一不凝縮ガスが存在するとその分圧分だけ機内圧が上昇し,能力低下等の原因となります.

大型吸収冷温水機で抽気ポンプがついている機械では,一週間に一回程度の抽気操作が必要です.パラジュームセルによる自動抽気方式を採用しているものについては,日常の抽気操作は不要です.真空度の点検としては真空ゲージや冷水温度により行います.

② 燃焼関連

ガス配管系統のガス漏れはないか.

燃焼炎が正常か.

③ 冷却水関連

冷却水は吸収冷温水機を運転する上で大変重要です. 水質関連以外では,

冷却塔の水位や散水が正常か.

冷却水温度は正常か.

冷却塔が順調に回っているか.

を点検します.

④ 補機類

吸収冷温水機は他の機器に比べて回転部分が少ないとはいえ, ポンプやファン等の補機があり運転状態の点検が必要です.

吸収冷温水機の運転中に異常音はないか.

冷温水ポンプ, 冷却水ポンプに異常音はないか.

(b) 定期点検

吸収冷温水機の定期保守点検は, 性能維持, 安全確保, 故障防止のため必ず実施する必要があります. 点検項目や頻度はメーカーや機種により異なりますが, ユーザーがメーカと保守契約を結び定期保守点検を実施します. 定期保守の主な内容を**表3·7**に示します.

上記内容以外に, 吸収液ポンプ, 冷媒ポンプの分解点検, 吸収液のろ過, 電熱管の薬品洗浄, 部品の取替等必要に応じ実施する必要があります.

表3·7 吸収冷温水機定期保守点検内容

分　類	内　容	時　期
冷　暖　切　替	・冷暖房の切替操作	イン
真　空　関　係	・抽気装置の機能点検	イン, オン
	・抽気作業	イン
	・機内真空度点検	イン, オン
制　御　関　係	・保護装置, 制御装置の設定および作動点検	イン
	・操作回路点検	イン
燃　焼　関　連	・ガス漏れ, 安全遮断弁通り抜け点検	イン, オン
	・燃焼安全装置の作動点検	イン
	・操作回路点検	イン, オン
	・空燃比の点検	イン, オン
能力・機能関係	・運転データ採取による能力機能点検	イン, オン
ポ　ン　プ　類	・冷媒ポンプ, 吸収液ポンプ作動点検	イン
溶液管理関係	・溶液調整剤の濃度測定と補充	イン
伝熱管関係	・冷却水チューブの清掃	オフ

(注) イン:シーズン前点検　　オン:シーズン中点検　　オフ:休止中点検

3・4・2 冷却水の重要性

コージェネレーションシステムにおいては，冷却水系統として，ジャケット冷却水，アフタクーラ冷却水，冷凍機用冷却水があります．

水に接している金属は，水に溶解している容存酸素や溶解塩類などの科学的因子，金属表面の状態，水温，流速などの物理的因子の影響を受けて腐食されます．また，熱交換機にはスケールやスライム等が付着することもあります．

これらは，機器に直接影響を与えるだけでなく，効率の低下や故障の原因となります．したがって，防止対策としては，機器設計，製造，運転の段階で十分配慮されるべきですが，適切な水質管理が重要です．

補給水の水質は，地域，水源によって異なり，季節によっても変動します．また，冷却塔の冷却水は運転条件や外気要因によって大きく影響されるため，定期的な水質検査を実施し水質変動状況を把握しておきます．

(1) 冷却水水質の基礎

腐食，スケール育成に影響する水質因子を下記に示します．

① 容存酸素

軟鋼の腐食速度は，容存酸素と直接的な関係にあり，容存酸素は，局部電池の形成による孔食の原因ともなります．

② pH

水が酸性であるか，アルカリ性であるか，その各々の強さを表します．

$$0（酸性）<7（中性）<14（アルカリ性）$$

軟鋼は中性からアルカリ性で安定ですが，銅はpH9以上では腐食速度が上昇します．

③ 導電率

物質の導電性を表す量で，電気抵抗の逆数をいいます．実際には比抵抗の逆数をとった比導電率が用いられており，単に導電率というときは比導電率をさす場合が多くあります．金属塩の容存率とこの導電率が比例関係にあり，この値が大きくなると腐食性が増加します．

④ 塩素イオン

水に溶解している塩化物中の塩素イオン．塩素イオンが増加すると腐食性が増します．

⑤ 硫酸イオン

水に溶解している硫酸化合物中の硫酸イオン．硫酸イオンが高くなると腐食性が強くなります．

⑥ アルカリ度

水中の重炭酸塩，炭酸塩，水酸化物などのアルカリ分をこれに対応する炭酸カルシウムに換算してppmで表し，Mアルカリ度とPアルカリ度があります．

Mアルカリ度－メチルレッド混指示薬を指示薬として求められる酸消費量．

Pアルカリ度－フェノールフタレイン混指示薬を指示薬として求められる酸消費量．

⑦　全硬度

水中のカルシウムイオン，マグネシウムイオンの全量によって示される硬度．通常，炭酸カルシウムに換算してppmで表す．熱交換器などのスケール付着の原因となります．

⑧　シリカ

二酸化ケイ素の通称であり，イオン化しているものとコロイド状のものがあります．水中のシリカは冷却水中で濃縮して硬質のスケールとなることがあります．

⑨　濃縮倍数

冷却水系では，水の濃縮割合を示す値です．水質分析では，冷却水中の塩素イオン濃度を給水中の塩素イオン濃度で割ると求められます．

(2)　冷却水の水質管理基準

冷却水の適正な水質管理基準としては，昭和46年8月（社）日本冷凍空調工業会により制定されたものがよく知られていますが，エンジン冷却水の水質管理基準についてはエンジンメーカで独自に推奨値を設けている場合があります．日本冷凍空調工業会の水質管理基準を**表3・8**に示します．

表3・8　水質管理基準

項　　目		補給水基準値	冷却水基準値	エンジン冷却水推奨値（例）
pH	〔25℃〕	6.0～8.0	6.0～8.0	6.5～8.5
導電率	〔μS/cm〕	200 以下	500 以下	400 以下
塩素イオン	〔ppm〕	50 以下	200 以下	100 以下
硫酸イオン	〔ppm〕	50 以下	200 以下	100 以下
全鉄	〔ppm〕	0.3 以下	1.0 以下	1.0 以下
M アルカリ度	〔ppm〕	50 以下	100 以下	150 以下
全硬度	〔ppm〕	50 以下	200 以下	100 以下
シリカ	〔ppm〕	30 以下	50 以下	50 以下
イオウイオン	〔ppm〕	検出しないこと		―
アンモニウムイオン	〔ppm〕	検出しないこと		―

(3)　水質管理方法

①　エンジンのアフタクーラ，冷凍機の冷却水

この冷却水系では，通常，開放形冷却塔が使用されます．したがって冷却

塔で冷却水の一部が蒸発するため，循環水中の溶解塩類が濃縮されます．濃縮を抑制する方法として，強制ブローがあり，強制ブローを実施しなかった場合，濃縮倍数は約10倍に達しますが，循環水量の0.3%〜0.4%を強制ブローすれば，約3倍に抑えることができます．しかしながら，用水事情によっては，薬注処理を実施することが必要な場合がありますが，適用に当っては事前に水処理専門メーカに相談することが望ましいと考えられます．

② ジャケット冷却水

この冷却水系統は半密閉の温水系であり，80℃〜90℃の高温水が循環するため防食対策として，防食剤を用います．漏水などにより補給水を多量に補給した場合は，防食剤を加え，適正濃度を維持します．

3.5　コージェネレーションシステムの実施例

近年，コージェネレーションシステムの導入例は数多くありますがここでは，比較的小容量で，受電電圧が6kVの設置例を日本コジェネ研究会のセミナーテキストより抜粋して紹介します．

効率的運用を行うために，長期にわたり経済性の評価・改良を実施するなど関係者の努力が良くわかる内容となっています．

3・5・1　実施例（1）

(1) システム概要

(a) 建物概要
- 住　　所：関西地区
- 敷地面積：9750 m^2
- 延床面積：23980 m^2
- 階　　数：地上5階　地下1階
- 構　　造：RC造
- 建物用途：小売店舗

(b) 主要設備
- ガスエンジン　　　：300 kW（都市ガス13A　82.5 m^2/h）＊2台
- 発　電　機　　　　：発電電圧210 V　周波数60 Hz
- 直焚冷温水機－1　　：冷房450 Rt　暖房1100 Mcal/h（都市ガス124.4 m^2/h）
- 直焚冷温水機－2　　：冷房80Rt　暖房216Mcal/h（都市ガス23.2 m^2/h）
- 温水焚吸収冷凍機　　：冷房100 Rt

・契　約　電　力：1 100 kW（自家発補給電力契約約0 kW）

熱源回りの配管系統図を**図3・16**に，受変電設備単線結線図を**図3・17**に示します．

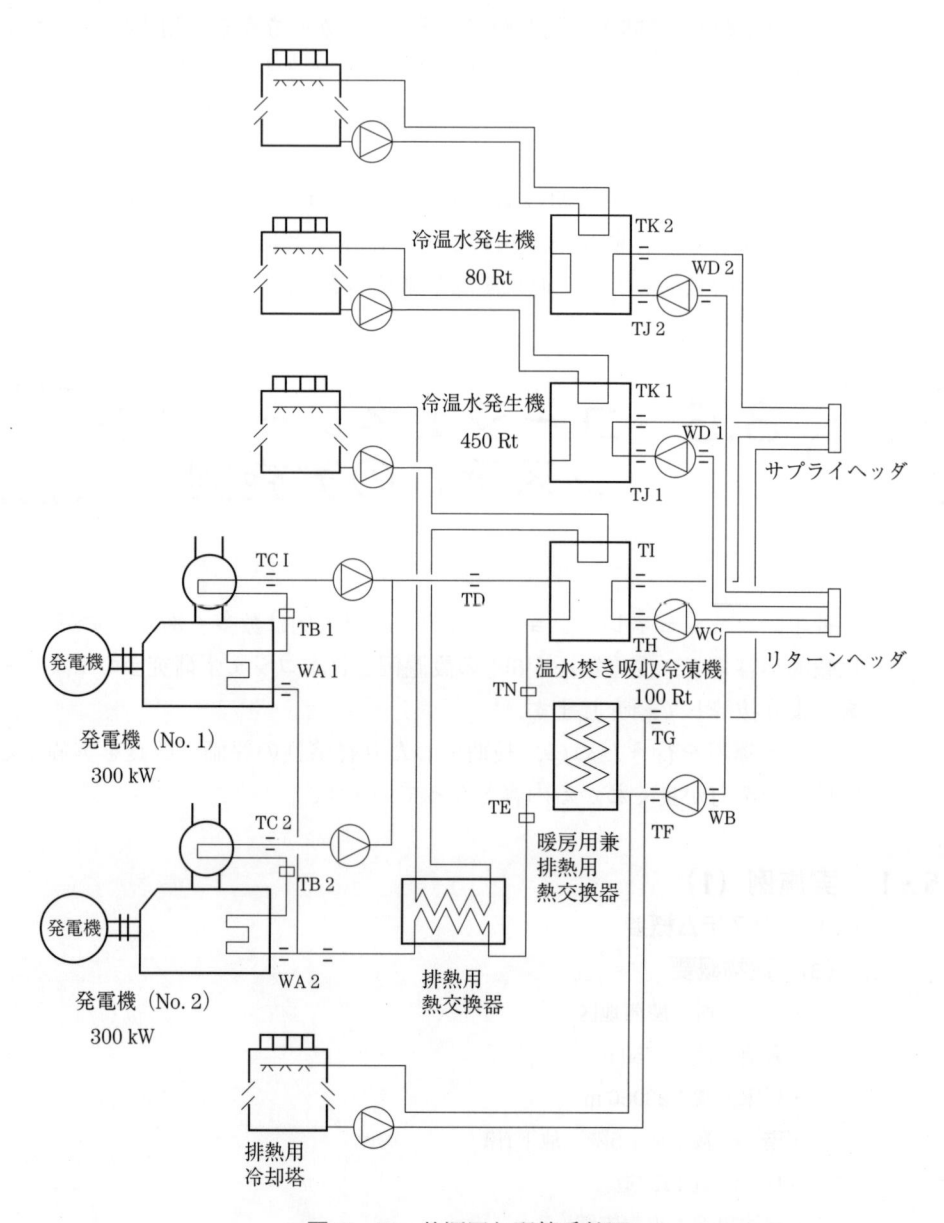

図3・16　熱源回り配管系統図

(c)　CGS設計の特徴
・発電機は，商用電源と系統連係して使用．
・ガスエンジン排熱は，主に温水焚吸収冷凍機の熱源として利用され，真冬に暖房負荷が発生した場合，暖房用熱交換機を介して暖房用として利用される計画．ただし，実際にはほとんど暖房負荷は発生していない．

3・5 コージェネレーションシステムの実施例

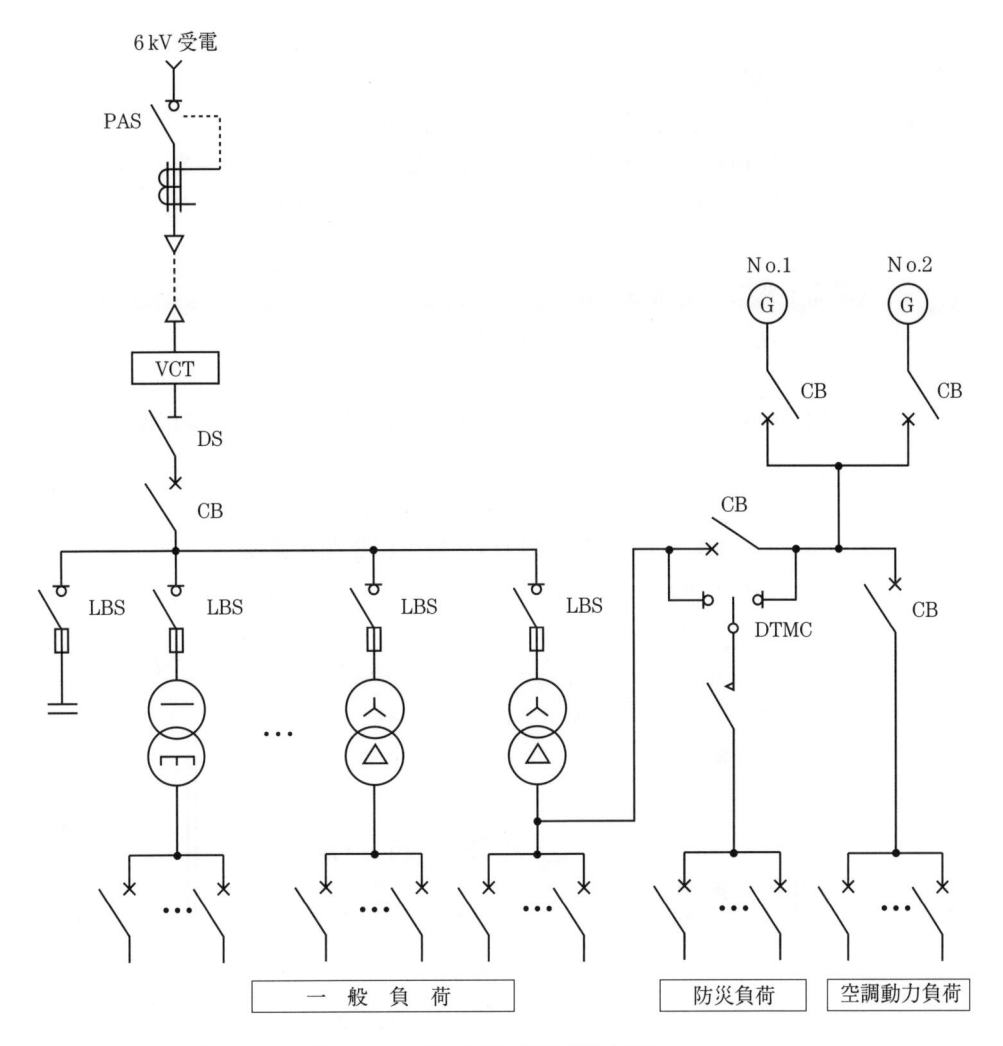

図3・17 受変電設備単線接続図

- コージェネ発電機は非常用を兼用している．一般にガスエンジンは非常用としては認められていないが，予備燃料として圧縮天然ガスを2時間分ボンベに備蓄することにより特認を受けている．
- ガスエンジンはパッケージ化された，いわゆる「コージェネパック」を採用している．

(2) 経済性を向上するための改良工事について

2年間にわたり経済性の評価のため各ポイントを計測し，その実績から次のような改良工事を行った．

(a) 排熱利用率向上のための改良工事

夏期における排熱利用率を向上させるために，排熱利用温水焚き吸収冷凍機を，ガス焚き冷温水発生機よりも優先的に運転させる目的で，以下の改良工事を行った．

① 温水焚き吸収冷凍機と450Rtガス冷温水発生機とを直列に接続するように変更した．
② 450Rt冷温水発生機を入口温度制御に変更した．
③ 450Rt冷温水発生機の2次側冷水量増加に対して改造を行った．

以上の改良工事とともに，それに伴う演算式の変更および測定点を追加した．また温水焚き吸収冷凍機の加熱量を測定できるように追加変更した．

（追加・変更した測定項目）

(49) QC〔Mcal/h〕　温水焚吸収冷凍機への加熱量
　　　　（WA1+WA2）×（TD−TN）

(53) QG1〔Mcal/h〕　冷温水発生機2次側負荷（No.1 450Rt）
　　　　（WD1+WC）×（TK1−TM）

(55) TM〔℃〕冷温水発生機（No.450Rt）入口冷水温度

(56) TN〔℃〕温水焚き吸収冷凍機出口熱源水温度

(57) QH〔Mcal/h〕　暖房用熱交換器への加熱量
　　　　（WA1+WA2）×（TN−TE）

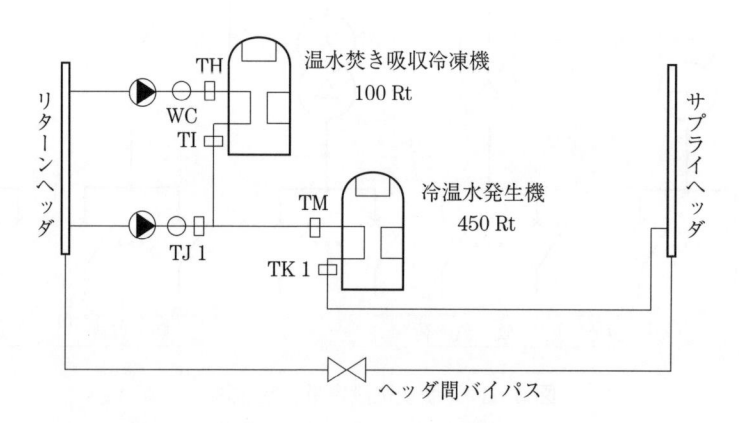

図3・18　改良工事後の熱源回りの冷水配管系統図

変更工事の後，運転状態を見ながら以下の対策を行った．
・温水焚き吸収冷凍機を十分に運転させ，450Rt冷温水発生機の運転を極力遅らせるように，自動発停の設定温度を調整した．
・冷温水リターンヘッダのバイパスの反対側（冷房時，冷水温度が高い側）に温水焚き吸収冷凍機への配管を接続し，より多くの冷房負荷がかかるように変更した．

(b) 温水焚き吸収冷凍機の2次側冷水量増

温水焚き吸収冷凍機の能力アップの目的で，2次側冷水量を1310ℓ/minに増やした．

(c) エンジン入口冷却水設定温度変更

温水焚き吸収冷凍機の能力向上と成績係数改善の目的で，エンジン入口冷却水設定温度を2deg高めて，温水焚き吸収冷凍機への熱源水温度を高めた．これにより約10%能力がアップした．

(3) 測定結果

(a) 発電量および買電量

全消費電力量の24.5%をCGSから供給している．冬期（12月～3月）については，ガスの基本料金を安くするために，発電機1台のみの運転を行っている．この期間を除くと全消費電力量の27.0%をCGSから供給している．

(b) 発電効率および総合効率

発電効率（熱量換算発電量/消費ガス熱量）は27.9%，総合効率（熱量換算発電量と利用熱量の和/消費ガス熱量）は55.4%であった．なお回収熱を全て利用できたとすると，85.1%となるはずである．ここでは回収された熱量の約半分が利用されている．排熱利用用途が，温水焚き冷凍機のみであり，排熱量に比して冷凍機容量が不足しており，十分に利用できていない．

(c) 排熱利用温水焚き吸収冷凍機により処理された冷房負荷

全冷房負荷の33.2%が温水焚き吸収冷凍機により処理されている．1月～2月は冷房が発生しない．中間期（3月～5月および10月～12月）には，ほとんどの冷房負荷を温水焚き吸収冷凍機で処理している．

(d)

成績係数は，450Rtの冷温水発生機が0.751，80Rtの冷温水発生機が0.835で運転されている．

(4) 問題点の改善

排熱の利用率改善のためには，温水焚き吸収冷凍機を優先的に運転する必要があるが，このために，以下のような対策を行った．

① 温水焚き吸収冷凍機を上流にして，450Rt冷温水発生機と直列に接続すると共に450Rt冷温水発生機を入口温度制御に変更し，450Rt冷温水発生機の運転を遅らせるような自動発停の温度設定を調節した．

② 冷温水ヘッダのバイパスの遠い側（冷水の場合，温度の高い側）に，温水焚き吸収冷凍機への配管を接続し，より高い温度の冷水が還るように変更した．

③ 温水焚き吸収冷凍機の2次側冷水量を増加させた．

④ 熱源水系統の温度レベルを高め，温水焚き吸収冷凍機の成績係数改善の目的で，エンジン冷却水入り口温度を2deg高めた．

(5) 評価

ランニングコスト削減額について，排熱の利用率改善にもかかわらず，最近の1年間の方がさらに削減額が小さくなっている．また排熱の利用率がやや低いが，この理由として以下の事柄が考えられる．

① CGS方式に適用される「時間帯別B契約第1種」の従量料金は4半期ごとに

変動するが，この期間は比較的高値で推移した．このため一般方式の「空調用夏期契約第1種」に比較して，相対的にコストメリットが減少した．
② 温水焚き吸収冷凍機が優先的に運転できるように改造工事を行い効果が上がっている．しかし排熱回収量に対して温水焚き吸収冷凍機の能力が小さいため，夏期においても排熱が余っている．また冬期ないし中間期においては冷房負荷が小さくなり，その他の排熱の需要が無いため，熱が余っている．

3・5・2 実施例（2）

(1) 建物概要
・住　　所：関東地区
・敷地面積：6844 m^2
・延床面積：32291 m^2
・階　　数：地上6階，地下2階
・構　　造：RC

(2) システム概要
特別高圧電力（2 000kW以上）の引込みを避けるために，また省エネルギーをはかるために，ガスエンジン発電機を設置し，電源と熱源の一部分をまかなっている．都市ガスを一次エネルギーとして受け入れ，二次エネルギーとして，電気と排熱を総合的に利用し，エネルギーの有効利用をめざすシステムとしている．
・中圧ガスの供給を受けガスエンジン発電機2基（容量：300kW×2）を運転し，電気と排熱を利用するシステムを組んでいる．
・電気は主に空調・衛生の動力設備へ供給し，排熱は高温水へ変換し，冷暖房の熱源として冷房時は温水焚き吸収式冷凍機へ，暖房時はプレート式熱交換器へ供給する．

(3) 主要機器
(a) ガスエンジン発電機・・・2台
　発電機出力　　300 kW
　燃　　料　　都市ガス（13A）825Nm^2/h
　発電電圧　　160 V〜240 V
　周波数　　　40Hz〜60Hz
　排熱回収　　420 000 kcal/h
(b) 直焚吸収式冷温水機・・・1台
　冷房能力　　400 RT　都市ガス（13A）121Nm^2/h
　暖房能力　　1209 Mcal/h
(c) 直焚き吸収式冷温水機・・・1台
　冷房能力　　240 RT　都市ガス（13A）73Nm^2/h

暖房　能力　　725 Mcal/h
(d)　温水吸式冷凍機・・・・・・1台
冷房　能力　　120 RT
C.O.P　　0.69

(4)　CGS設計の特徴
(a)　CVCFモードとVVVFモードによる発電

　発電機をCVCFモードと，VVVFモードの両方で使用できるようにし，発電機から供給できる機器の範囲を広くし，さらに省エネルギーもはかれるようにした．

　2台のガスエンジン発電機のうち，1台はCVCF（定電圧定周波数）用発電機とし，50Hz，200Vの商用電力と同じ一定電気を作り，ポンプ，ファン等の一般設備動力へ供給する．他の1台はVVVF（可変電圧可変周波数）用発電機とし，40Hz～60Hz，160V～240Vの可変電気を作り，空調設備の搬送動力（ポンプ，ファン，冷却塔）へ供給する．冷暖房負荷を二方弁の開度（＝末端のFCUの差圧）により検出し，周波数を40Hz～60Hzの間で変化させ，負荷に見合った冷温水量と送風量となるように制御する．

(b)　CVCFモードとVVVFモード発電の切替

　2台のガスエンジン発電機は両方ともCVCFモードでもVVVFモードでも運転可能なシステムとする．このモード切替の目的は，発電機の運転時間を平均化し，メンテナンスの効率化をはかれるようにしたものである．つまり，冷暖期（夏・冬）はCVCFモードとVVVFモードの2台の運転で，中間期（春・秋）は，CVCFモードの1台のみの運転となる．

　モードの切替を行わないと，CVCFモードの発電機の運転は一年中となり，1台のみの発電機の運転時間が長くなり，機器の寿命，故障頻度に差が出ることになる．こういうことを避けるために，1台の発電機がCVCFモードとVVVFモードの切替可能なシステムとしている．

(c)　排熱の有効利用

　排熱量は，発電電力および周波数によって大きく変化するので，高温水の温度も大きく変わる．そのため，冷凍機の出口温度および熱交換器の出口温度は一定しないことになる．こういうことを考慮して，コージェネの排熱を利用した冷凍機，熱交換器は予冷，予熱用の機器として配管のフローを組み，排熱の100％の利用ができる．

　排熱利用の機器入口には定流量弁を設けて機器の水量を確保し，水量の変化にも対応するシステムとする．

　ピーク時においては排熱機器の出口温度は入口温度より±5℃変化して出てくるが，バイパス側と合流した後では±1℃の変化としかならず，過冷却，過剰加熱とはならないシステムとしている．

(5) システムフロー

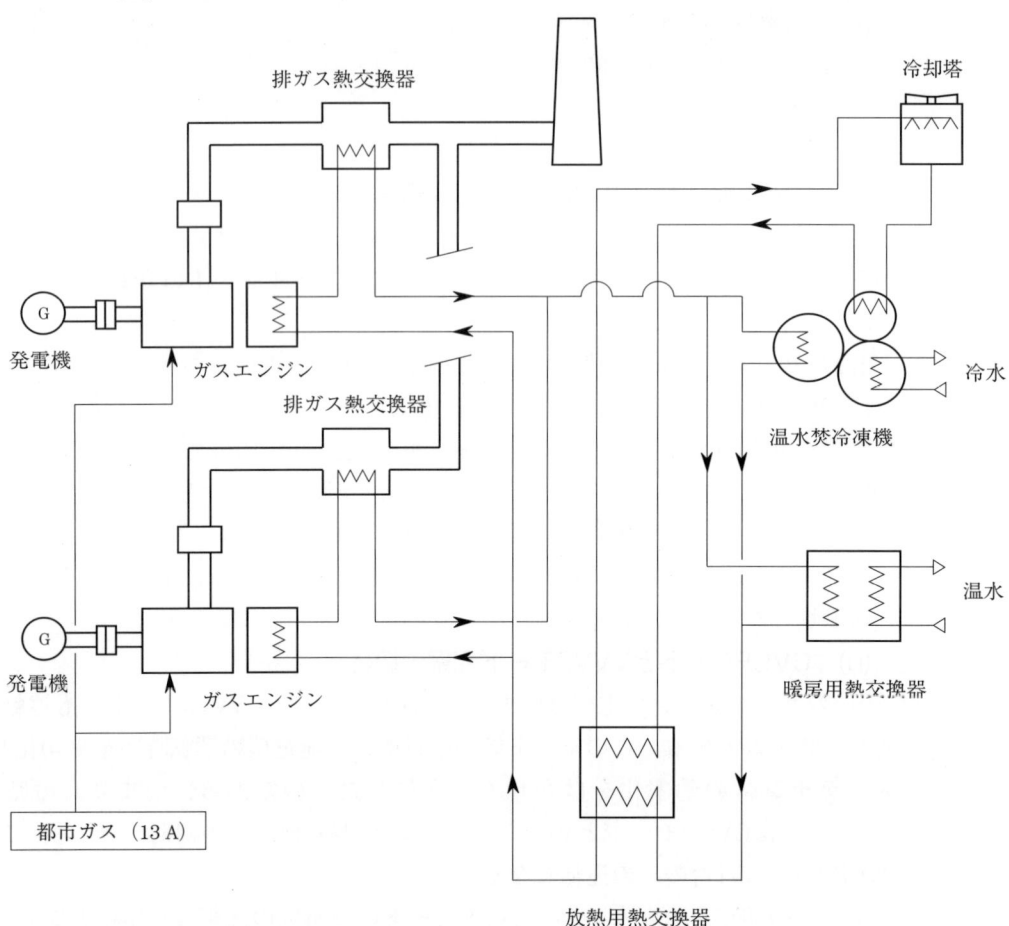

図 3・19 システムフロー

(6) ヒートバランス

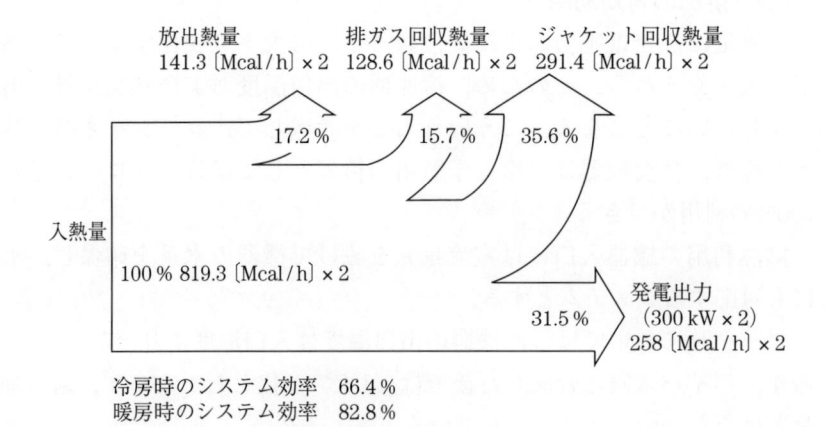

放出熱量 141.3 [Mcal/h] × 2　17.2 %
排ガス回収熱量 128.6 [Mcal/h] × 2　15.7 %
ジャケット回収熱量 291.4 [Mcal/h] × 2　35.6 %

入熱量 100 % 819.3 [Mcal/h] × 2

発電出力 (300 kW × 2) 258 [Mcal/h] × 2　31.5 %

冷房時のシステム効率　66.4 %
暖房時のシステム効率　82.8 %

図 3・20 ヒートバランス

3・5 コージェネレーションシステムの実施例

(7) 受変電系統

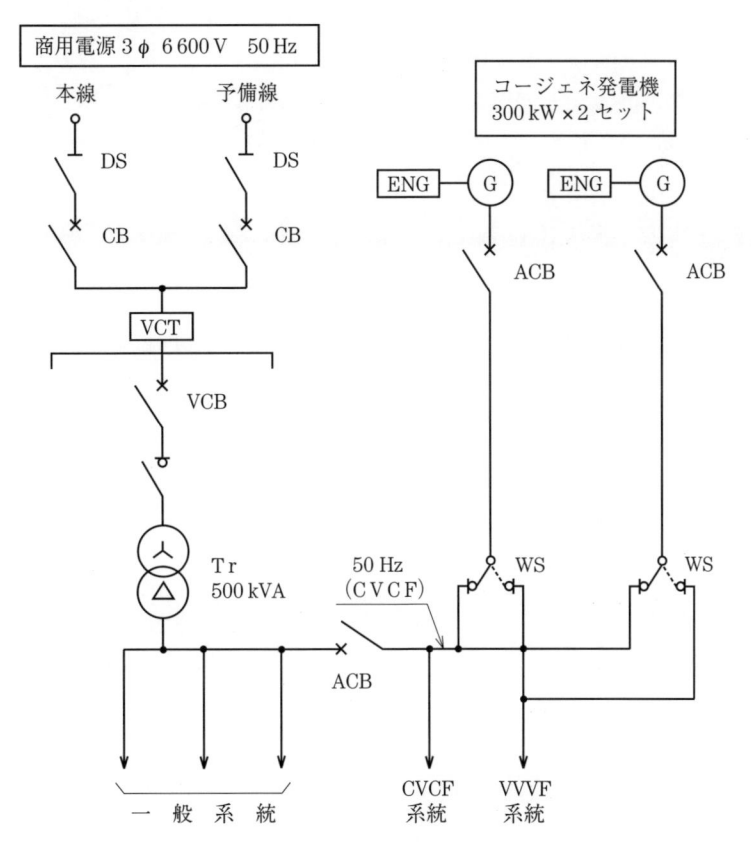

図3・21 受変電単線接続図

第4章　非常用発電設備の回路と運転

4.1　主回路の構成

　非常用発電設備の回路構成には種々の方式がありますが，これを決定するに際しては，発電機回路そのものの回路構成と，常用電源との切換回路の回路構成に大別して考える必要があります．これは方式を決定するための要因において，両者間に差異があるためです．

　以下にそれぞれについての回路構成の種類ならびに選定の要因について述べます．

4・1・1　発電機回路の構成

　発電機回路の構成は，基本的には発電機の励磁方式により決まるものであり，その代表例を図4・1に示します．図4・1は発電機の定格電圧が高圧の場合を示したものですが，低圧の場合には主回路の機種の相違，計器用変成器の省略（200Vの場合に限る）など若干の相違があります．

　したがって回路構成は，励磁方式ならびに発電機の定格電圧をどう選定するかということで決定されます．

4・1・2　切換回路の構成

　非常用発電機は，一般には常用電源との並列運転は行わず，常用電源が停電した際に発電機を始動するとともに，回路を常用電源側から非常用電源側に切換えて使用します．ただし，これはあくまでも原則であり負荷設備からの要求により，場合によっては，常用電源が復旧した際に限り短時間並列運転を行っ

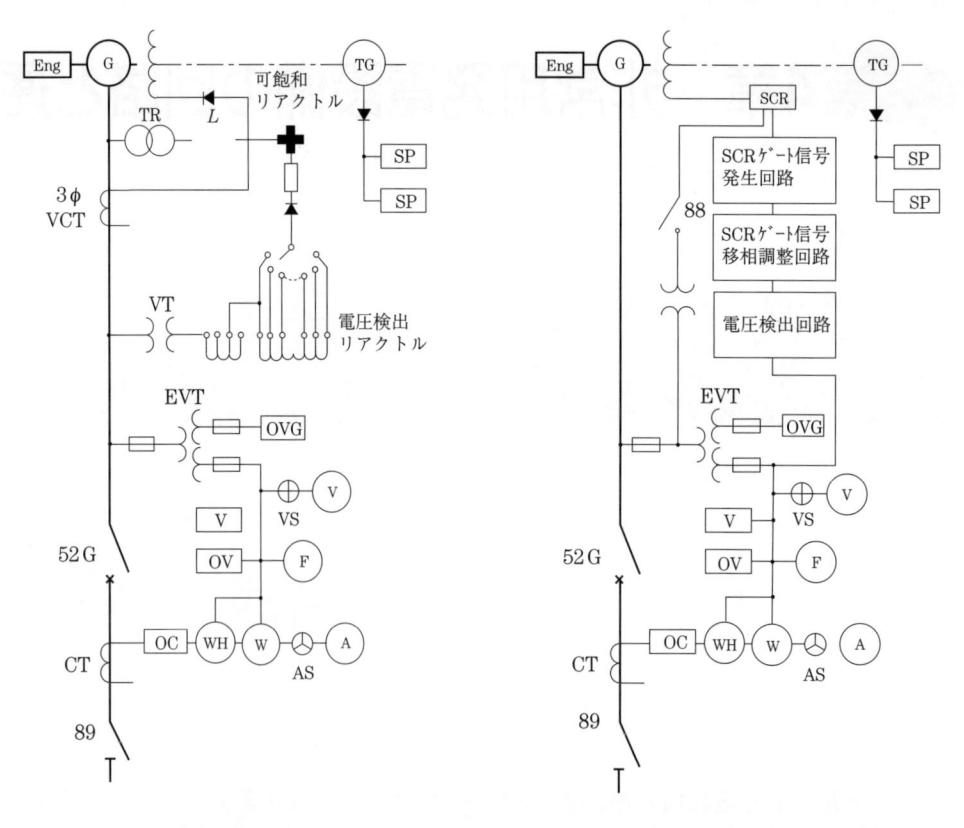

(a) 自励複巻交流発電機

(b) 自励サイリスタ交流発電機

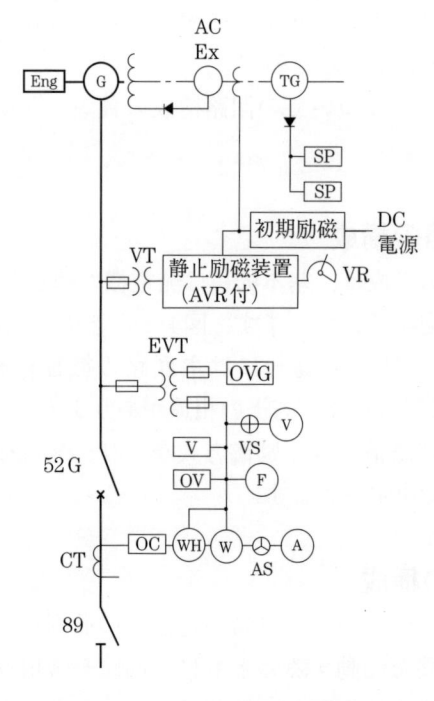

(c) ブラシレス交流発電機

図 4・1　発電機回路の系統構成例

4・1 主回路の構成

たり，あるいは常用電源が健全な際においても，短時間のピーク負荷時に一部の負荷に限り，非常用発電機にて運転を行うなど，特殊な運転を行うこともあります．

したがって，切換回路の系統構成は，受変電設備の系統構成，非常用負荷への配電電圧，負荷容量などとともに運転方法をいかにするか，ということによっても大きく左右され，以下に説明するような種々の方式が考えられています．

(1) 単一母線切換方式（高・低圧）

回路構成上，および操作上最も簡単で，しかも経済性，必要スペースの点などにおいても有利であることから高・低圧の比較的大容量の場合に多く採用されています．

ただし，受電が復電した際，52R遮断器の極間に異電源突合わせの状態が起こるため，通産局の指導により本方式の使用が許可されていない地域があるので注意を要します．

また高圧発電機の場合，非常用負荷，常用負荷共用の変圧器を使用する際は，変圧器充電時の突入電流が大きく，発電設備に好ましくない現象を

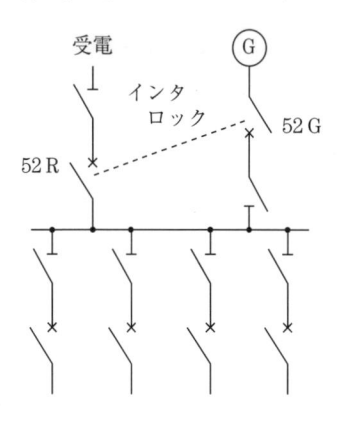

図4・2 単一母線切換

起こす場合があり（発電機出力に比較して変圧器容量が大き過ぎる場合），したがってこのような恐れのある場合には，(2) または (3) のように非常用負荷専用の変圧器がおかれます．

(2) 母連付単一母線切換方式（高・低圧）

(1) の場合に比べ，経済性，必要スペースなどの点において若干劣りますが，単一母線切換方式の場合における注意を要するような事項はありません．また常用電源が健全な際においても受電電力が契約電力を超過するような負荷になる場合や電力制限をうけた場合，52B遮断器を開放し，非常用負荷のみを非常用発電設備から給電するといった特殊な運転（ピークカット運転）もできることから，配電線が常用負荷，非常用負荷別々に構成できる場合で，高低圧の比較的大容量の場合多く採用されています．

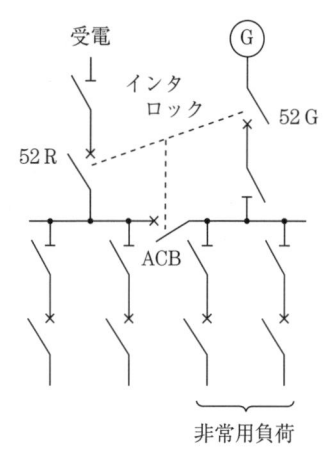

図4・3 母連付単一母線切換

(3) 電源直接切換方式（高・低圧，中・小容量）

(1)の場合の欠点を補う方式として，高低圧の比較的小容量の場合に多く採用されています．

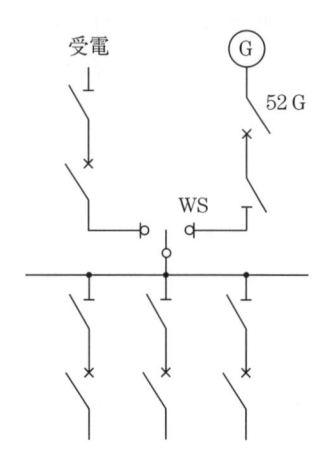

図4・4　電源直接切換

(4) 二重母線切換方式（高圧）

操作自由度が大きいため，常用発電設備の場合は比較的多く採用されていますが，非常用発電設備においては，系統構成が非常に複雑となり，経済性，必要スペースの点などにおいても不利となるため，(2)の場合と同様，高圧においてピークカット運転を必要とする場合で，しかもその対象負荷を自由に選ぶ必要のある場合などに採用されています．

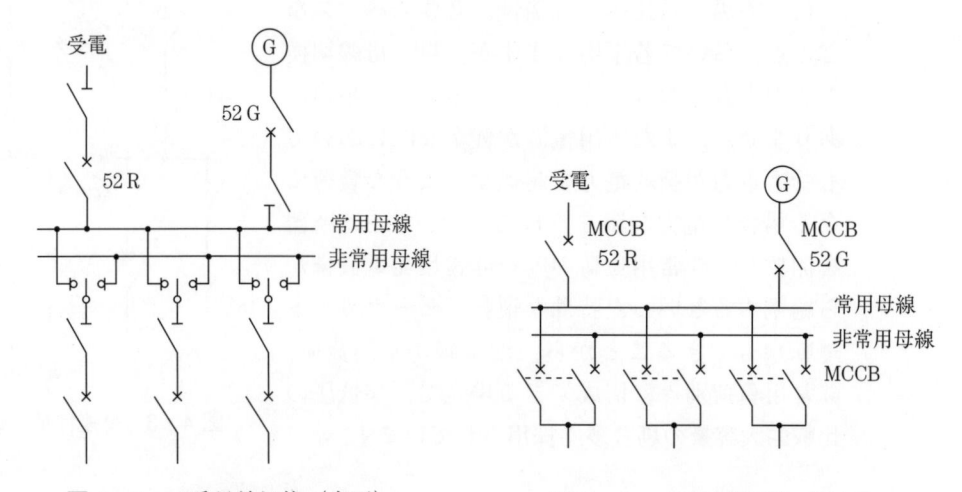

図4・5　二重母線切換（高圧）　　　図4・6　二重母線切換（低圧）

(5) 二重母線切換方式（低圧）

(3)の場合と同様ですが，とくに受変電設備が，低圧スポットネットワーク方式の場合にはこの方式が採用されることが多いようです．

4.2 運転とインタロック

4・2・1 切換方式

常用電源と非常用電源の切換方式は，負荷中に含まれる非常用負荷の種類（性質），運転監視方式などにより種々の方式が考えられます．

また各方式における機器の操作手順についても，非常用発電設備の運転方法，切換回路の系統構成などとの関係で必らずしも同一とはなりません．

(1) 切換方式の種類

常用電源と非常用電源の切換方式は，一般には発電機の始動・停止指令をも含め，運転監視方式の観点から，大別して下記のような分類がなされています．

(a) 自動方式

この方式は監視制御盤に自動－手動の切換スイッチを設け，このスイッチを自動とすることにより，常用電源停電時の非常用発電設備の始動，常用電源より非常用電源への切換え，ならびに常用電源復旧時の非常用電源より常用電源への切換え，非常用発電設備の停止などすべてを自動的に行う方式です．往復自動と呼ばれることもあります．

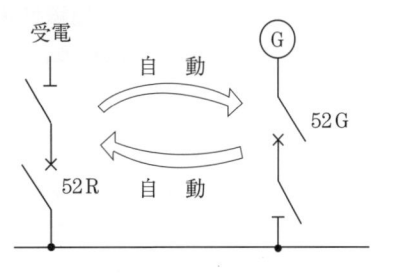

図4・7 自動切換方式

もちろん自動－手動切換スイッチを手動とすることにより，これらの操作を監視制御盤上の操作スイッチにより人為的に行うことも可能です．

(b) 半自動方式

この方式は監視制御盤に自動－手動の切換スイッチを設け，このスイッチを自動とすることにより，常用電源停電時の非常用発電設備の始動ならびに常用電源より非常用電源への切換えを自動的に行い，常用電源復旧時の非常用電源より常用電源への切換，ならびに非常用発電設備の停止は監視制御盤上の操作スイッチにより人為的に行う方式です．片道自動と呼ばれることもあります．

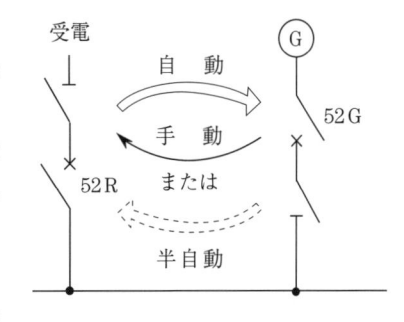

図4・8 半自動切換方式

また，常用電源復旧後の非常用電源より常用電源への切換，非常用発電設備の停止などを人為的な押しボタンスイッチ等によりスタートさせた後に，自動

的に行う半自動スタート方式もこれに含まれます.

(c) 手動方式

この方式は常用電源停電時の非常用発電設備の始動，常用電源より非常用電源への切換え，ならびに常用電源復旧時の非常用電源より常用電源への切換え，非常用発電設備の停止などすべての操作を監視制御盤上の操作スイッチにより人為的に行う方式です.

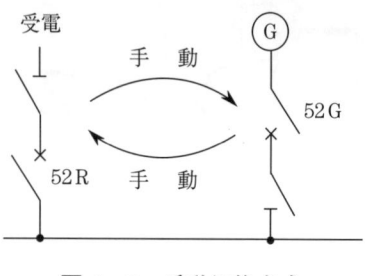

図4・9　手動切換方式

4・2・2　切換時の操作手順

切換時の操作手順は前述した切換回路の系統構成の種類，負荷設備より要求される切換時間の制約，あるいは非常用発電設備の特殊な使用方法など，そのケースに適応したものであることが必要です.

以下に切換回路の系統構成種別ごとの代表的な手動による操作手順を示します.

(1)　単一母線切換方式

常用電源停電時の操作手順

(a)　常用電源の停電を継電器により検出.

(b)　一定時間後（瞬時停電あるいは短時間の停電で，無意味な発電設備の始動を避けるため，一般に数秒の時間をとる），必要な場合には負荷回路に常用電源停電中の信号を送る．一般にこの切換回路構成を採用する場合，非常用負荷以外のものは負荷端において停電を検出し，自動開放するよう操作回路が組まれるのが普通ですが，これら負荷のうち自動運転されているものがあるような場合には，その負荷が非常用電源で運転されないよう，自動運転回路をロックする必要があります.

(c)　常用回路の遮断器（52R）を開放する.

(d)　非常用発電設備を始動する.

(e)　発電機出力電圧の確立を継電器により検出し，発電機回路の遮断器（52G）を投入する.

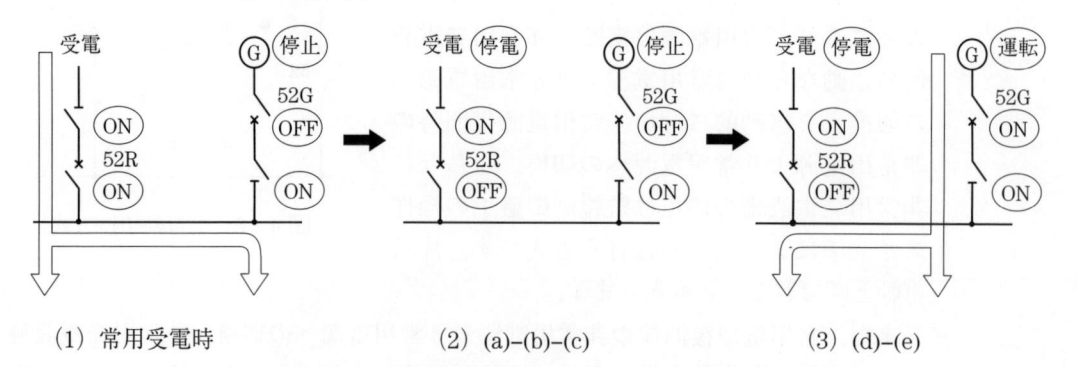

(1) 常用受電時　　　　(2) (a)–(b)–(c)　　　　(3) (d)–(e)

図4・10　常用電源停電時の操作手順と電力供給

常用電源復電時の操作手順
(a) 常用電源の復電を継電器により検出．
(b) 一定時間後（瞬時または短時間の復電でないことを確認する意味で一般に数秒の時間をとる）発電機回路の遮断器（52G）を開放するとともに，必要に応じ，負荷回路に常用電源復電の信号を送る．
(c) 常用回路の遮断器（52R）を投入するとともに，非常用発電設備を停止する．

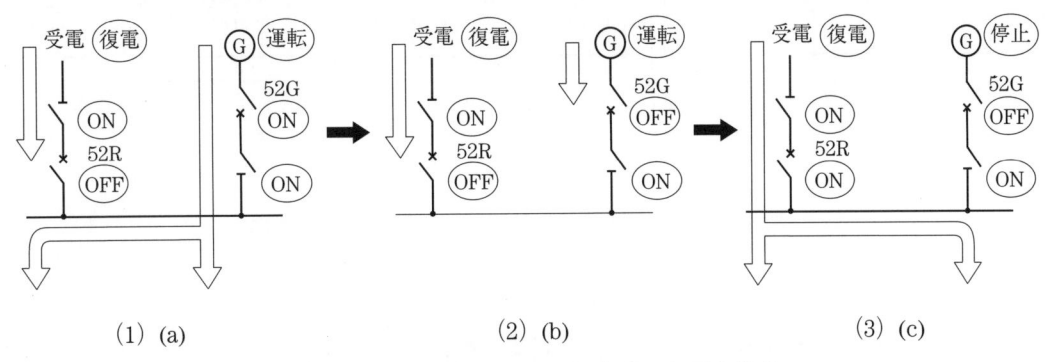

(1) (a)　　　　(2) (b)　　　　(3) (c)

図 4・11　常用電源復電時の操作手順と電力供給

(2) 母連付単一母線切換方式

常用電源停電時の操作手順
(a) 常用電源の停電を継電器により検出
(b) 一定時間後，常用回路の遮断器（52R）ならびに母線連絡用遮断器（52B）を開放する．
(c) 非常用発電設備を始動する．
(d) 発電機出力電圧の確立を継電器により検出し，発電機回路の遮断器（52G）を投入する．

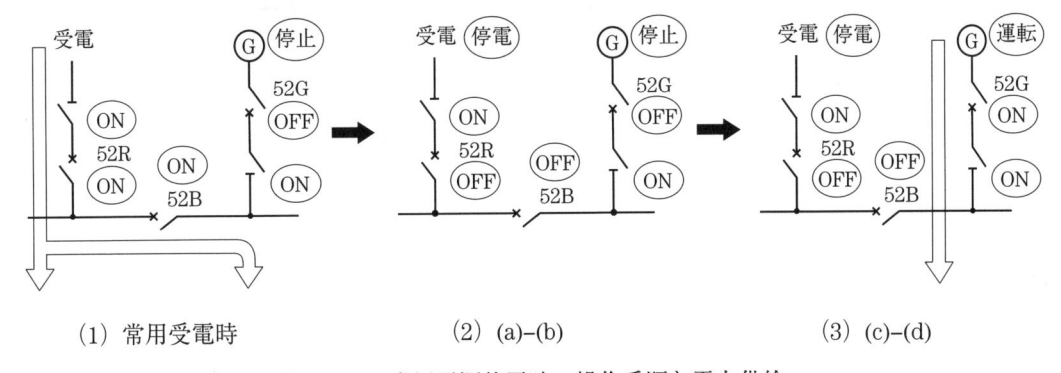

(1) 常用受電時　　(2) (a)–(b)　　(3) (c)–(d)

図 4・12　常用電源停電時の操作手順と電力供給

常用電源復電時の操作手順（1）
(a) 常用電源の復電を継電器により検出．
(b) 常用回路の遮断器（52R）を投入する．

(c) 一定時間後，発電機回路の遮断器（52G）を開放する．
(d) 母線連絡用遮断器（52B）を投入するとともに，非常用発電設備を停止する．

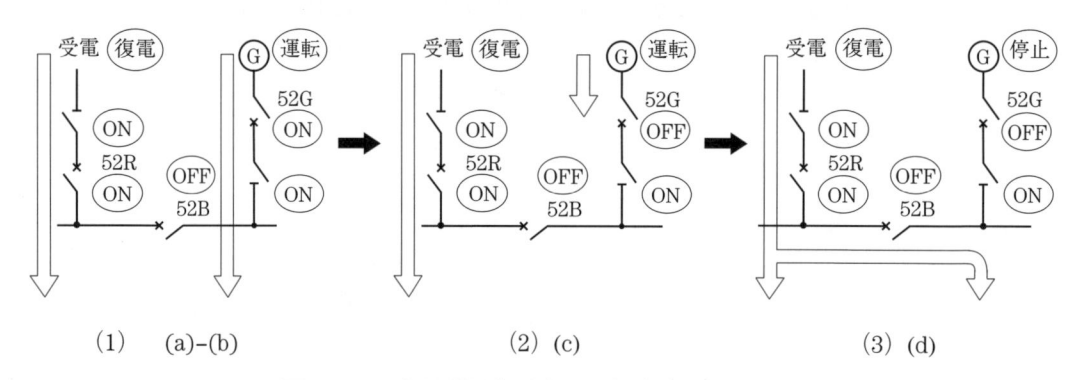

(1) (a)–(b)　　　　　(2) (c)　　　　　(3) (d)

図 4・13　常用電源復電時の操作手順(1)と電力供給

常用電源復電時の操作手順（2）

(a) 常用電源の復電を継電器により検出．
(b) 一定時間後，発電機回路の遮断器（52G）を開放する．
(c) 常用回路の遮断器（52R）を投入する．
(d) 母線連絡遮断器（52B）を投入するとともに，非常用発電設備を停止する．

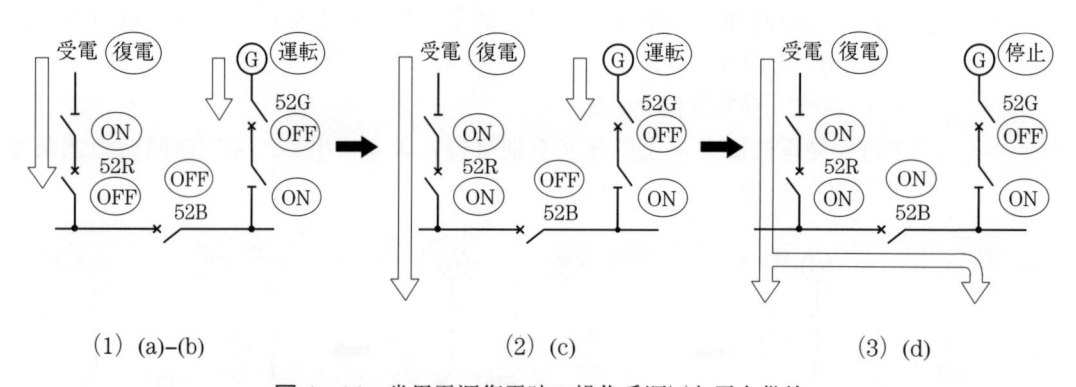

(1) (a)–(b)　　　　　(2) (c)　　　　　(3) (d)

図 4・14　常用電源復電時の操作手順(2)と電力供給

(3) 電源直接切換方式

常用電源停電時の操作手順

(a) 常用電源の停電を継電器により検出．
(b) 一定時間後，必要な場合は負荷回路に常用電源停電中の信号を送る．
（図4・15のように非常用負荷回路のみの電源を切換えるような系統構成とした場合には不要）
(c) 常用回路の遮断器（52R）を開放する．
(d) 非常用発電設備を始動する．

(e) 発電機出力電圧の確立を継電器により検出し，発電機回路の遮断器（52G）を投入する．
(f) 電源切換用開閉器（49または88）を非常用電源側に切換える．

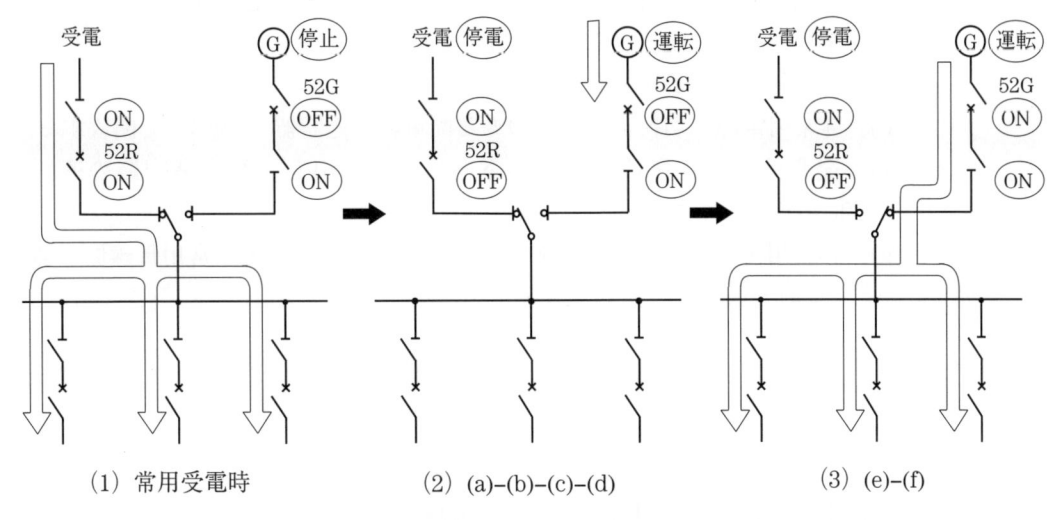

(1) 常用受電時　　(2) (a)–(b)–(c)–(d)　　(3) (e)–(f)

図 4・15　常用電源停電時の操作手順と電力供給

常用電源復電時の操作手順

(a) 常用電源の復電を継電器により検出する．
(b) 一定時間後，必要な場合は負荷回路に常用電源復電の信号を送る．
(c) 常用回路の遮断器（52R）を投入する．
(d) 電源切換用開閉器（49または88）を常用電源側に切換える．
(e) 発電機回路の遮断器（52G）を開放する．
(f) 非常用発電設備を停止する．

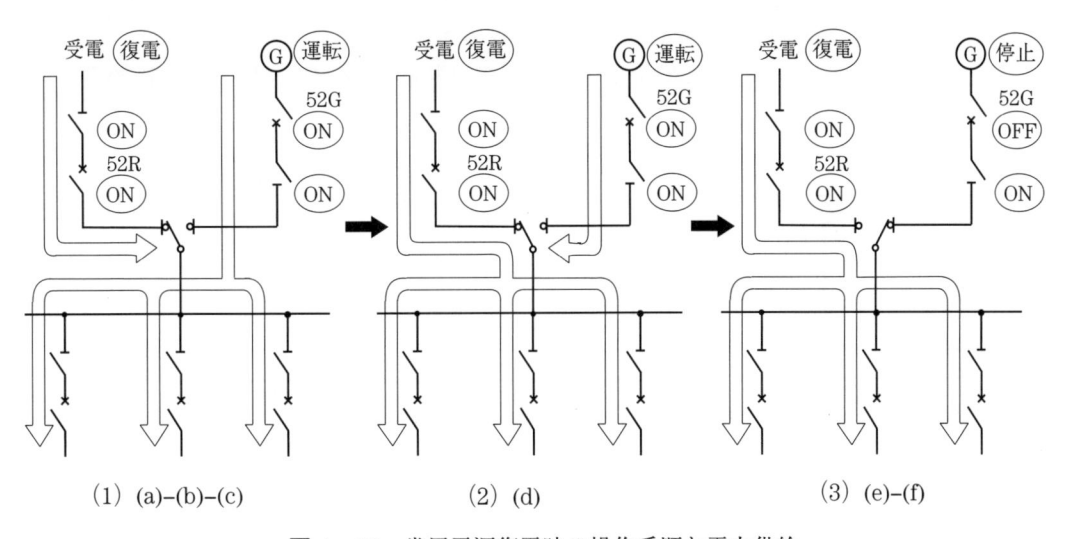

(1) (a)–(b)–(c)　　(2) (d)　　(3) (e)–(f)

図 4・16　常用電源復電時の操作手順と電力供給

(4) 二重母線切換方式

常用電源停電時の操作手順

(a) 常用電源の停電を継電器により検出．
(b) 一定時間後，必要な場合は負荷回路に常用電源停電中の信号を送る．
(c) 常用回路の遮断器（52R）を開放する．
(d) 非常用発電設備を始動する．
(e) 非常用電源に切換える必要のある配電線の遮断器（52F3）を開放する．
(f) 発電機出力電圧の確率を継電器により検出し，発電機回路の遮断器（52G）を投入する．
(g) 非常用電源に切換える必要のある配電線の断路器を非常用母線側に切換え，遮断器（52F3）を投入する．

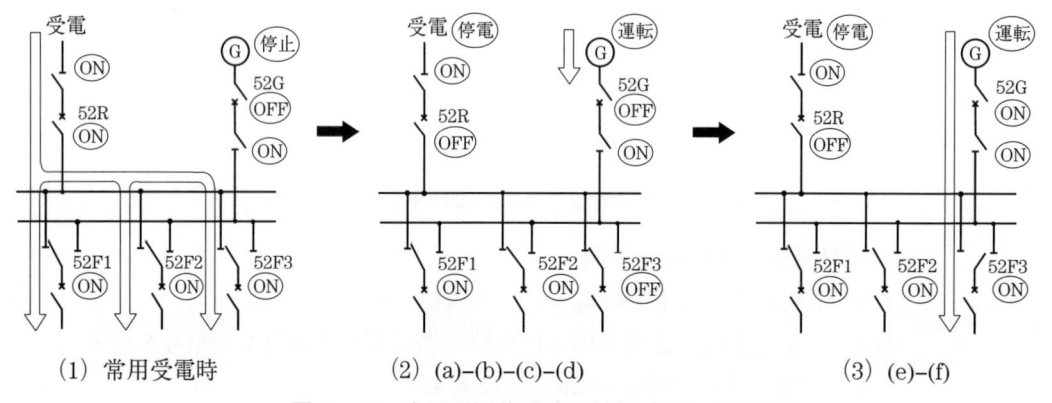

図 4・17 常用電源停電時の操作手順と電力供給

常用電源復電時の操作手順

(a) 常用電源の復電を継電器により検出する．
(b) 一定時間後，必要な場合は負荷回路に常用電源復電の信号を送る．
(c) 常用回路の遮断器（52R）を投入する．
(d) 非常用電源にて給電中の配電線遮断器（52F3）を開放し，断路器を常用母線側に切換える．

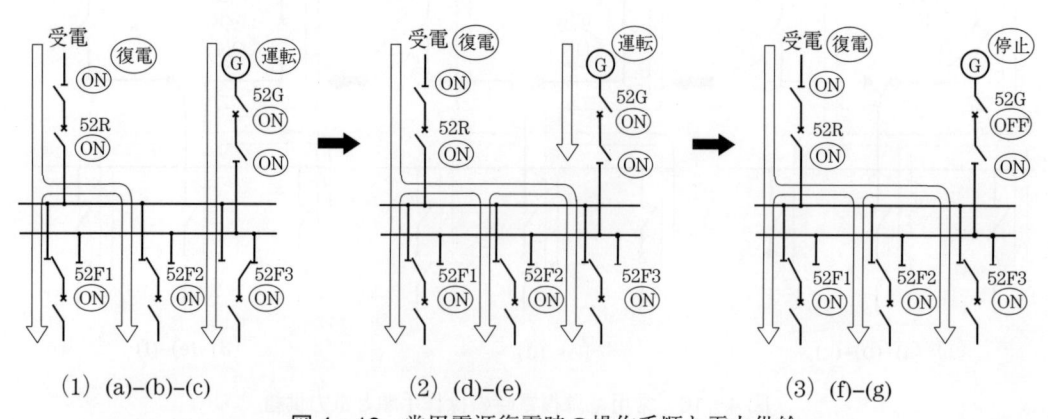

図 4・18 常用電源復電時の操作手順と電力供給

(e) 上記配電線の遮断器を投入する．
(f) 発電機回路の遮断器（52G）を開放する．
(g) 非常用発電設備を停止する．

(5) 二重母線切換方式

常用電源停電時の操作手順

(a) 常用電源の停電を継電器により検出．
(b) 一定時間後，必要な場合は負荷回路に常用電源停電中の信号を送る．
(c) 常用回路の遮断器（52R）を開放する．
(d) 非常用発電設備を始動する．
(e) 発電機出力電圧の確立を継電器により検出し，発電機回路の遮断器（52G）を投入する．
(f) 配電線の常用母線側遮断器を開放し，非常用母線側遮断器を投入する．

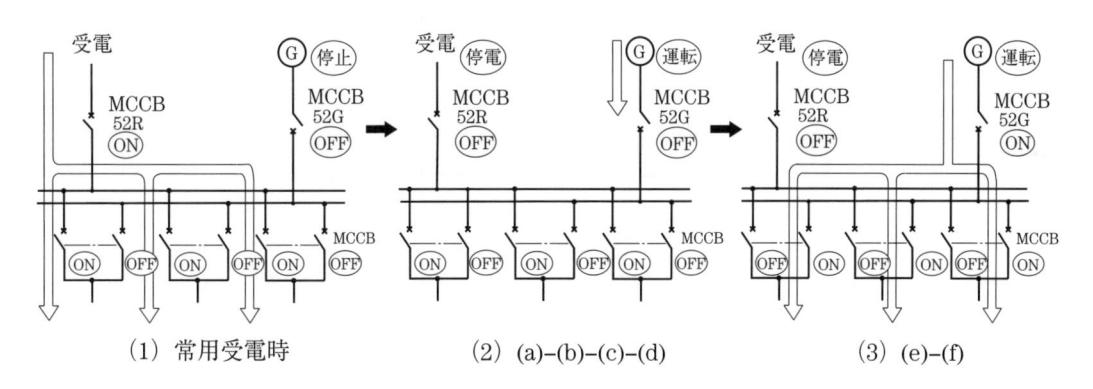

図4・19　常用電源停電時の操作手順と電力供給

常用電源復電時の操作手順

(a) 常用電源の復電を継電器により検出する．
(b) 一定時間後，必要な場合は負荷回路に常用電源復電の信号を送る．
(c) 常用回路の遮断器（52R）を投入する．
(d) 配電線の非常用母線側遮断器を開放し，常用母線側遮断器を投入する．
(e) 発電機回路の遮断器（52G）を開放する．

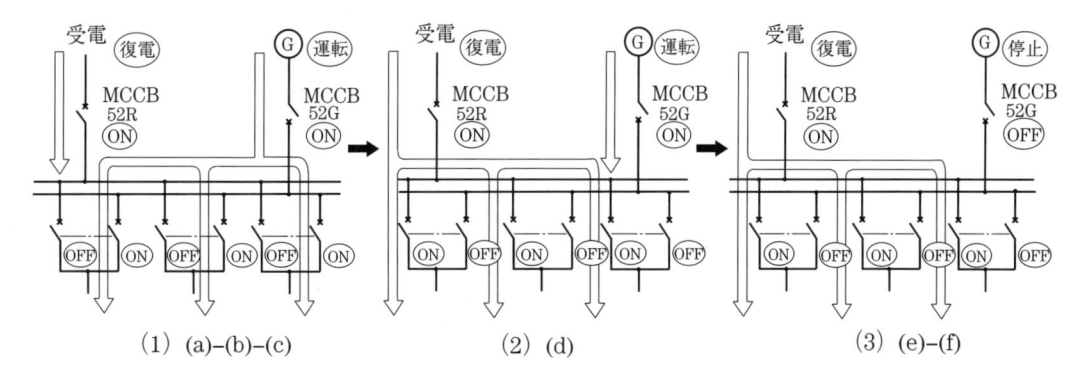

図4・20　常用電源復電時の操作手順と電力供給

(f) 非常用発電設備を停止する．

4・2・3　自動切換方式のフローチャート

　　通常，常用電源と非常用電源の切換えは自動方式により運用されるのが一般的です．またこれらの自動回路はシーケンスにより構成されますが，その動作や機能を分かりやすく表現したものにフローチャートがあります．

　　以下に母連付単一母線切換方式の実施例について紹介します．

(1)　商用 → 自家発　自動切換の例

　　(a)　商用受電中

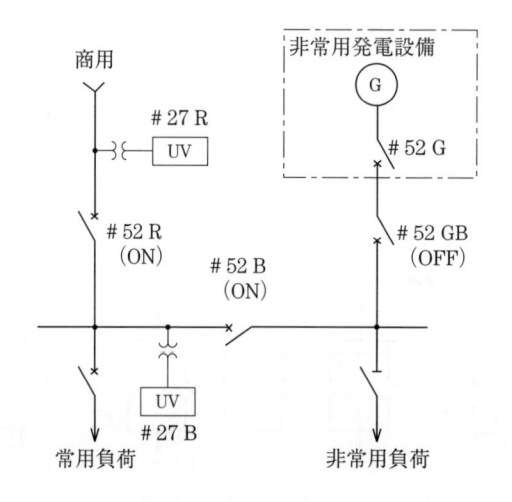

図4・21　商用受電

　　(b)　商用停電（フローチャート①）

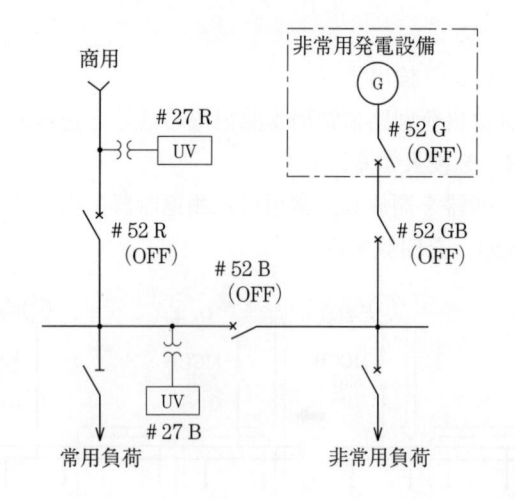

(1) 受電UV #27R 動作により #52R ON → OFF（全停となる）
(2) 常用母線UV #27B 動作により #52B ON → OFF
(3) 受電UV #27R 動作により停電確認時限後，発電機の起動を行う．

図4・22　商用停電

(c) 非常用発電機による給電（フローチャート②）

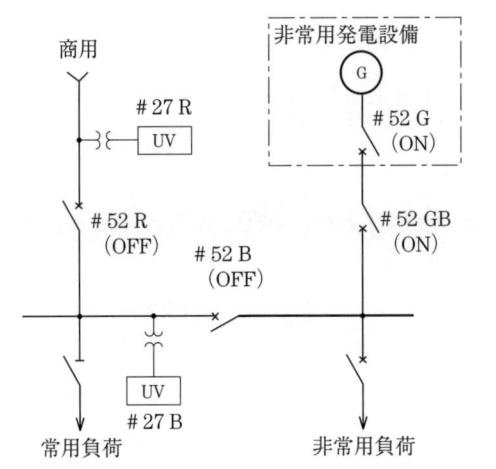

(1) 発電機電圧確立後，自家発 CB #52 G OFF → ON
(2) 自家発連絡 CB 投入条件が成立すれば，1秒後に #52 GB OFF → ON
(3) 非常用負荷への給電完了

図 4・23 非常用発電機による給電

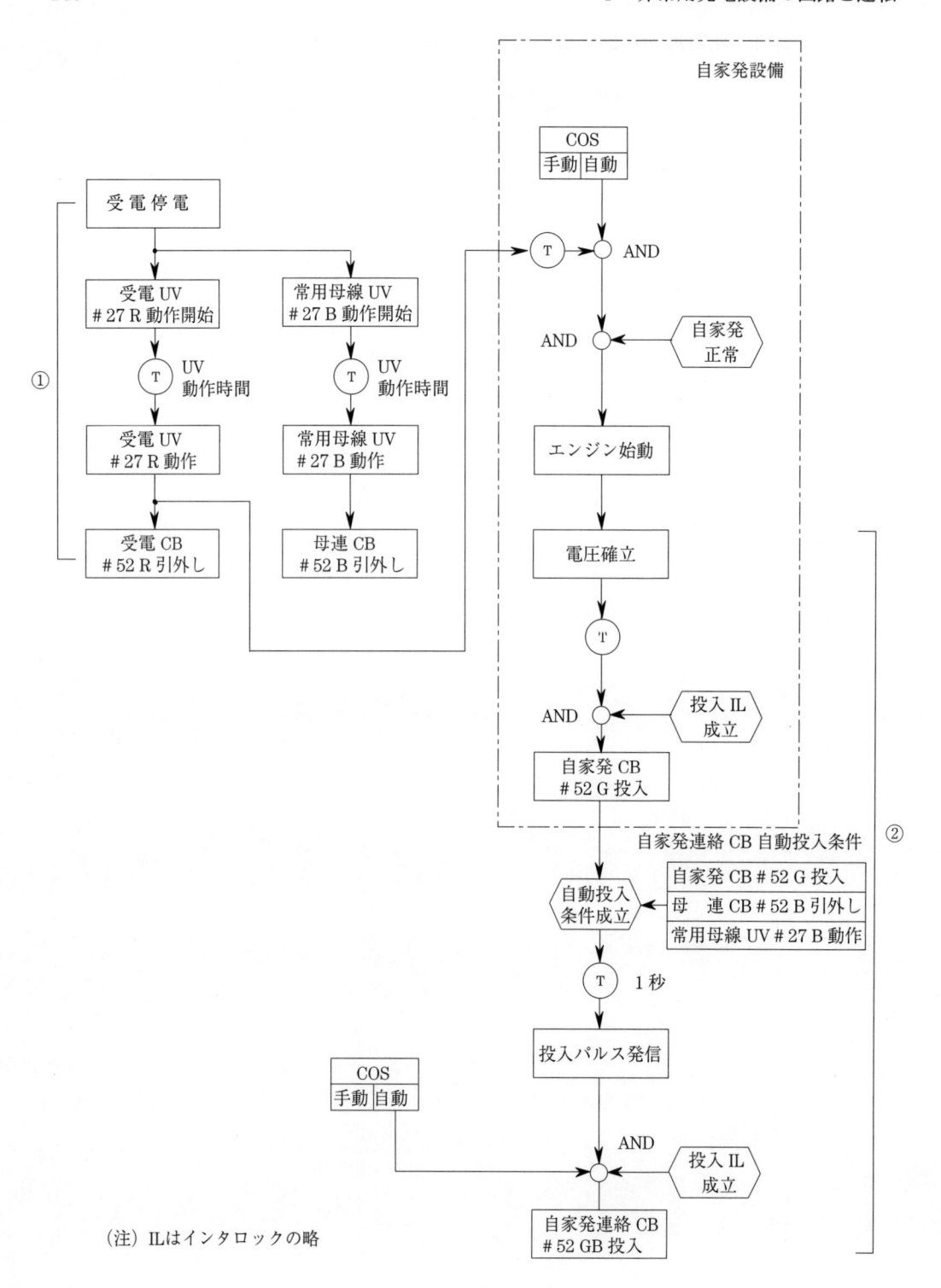

図 4・24 商用 → 自家発自動切換フローチャート

(2) 自家発 → 商用　自動切換の例
(a) 自家発給電中

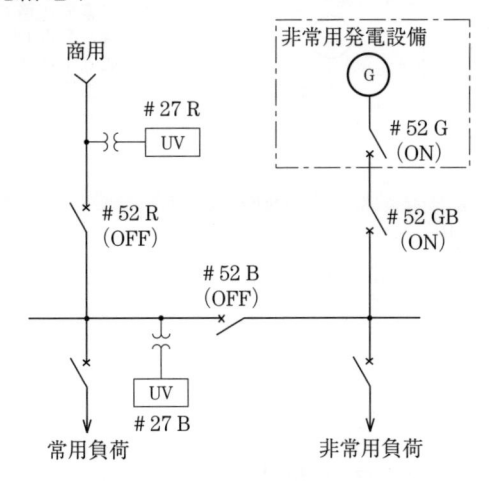

図4・25　自家発より給電

(b) 商用復電（フローチャート③）

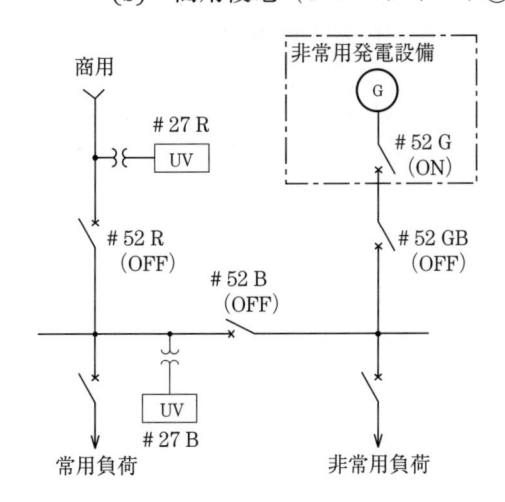

(1) 受電 UV ♯27 R 復帰により復電確認タイマが動作し，自家発連絡 CB ♯52 GB ON → OFF（全停となる）

図4・26　商用復電

(c) 商用電源による常用負荷への給電（フローチャート④）

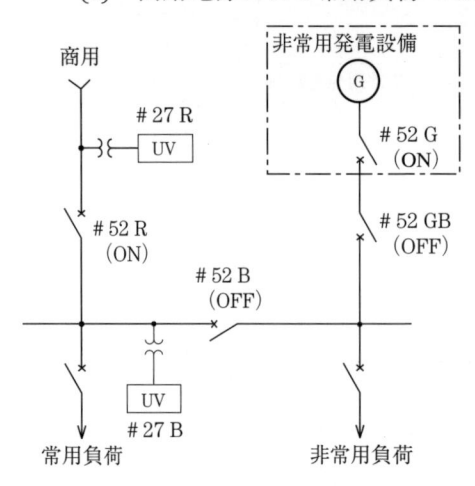

図4・27 商用電源より常用負荷へ供給

(1) 自家発連絡CB #52GB引外し後，受電CB #52R投入条件が成立すれば #52R OFF→ON
(2) 商用電源による常用負荷への給電完了

(d) 商用電源による非常用負荷への給電（フローチャート⑤）

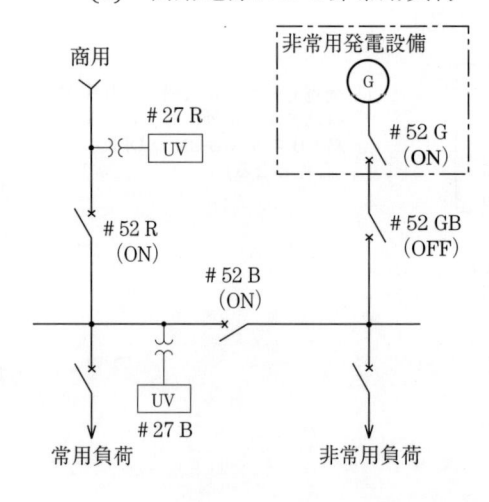

図4・28 商用電源より非常用負荷へ供給

(1) 常用母線UV #27Bが復帰すれば，1秒後に母連CB #52B OFF→ON
(2) 商用電源による全負荷への給電完了

(e) 非常用発電機停止（フローチャート⑥）

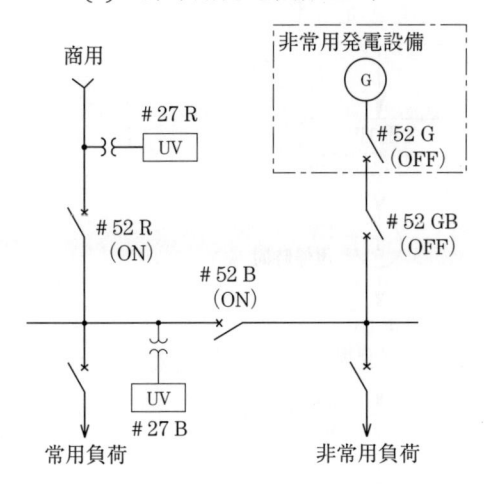

(1) 常用母線 UV ＃27 B 復帰信号を受けて自家発 CB ＃52 G ON → OFF
(2) 発電機無負荷運転を一定時間行った後，発電機自動停止となる．

図4・29 非常用発電機停止

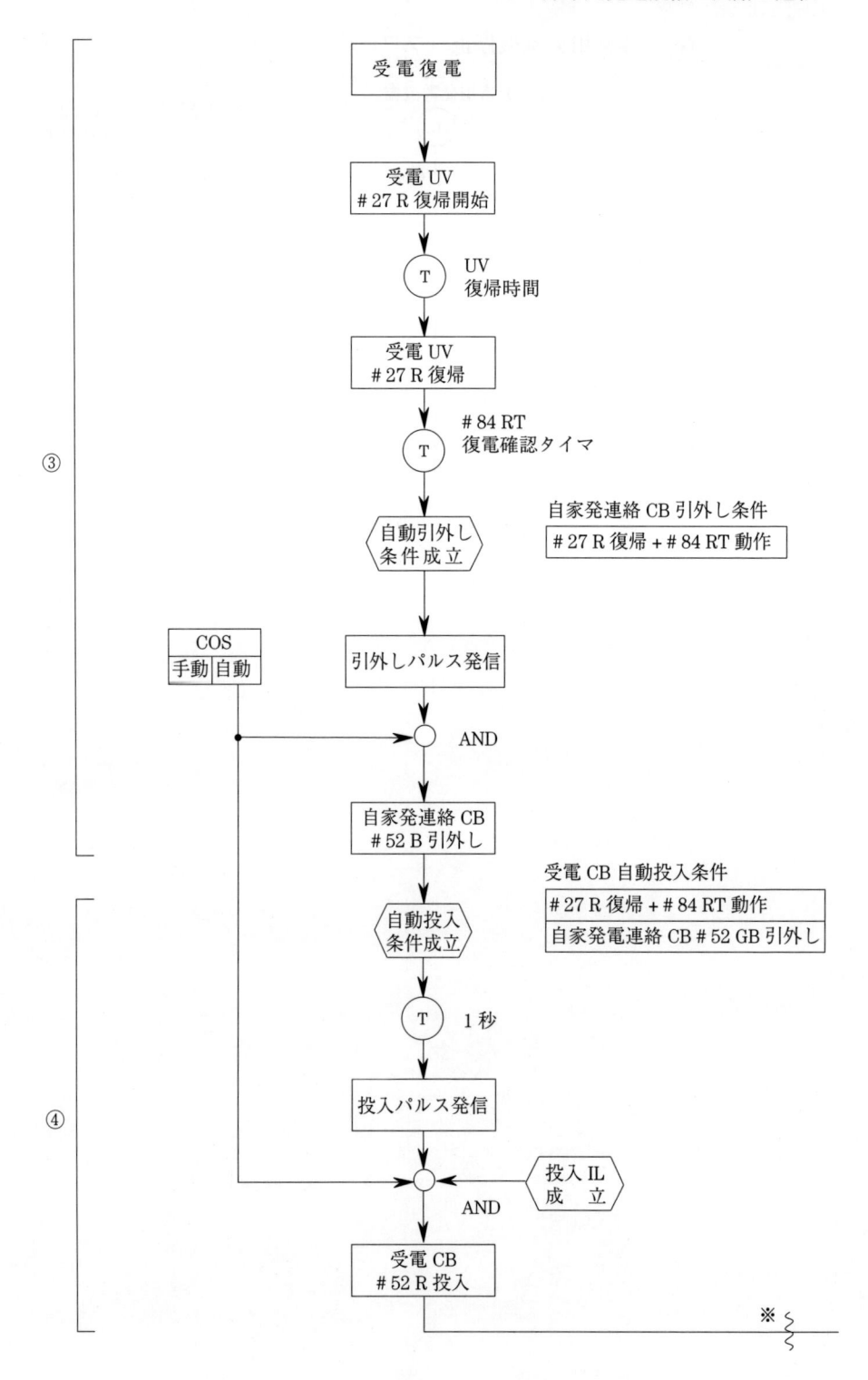

図4・30 自家発→商用自動切換フローチャート

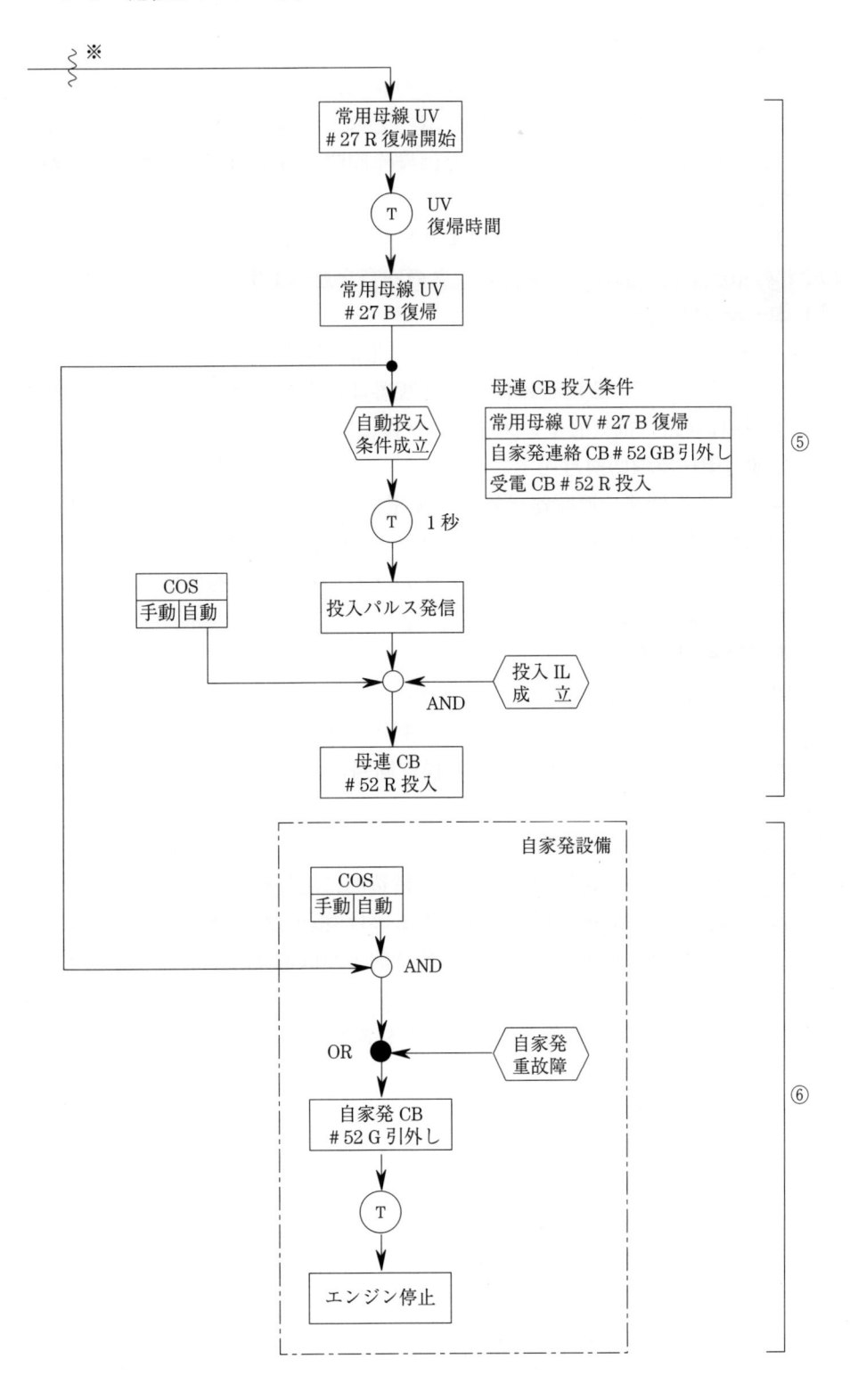

4・2 運転とインタロック

※

```
常用母線UV
#27R復帰開始
      ↓
     (T) UV復帰時間
      ↓
常用母線UV
#27B復帰
      ↓
  自動投入
  条件成立           母連CB投入条件
      ↓            ┌─────────────────────┐
     (T) 1秒        │ 常用母線UV#27B復帰   │
      ↓            │ 自家発連絡CB#52GB引外し│
  投入パルス発信    │ 受電CB#52R投入       │
      ↓            └─────────────────────┘
  COS
  手動|自動
      ↓
     ○ AND ← 投入IL成立
      ↓
  母連CB
  #52R投入
```

⑤

自家発設備
```
  COS
  手動|自動
      ↓
     ○ AND
      ↓
     ● OR ← 自家発重故障
      ↓
  自家発CB
  #52G引外し
      ↓
     (T)
      ↓
  エンジン停止
```

⑥

4・2・4 切換回路のインタロック

　非常用発電設備は，一般に常用電源との並列運転は許されないため，前述の操作の過程において一時的にもしろ，誤って常用電源と接続されることのないよう，必らず機械的インタロックまたは操作回路に電気的なインタロックが施されます．
　その内容は切換回路の系統構成により当然相違します．以下に4・1・2のそれぞれの系統構成におけるインタロックの内容を述べます．

(1) 単一母線切換方式

　（図4・2）常用回路の遮断器（52R）と，発電機回路の遮断器（52G）いずれか一方が投入されている場合には他の遮断器は投入できないよう，それぞれの遮断器の操作回路に電気的インタロックを施します．

(2) 母連付単一母線切換方式

　（図4・3）常用回路の遮断器（52R），発電機回路の遮断器（52G）ならびに母線連絡用遮断器（52B）のうちいずれか2台の遮断器が投入されている場合には，残り1台の遮断器は投入できないよう，それぞれの遮断器の操作回路に電気的インタロックを施します．

(3) 電源直接切換方式

　（図4・4）電源切換用の開閉器は，両電源に同時に接続できないような機械的インタロックの施された3極双投のものを利用します．なお動力操作のものにおいては，機械的インタロックの上に，操作回路には電気的インタロックをも施します．

(4) 二重母線切換方式（高圧）

　（図4・5）配電線の母線切換用断路器は構造的に両母線に同時に接続できないような3極双投の断路器を使用するか，あるいは3極単投の断路器2台を組合せて使用し，2台が同時に投入できないよう機械的または電気的インタロックを施します．
　なお，この断路器と配電線の遮断器の間に断路器が負荷電流の開閉をしないよう電気的なインタロックを施すことは，常用電源，非常用電源の切換操作に関係なく，一般の受変電設備の場合と同様です．

(5) 二重母線切換方式（低圧）

　（図4・6）配電線の遮断器は配線用遮断器のように構造的に機械的インタロック装置の取付が可能なものを使用する場合には機械的インタロックを施します．
　ただし，一般には遮断器の取付方法などとの関係で機械的インタロックを設けることが不可能な場合が多いです．なお動力操作の場合には，両遮断器中いずれか一方が投入中は他の遮断器が投入できないよう，それぞれの遮断器の操作回路に電気的インタロックを施します．

4.3 常用発電機と非常用発電機の兼用

　常用発電機と非常用発電機を兼用できれば，設備の有効利用がはかれるほか，非常用発電機としての信頼性も上げることができます．常用発電機は，電気事業法により規制を受けるのに対し，自家発電設備（非常用発電機）は電気事業法以外に消防法により主として規制を受けます．また，技術的思想も異なります．

4・3・1　常用発電機が非常用発電機として兼用が認められる条件

　現時点（平成7年11月現在）で，消防関係機関からの通達類を要約すると，以下のような条件を満たせば原則として認められます．

(1)　燃　料

(a)　燃料の種類

　表4・1のように石油類，ガス類の使用が認められています．

表4・1　燃料の種類

燃料の種類			主燃料	予備燃料
液体燃料		A重油，灯油など石油類	○	○
気体燃料	コージェネレータが貯蔵可能な燃料	圧縮天然ガス（CNG）液化石油ガス（LPG）	○	○
	コージェネレータが貯蔵不可能な燃料	都市ガス	○	

　参考として使用燃料については次のような消防庁の通達類の変更がありましたので紹介しておきます．

　① （昭和48年消防庁告示第1号）
　　　非常用発電機の燃料は液体燃料のみ．
　② （昭和58年消防庁第201号）
　　　主燃料を都市ガスとした場合の予備燃料は貯蔵液体燃料とする（デュアルフューエルエンジン）．
　　　さらに，この後，主燃料を気体燃料とし，予備燃料を貯蔵気体燃料とする方式も認められた．
　③ （平成6年消防庁第137号）

主燃料を都市ガスが地震発生時においても安定供給（ガス圧がB以上）できれば予備燃料の設置は不要．また，予備燃料を設置する場合は，その量は従来より低減された（常用防災兼用ガス専焼発電設備）．

(b) 予備燃料

① 予備燃料を設置する場合

・主燃料の供給が遮断された場合に備え，予備燃料の確保が必要です．

・（デュアルフューエルエンジンの場合の）予備燃料としての液体燃料貯蔵量は1日の最大使用量に2時間分を加えた量以上であること．（消防庁通達　昭和58年消防予第201号）

・（常用防災兼用ガス専焼発電設備の場合の）予備燃料にガス燃料（CNG，LPG）を使用する場合は，防災負荷の1時間分と予備燃料システムのチェック用ボンベ1本分の量でよい．（消防設備用発電設備技術指針　平成6年発行）

② 予備燃料の設置を要しない場合

主燃料の供給体制の確保，設備の耐震措置の実施等により，主燃料の安定

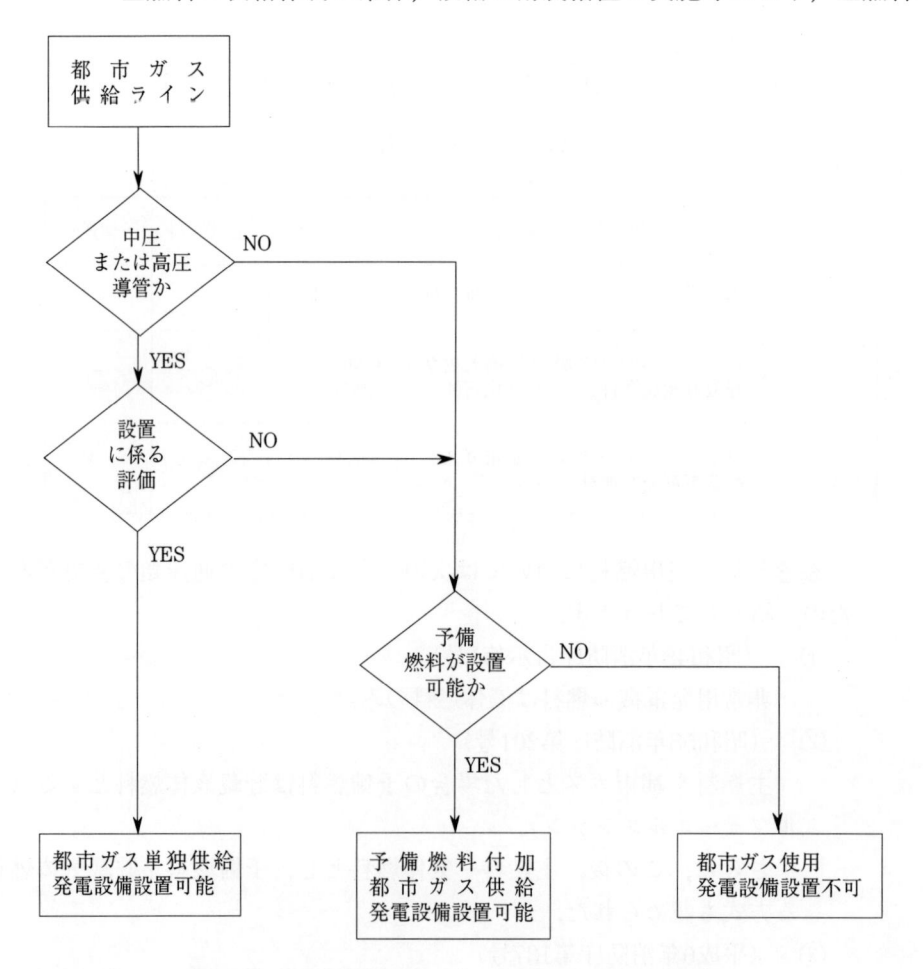

図4・31　常用防災兼用ガス専焼発電設備の設置フロー

4・3 常用発電機と非常用発電機の兼用

供給が確保されていると認められるものにあっては，予備燃料の設置を要しません．

③ 都市ガスを使用する常用防災兼用ガス専焼発電設備を設置する場合の基本的考え方のフローは，図4・31のようになります．

(2) 従来方式と今回認められたガス専焼エンジン（常用・非常用兼用方式）について

(a) 従来方式の場合

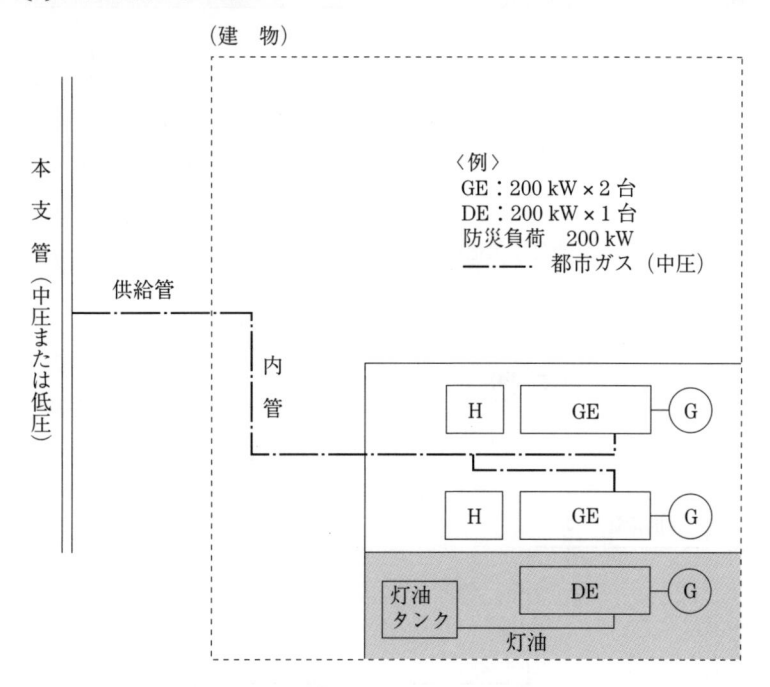

〈例〉
GE：200 kW × 2 台
DE：200 kW × 1 台
防災負荷　200 kW
―・― 都市ガス（中圧）

G：発電機　　　　　GE：常用ガスエンジン
　　　　　　　　　　　（コージェネレーション用）
H：排熱回収器　　　DE：非常用ディーゼルエンジン
　（ボイラ等）

図4・32　常用ガスエンジン（中圧または低圧）
　　　　＋非常用ディーゼルエンジン（灯油）

(b) 今回認められた常用・非常用兼用方式の場合

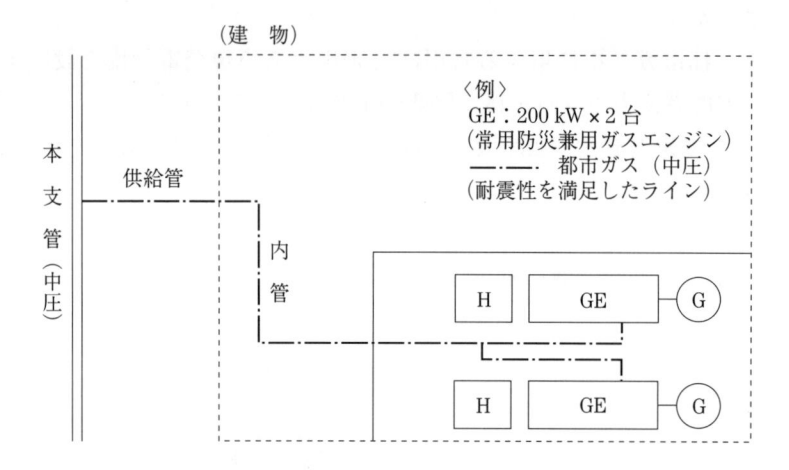

条件：製造設備，高圧導管，中圧導管が300ガル
程度までの地震に耐える場合

図4・33　都市ガス単独供給発電設備

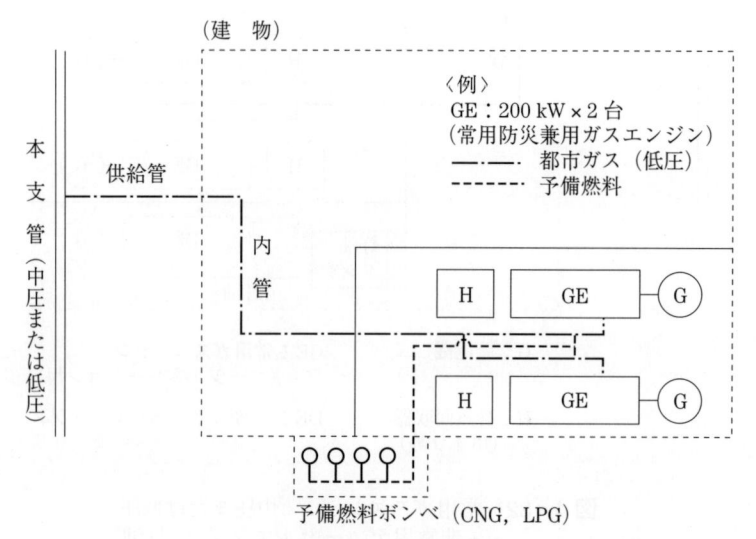

条件：中圧供給で300ガル程度までの地震に耐え
られない場合または低圧供給

図4・34　予備燃料付加による都市ガス供給発電設備

4・3・2　兼用機の出力と設置台数

(a) 出　力

消防用設備等の電源として，1台で防火対象物に設置される消防用設備等を有効に作動させるために必要な出力を有すること．

(b) 設置台数

前記の出力を有するものを2台以上設置すること．

商用電源を常用電源としている場合，建物の火災時に過電流が流れて停電になることが考えられますので，この場合のバックアップとして，非常電源の設置を義務付けているという基本的考え方から，常用電源として1台また非常電源として1台の最低2台が必要されました．また，これは兼用機の保守，点検，故障時のバックアップも主旨としています．

4・3・3　運転方式

(a) 消防用設備等以外の機器等にも供給する場合は，
① 火災が発生した場合には，火災発生信号により，消防用設備等を作動させるために必要な出力を確保できる措置を講じます．
② 火災発生の信号は，屋内消火栓設備の起動信号，スプリンクラ設備の水圧低下信号等の防火対象物の実態に即した最も有効なものによります．
③ 消防用設備等を有効に作動させるために必要な出力の確保は自動的に行えるものとし，電源投入までの所要時間は40秒以内とします．

(b) 予備燃料を設置するものは，主燃料の供給が絶たれた場合に，自動的に予備燃料に切り替え，電源投入までの所要時間は40秒以内とします．

4・3・4　その他

(a) 排熱回収部分の仕様

排熱ボイラなどの排熱回収部分は切り離しができなければなりません．このためには，たとえば非常時には排ガスはバイパスダクトにより排熱ボイラをバイパスできるような切替ダンパを設けることが必要です．

(b) 非常電源の共同使用

所轄の消防署との協議が必要です．例を表4・2に示します．

4・3・5　非常用として設置された発電装置を常用として使用する場合

このような場合，原動機の定格出力の低減および燃料貯蔵タンクの容量アップのほか，技術基準に基づき，次のものを追加しなければなりません．また，当然のこととして，監督官庁への申請手続きも行わなければなりません．

(1) 原動機の定格出力の低減
(2) 燃料貯油槽の容量アップ
(3) 潤滑油槽の容量アップ
(4) 軸受温度計（警報接点付き）
(5) 固定子巻線温度計（小容量機の場合は，固定子の鉄心に温度計をパテではり付けて間接的に測定する．）
(6) 内部故障検出継電器

特に(5)については設備後の改造は困難を伴うので，温度計を何らかの方法で鉄心に埋め込むことで，これに代えてもよいとされています．

表 4・2 非常電源の共同使用

システム	兼用システム例		
	Ⓐ 発電機負荷／防災設備負荷（1台）／一般負荷	Ⓑ 発電機負荷（複数台）／防災設備負荷（1台）／一般負荷	Ⓒ 発電機負荷（複数台）／防災設備負荷（複数台）／一般負荷
発電機の設置台数 常用専用機	なし	複数台	なし
発電機の設置台数 兼用機	1台	1台	複数台
発電機の設置台数 非常専用機	なし	なし	なし
法的可能性	不可能	可能	可能 複数台の兼用機で防災設備負荷を分担する場合は，所轄の消防署との協議により可能。

Ⓖ：常用専用機　　Ⓖ：兼用機

4・3　常用発電機と非常用発電機の兼用

　　　以上の措置により常用としての使用は可能ですが，非常用は一般的に高速起動等の理由により，原動機の回転数は高めで運転されており，フィルタやパッキン等の付属品類も短時間運転（法的には2時間，一般的実力は10時間程度と言われている．）を想定して設計・製作されているので，これを常用利用すると寿命が当然短くなるため，常用運転とは言え，運転−休止のインターバルは当然必要であり，長時間連続の常用使用は一般的に困難とされています．

(注) (1)　機関メーカに常用使用時の出力を確認する必要がありますが，一般的には20〜30％程度出力を低減する必要があります．
　　 (2)　運転時間が長期にわたる場合は，燃料のみならず潤滑油槽の容量についても油槽を大きくする必要が生じてきます．

第5章　新エネルギーを利用した各種発電システム

5.1　新エネルギーの概要

　わが国ではエネルギーの安定供給と地球環境保全がエネルギー政策の基本原則です．この2つの課題に対応する解決策の一つが新エネルギーであり，国の施策として積極的な導入が図られています．新エネルギーは形態によって次のように分類されます．

(1)　再生可能なエネルギー

　太陽光や風力のように自然から繰り返し得られるエネルギーで，最大の特徴は無尽蔵で有害物質をほとんど排出しないクリーンなエネルギー源であることです．

　同様のエネルギーとしては波力，潮力，水温度差利用などが挙げられます．

(2)　従来形のエネルギーの新利用形態

　従来のエネルギーを使用するものの，その利用方法を変えてより効率的にあるいはよりクリーンに利用しようとするものです．

　前述のコージェネレーションシステムのように発電と同時に発生する排熱を利用して温水を供給したり，後述する燃料電池のようにLNGなどの燃料を改質して水素を取り出し，大気中の酸素を電気化学的に反応させて発電するシステムなどがこれに該当します．

(3)　未利用エネルギーの活用

　これまでエネルギーとして注目せずに廃棄されていたゴミなどの廃棄物焼却熱，下水熱，工場排熱などの未利用の資源から新しくエネルギーを取り出そうとするものです．

　ここでは，わが国が取り組んでいる主要な新エネルギーのテーマのうち，特

に関心と期待の高い太陽光発電システム，風力発電システム，燃料電池発電システム，ピークシフトシステムについて概説します．

5.2 太陽光発電システムの計画と運転

5・2・1 太陽光発電システムの概要

太陽の寿命は半永久的で燃料代は"ただ"であり，さらに光を直接電気に変えるので燃料を燃やす必要がありません．太陽光発電が無尽蔵でクリーンなエネルギー源と言われる由縁です．しかしながら太陽光発電は天候に左右されます．図5・1に示すとおり，雨天，曇天時には雲に太陽の光が遮られるため，発電能力が低下します．当然のことながら夜間の発電はできません．また，エネルギー密度が希薄で，地上に降り注ぐ太陽光から取り出される電力は晴天時で$100W/m^2$程度であり，大電力を得るには大きな面積が必要となります．

このような使いにくい一面があるものの地球環境への関心の高まりなどを背景として，太陽光発電はクリーンで環境に優しいエネルギーとして将来が大いに期待されています．

ここでは一般的な太陽光発電システムの概説とその計画・運転について説明します．

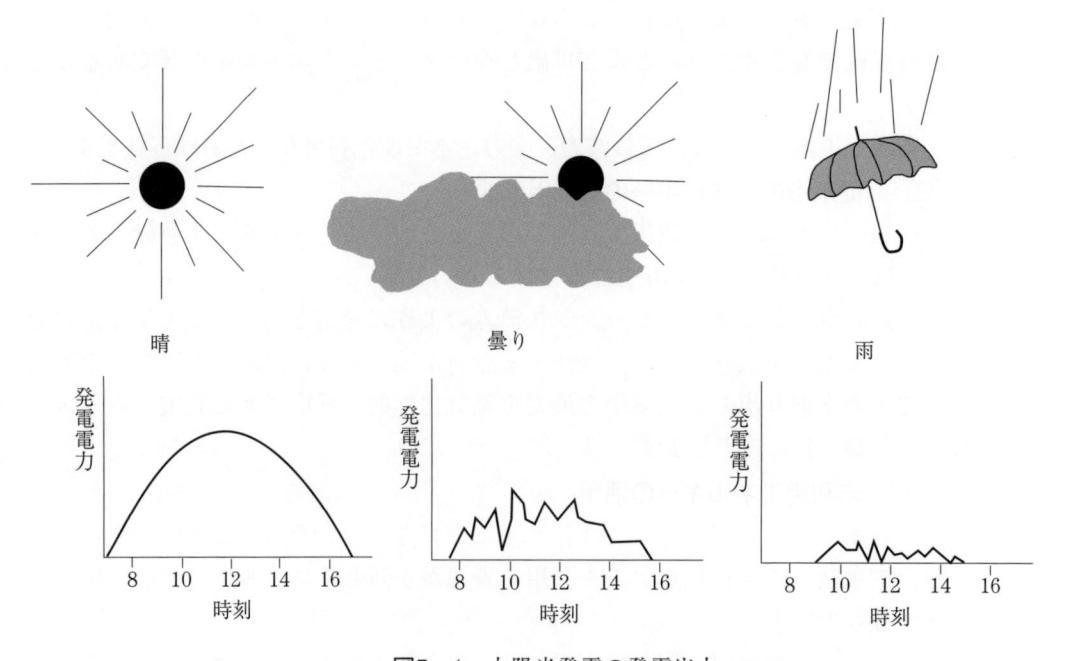

図5・1 太陽光発電の発電出力

5・2・2 太陽電池の原理と種類

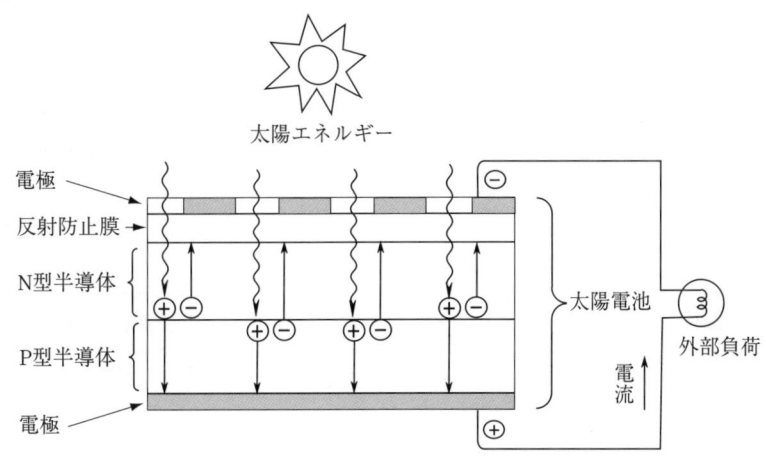

(1) 太陽電池の発電原理

太陽電池の発電原理は図5・2に示すとおり、半導体の光電効果を利用しています。太陽電池は電気的な性質の異なるN型の半導体と、P型の半導体をつなぎ合わせた構造をしています。この2つの半導体の境目をPN接合と呼んでいます。

太陽電池に太陽が当ると、太陽光は太陽電池の中で吸収されます。このとき吸収された光の持っているエネルギーで、＋と－の電気を持った粒子（正孔と電子）が発生して各々自由に太陽電池の中を動き回りますが、電子－はN型半導体の方へ、正孔＋はP型半導体の方へより多く集る性質があります。このため、表面と裏面につけた電極に電球やモータのような負荷をつなぐと電流が流れだします。

図5・2 太陽電池の発電原理

(2) 太陽電池の種類

太陽電池の種類としては、図5・3に示すとおり、半導体の材料の違いにより分類されています。結晶シリコン基板を使用した発電効率の優れた「結晶系」、シリコンを薄膜の形で製作したタイプで低コスト化が期待される「非結晶系（アモルファス）」、さらに化合物の半導体から作られる「化合物タイプ」があり

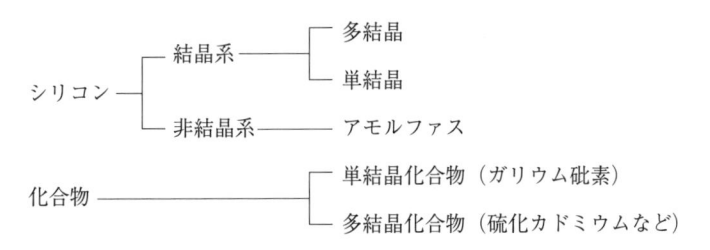

図5・3 太陽電池の種類

ます．
　それぞれ特徴があり，その比較を**表5・1**に示します．
　一般には単結晶，多結晶，アモルファスなどのシリコン系が広く使用されています．

表5・1　太陽電池の特徴

太陽電池の種類	変換効率	信頼性	コスト	製造エネルギー	その他	現在の主な用途
単結晶シリコン	◎ 11～14%	◎	△	△	豊富な使用実績がある	宇宙用 電力用
多結晶シリコン	○ 10～13%	◎	○	○	将来，大量生産に適している	電力用
アモルファス	△ 6～9%	△	◎	◎	初期劣化があるフレキシブルなものが制作可能	民生用（電卓，時計）
単結晶化合物（GaAs系統）	◎	◎	△	△	重く，割れやすい	宇宙用
多結晶化合物（CdS，CdTe，CuInSe$_2$など）	△	△	○	○	資源量が少ない公害物質を含むものがある	民生用

5・2・3　太陽光発電システムの導入効果

（1）　地球の温暖化対策等の環境保全対策

　太陽光発電システムは発電時に地球温暖化の主要因であるCO_2や大気汚染物質の排出がありません．したがって，太陽光発電システムの導入が地球温暖化等の環境保全対策への貢献に結びつきます．

　（参考）　①　商用電力の平均的な排出原単位は次のとおりです．
　　　　CO_2：100 g－c/kWh，SO_x：0.24 g/kWh，NO_x：0.26 g/kWh
　　　　②　太陽光発電システムの場合は次のようになります．
　　　　CO_2：20 g－c/kWh，SO_x：0.11 g/kWh，NO_x：0.08 g/kWh

（2）　省エネルギー・創エネルギー

　太陽光発電システムは太陽光をエネルギー源としているため，発電時に燃料を必要とせず，有限である化石燃料の消費を抑制するという点で「省エネルギー」技術です．
　また，太陽光発電システムを製造する際には燃料（投入エネルギー）を必要

5・2 太陽光発電システムの計画と運転

としますが，投入分以上のエネルギーを化石燃料なしに創出する「創エネルギー」としても評価できます．

(3) ピークカット効果・節電効果

太陽光発電システムによって発電された電力のうち，設置された施設等で消費しない余剰分は系統連系することで電力会社に売電する（逆潮流ありシステム）ことができます．したがって，エネルギー使用の無駄がなく，冷房負荷の大きい夏季昼間などの電力ピークの低減に貢献することができます．

(4) 防災対策

太陽光さえあれば必要な場所で発電できることから，既存の商用系統が震災などで停止した場合の非常用電源としても有効であり，防災対策に役立ちます．（防災形自立運転機能付き太陽光発電システムの場合）

(5) その他

太陽光発電システムには，そのコストや技術だけから判断できないいくつかの価値もあります．たとえば，次のような役割が期待できます．

① 地球環境に負荷をかけないようなモノづくりが問われる時代の象徴（ISO14000「環境ISO」の取得など）

② 環境保全対策や防災に資するまちづくりのシンボル

5・2・4 太陽光発電システムの構成

(1) 太陽光発電システムの構成

太陽光発電システムは一般に図5・4のような装置で構成されています．太陽電池モジュールは，太陽電池（セル）をいくつかつなぎ所定の発電能力を持た

太陽電池 → パワーコンディショナ → 連系保護装置 → 受配電設備 ↔ 系統（～）

- 太陽電池：太陽光エネルギーを直流電気エネルギーに直接変換します．
- パワーコンディショナ：太陽電池の発電能力を最大限に引き出し，系統連系ガイドラインに準拠して，高品質の交流電力を出力します．
- 連系保護装置：系統連系ガイドラインに準拠して，太陽光発電システムの万一の事故を保護します．
- バッテリー装置：災害等で長期停電したときに太陽電池の直流入力がない場合でも，バッテリー装置より直流電源を供給します．
- 負荷

図5・4　太陽光発電システムの構成

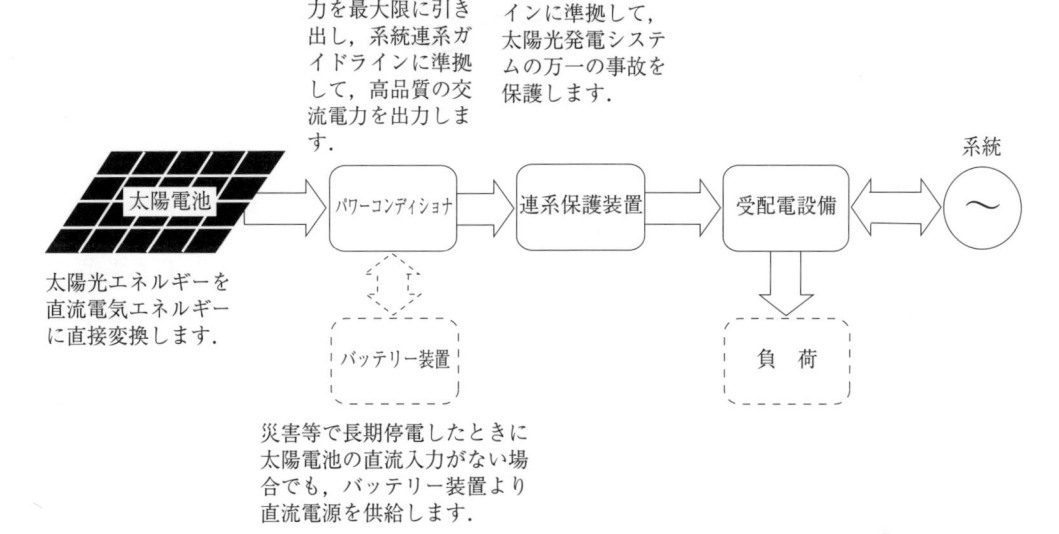

せたものであり，パワーコンディショナは，太陽電池で発電した直流電力を交流電力に変換する装置，連系保護装置は太陽光発電所と電力会社の系統の事故を相互に波及させないための装置です．

太陽光発電システムは，出力が天気に左右されます．そこで，電力会社の配電系統と接続する（系統連系）ことにより，電力が不足しているときには電力会社から買電し，発電量が使用電力を上回るときには，配電系統に送り（逆潮流ありシステム），電気を買い取ってもらうことができます．

また，図5・5に示すようにバッテリー装置を接続することにより，災害等で配電系統と切り離されても単独で運転（自立運転）して負荷に電力を供給できます．

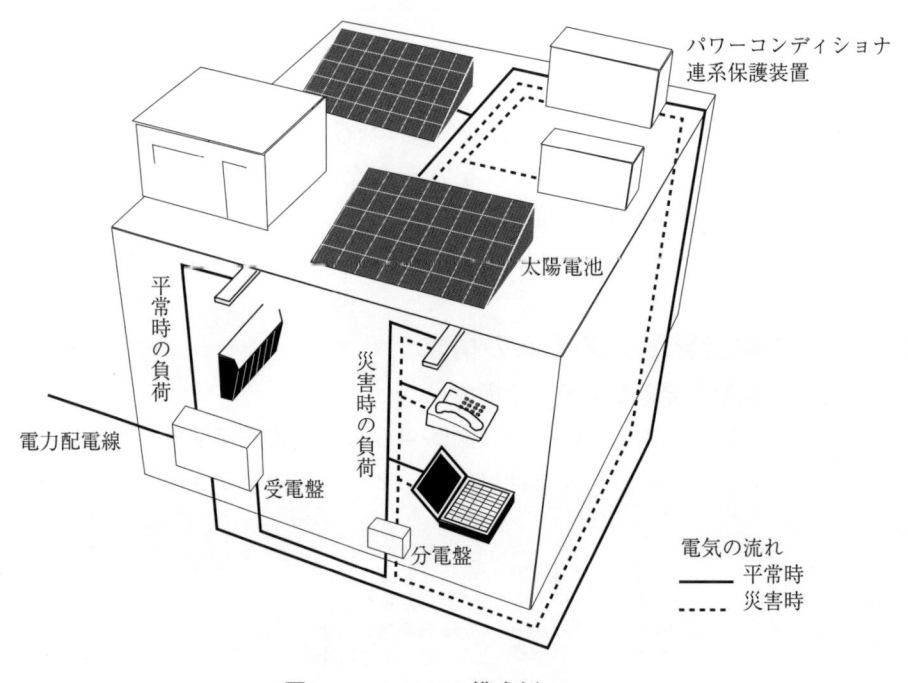

図5・5 システム構成例

(2) 構成機器

(a) 太陽電池アレイ

複数のセルをあらかじめ直列に接続し，パッケージングしたものをモジュールといい，太陽電池モジュールを直並列接続し，所定の出力を得られるように組み合せたものを太陽電池アレイといいます．

(b) パワーコンディショナ

パワーコンディショナは系統と連系する太陽光発電システムの心臓部であり，直流から交流に変換するインバータ機能だけでなく，太陽光発電システムに要求される多くの制御・保護機能を分担しています．

5·2 太陽光発電システムの計画と運転

直列接続パッケージング　　　　　　　直並列接続

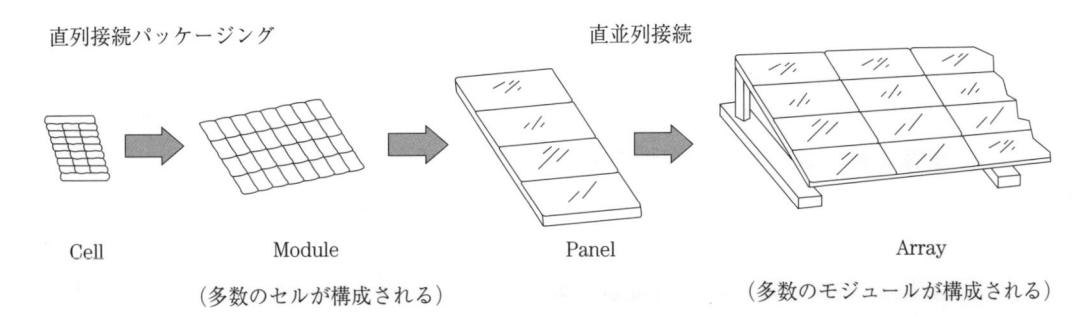

Cell　　　　　　Module　　　　　　Panel　　　　　　Array
　　　　　（多数のセルが構成される）　　　　　　　　（多数のモジュールが構成される）

図5·6　モジュールの構成

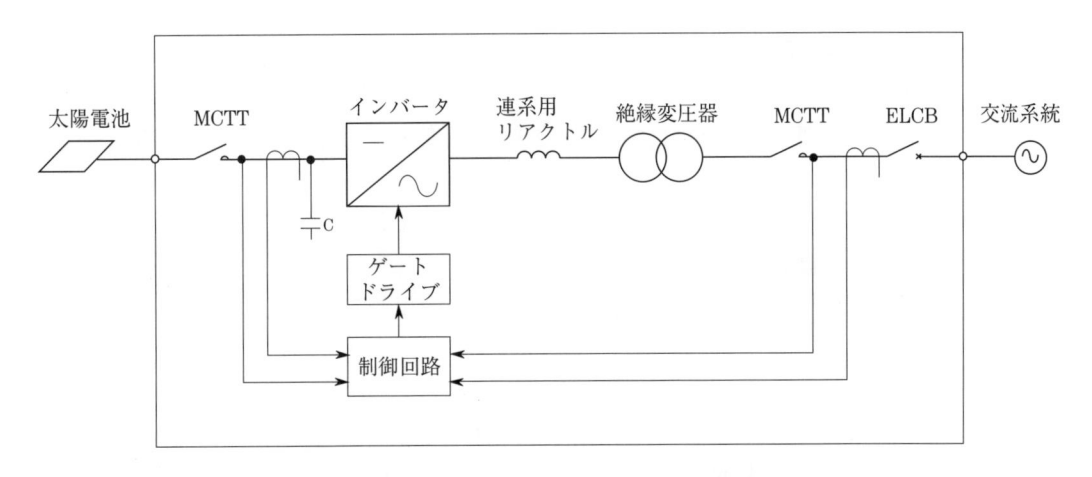

図5·7　パワーコンディショナ構成図

図5·7にその構成図を以下にその代表的な機能を示します．
① 質の高い電力変換
　　太陽電池からの発生電力（直流）を効率よく交流に変換し，不要な高調波電流や無効電力を発生すること無く，品質の高い電力を負荷や配電線に供給します．
② 安定性，安全性
　・交流系統の通常の電圧・周波数変動などの軽微な変動に対し安定に運転します．
　・交流系統に事故が発生した場合や，パワーコンディショナ内部の異常時には，すみやかに交流系統との連系を遮断し安全に停止します．
　・交流系統の停止時に太陽光発電システムを確実に系統から切り離すため，単独運転検出機能を有し，パワーコンディショナの単独運転を防止します．
③ 起動／停止
　　太陽電池の出力を監視して自動的に起動・停止を行います．

④ 最大電力追従制御

太陽電池は直流電源の中でも極めて異質な発電源であり，日射強度や太陽電池モジュールの温度などによって変動する出力電圧により，図5・8に示すように発電電力が山形に変化します．最大電力追従制御は，この太陽電池の出力特性に応じて，太陽電池から得られる電力が常に最大になるよう制御します．

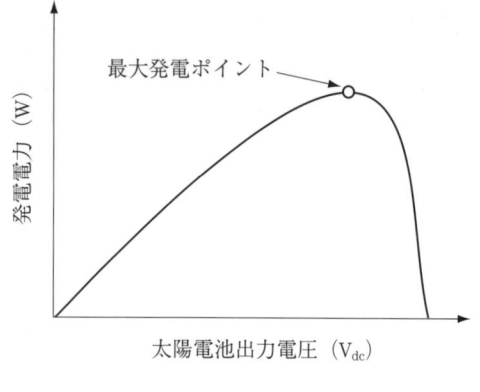

図5・8 太陽電池の出力特性

(c) 系統連系保護装置

太陽光発電システムを電力会社の配電系統に連系する場合，電力の供給信頼度・電力品質・公衆および作業者の安全確保のために，システムを設置した需要家の構内事故や電力会社の配電系統事故時に，事故の除去，事故範囲の局限化を行うために次の考え方に基づき系統連系保護装置を設置する必要があります．

① 太陽光発電システム設置需要家の構内事故に対しては，構内で確実に検出・除去し，連系系統に事故が波及しないこと．また，このとき太陽光発電システムは即時に解列されること．

② 連系された配電系統の事故時に対しては，迅速かつ確実に系統から太陽光発電システムを解列して，一般需要家を含むいかなる部分系統においても単独運転が生じないこと．

③ 上位送電系統事故時など，当該系統の電源が損失した場合にも太陽光発電システムが高速に解列されること．

④ 事故時の再閉路時に，太陽光発電システムが確実に電力系統から解列されていること．

⑤ 連系された系統以外の事故時には太陽光発電システムは解列されないこと．

以上のような考え方に基づいて，具体的には資源エネルギー庁監修の「電力系統連系技術要件ガイドライン」に示す種々の保護継電器を設置する必要があります．

5・2・5 分散設置方式太陽光発電システム

太陽光発電システムでは，所要発電容量に見合うパワーコンディショナを設置する集中形が一般的ですが，容量が大きくなると太陽電池の面積も大きくなり，太陽電池の配線を集約する中継端子箱が必要となったり，直流ロスも無視できなくなります．これに対して，10kW程度の小容量で太陽電池とパワーコンディショナをユニット化し，それを複数台組み合せることで太陽光発電システ

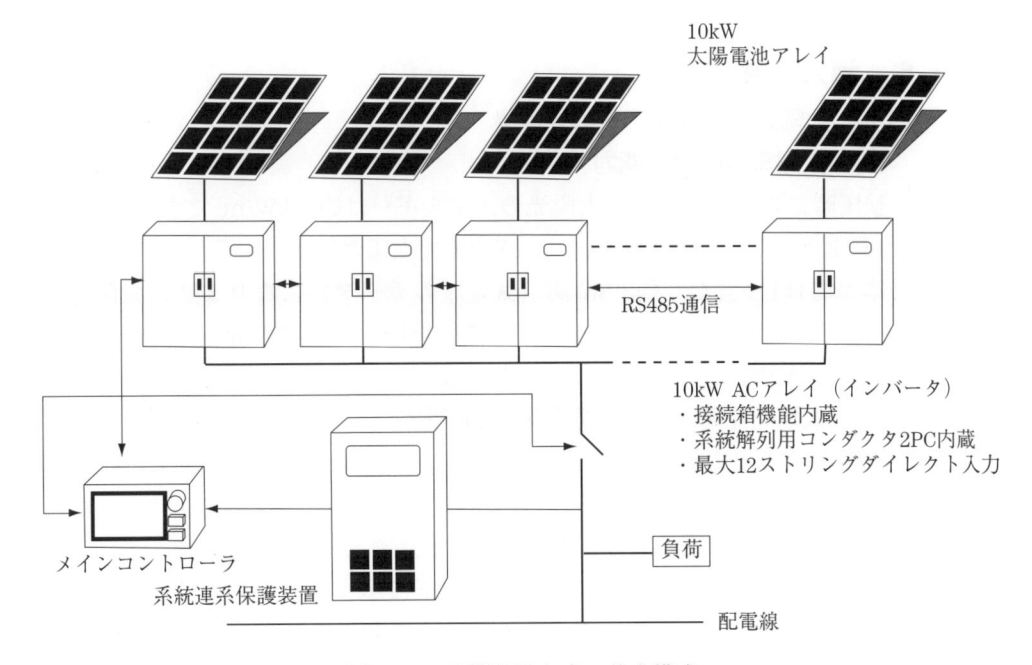

図5・9　分散設置方式の基本構成

図5・10　分散設置方式の設置状況

ムを構成する分散設置方式が実用化されています．

　図5・9に分散設置方式の基本構成を，図5・10に設置状況を示します．

　パワーコンディショナは太陽電池近傍に設置され，太陽電池出力を直接入力するとともに，中継端子箱が不要となっています．また，分散設置される各パワーコンディショナは通信線により，メインコントローラーで一括管理され，交流出力のバランス制御も行いますので，集中型と同じ出力特性が得られます．分散方式は小容量ユニット単位で最大電力追従制御を行う関係で，集中形に見られる部分的な日影による効率低下がなく，むしろ集中型に比べて高効率といえます．

　また，ユニット化による量産効果で低コスト化が図れます．

5・2・6　導入計画

(1)　太陽光発電システムの発電量

(a)　太陽電池の発電能力

快晴時に地上に降り注ぐ太陽光のエネルギーは約1kW/m^{2}です．

1年を平均して，晴天時つまり1kW/m^{2}で太陽が照っている時間に換算すると，日本の場合1日当たり約3.8時間（気象庁のデータ）になります．太陽電池の効率を10％とすると，1m^{2}の太陽電池では1日当たり1kW/m^2×10％×3.8h/日＝0.38kWh/m^{2}の発電量が得られることになります．

(b)　太陽光発電システムの発電量の予測

太陽電池の出力性能は，一般にAM－1.5（AMとは，Air Mass［通過空気量］の略で，直達日射が通過する大気の長さを表す単位），日射強度1kW/m^2，素子温度25℃における最大出力を表しています．

しかし，太陽電池を使用する場合は以下に示す種々の要因により出力が低下しますので，実際の予測発電量を計算する場合はこれらの要因を考慮する必要があります．

$$P = K_1 \times K_2 \times K_3 \times K_4 \times K_5 \times W$$

ここに　P：負荷へ供給できる電力

　　　　K_1：温度に対する補正係数（結晶系電池の場合1℃上昇すると0.5％変換効率が低下する．）

　　　　K_2：表面汚損，経時変化による出力補正係数

　　　　K_3：直流廻路のロス系統

　　　　K_4：最大出力点からのずれによるロスに対する補正係数

　　　　K_5：パワーコンディショナの変換効率

　　　　W：太陽電池の定格出力容量

予測例として表5・2に大阪地区に10kWの太陽光発電システムを設置した場合の予測発電量を示します．

この結果，大阪地区に10kWの太陽光発電システムを設置した場合，年間約11000kWhの発電量が期待されます．図5・11に計算結果の月別グラフを示します．

ここでは，太陽電池モジュールの温度上昇を設置場所の月平均気温より30℃上がるものとしてK_1を求めるとともに，その他の係数については1000kWのシステムを1年間運転した場合の報告書（電気学会技術報告「太陽エネルギー技術の基礎と応用」）より，K_2＝1％，K_3＝2.8％，K_4＝2.9％，K_5＝92％として（K_2～K_5総合で0.85）実際の発電量を予測しました．

(2)　建設コスト

30kWの太陽光発電システムを導入した場合の試算例を業務用電力で受電している施設を例に示します．まず概略建設コストは，

5・2　太陽光発電システムの計画と運転

表5・2　10kW設置時の予測発電量

（設置場所：大阪、傾斜角：20、方位角：0）

	1月	2月	3月	4月	5月	6月	7月
月平均傾斜面全天日射量 （Wh/m²・日）	3015	3469	4167	4602	4930	4372	4753
日射強度1kW/m²の日射時間 （h/日）	3.02	3.47	4.17	4.60	4.93	4.37	4.75
太陽電池容量 （kW）	10	10	10	10	10	10	10
1日当たりの平均発電量 （kWh/日）	30.2	34.7	41.7	46.0	49.3	43.7	47.5
月当たりの平均理論発電量 （kWh/月）	934.8	971.4	1291.6	1380.6	1528.3	1311.7	1473.5
月平均気温 （℃）	5.7	8.7	10.4	14.9	19.1	24.5	28
気温を考慮した発電係数	0.9465	0.9315	0.923	0.9005	0.8795	0.8525	0.835
月当たりの平均温度補正発電量 （kWh/月）	884.75	904.86	1192.17	1243.27	1344.17	1118.23	1230.41
実際の発電予測量 （kWh/月）※	752.04	769.13	1013.35	1056.78	1142.55	950.50	1045.85

	8月	9月	10月	11月	12月	1年合計	月平均
月平均傾斜面全天日射量 （Wh/m²・日）	5085	4153	3798	3314	2925		4049
日射強度1kW/m²の日射時間 （h/日）	5.09	4.15	3.80	3.31	2.93		4.05
太陽電池容量 （kW）	10	10	10	10	10		
1日当たりの平均発電量 （kWh/日）	50.9	41.5	38.0	33.1	29.3		40.5
月当たりの平均理論発電量 （kWh/月）	1576.5	1245.8	1177.5	994.1	905.8	14792.6	1232.7
月平均気温 （℃）	29.5	25.4	18.9	14.8	9.4		
気温を考慮した発電係数	0.8275	0.848	0.8805	0.9.1	0.928		
月当たりの平均温度補正発電量 （kWh/月）	1304.52	1056.41	1036.76	895.66	841.50	13052.73	1087.73
実際の発電予測量 （kWh/月）※	1108.85	897.95	881.24	761.31	715.28	11094.82	924.57

（注）※：設備ロス・変換効率を考慮した発電量

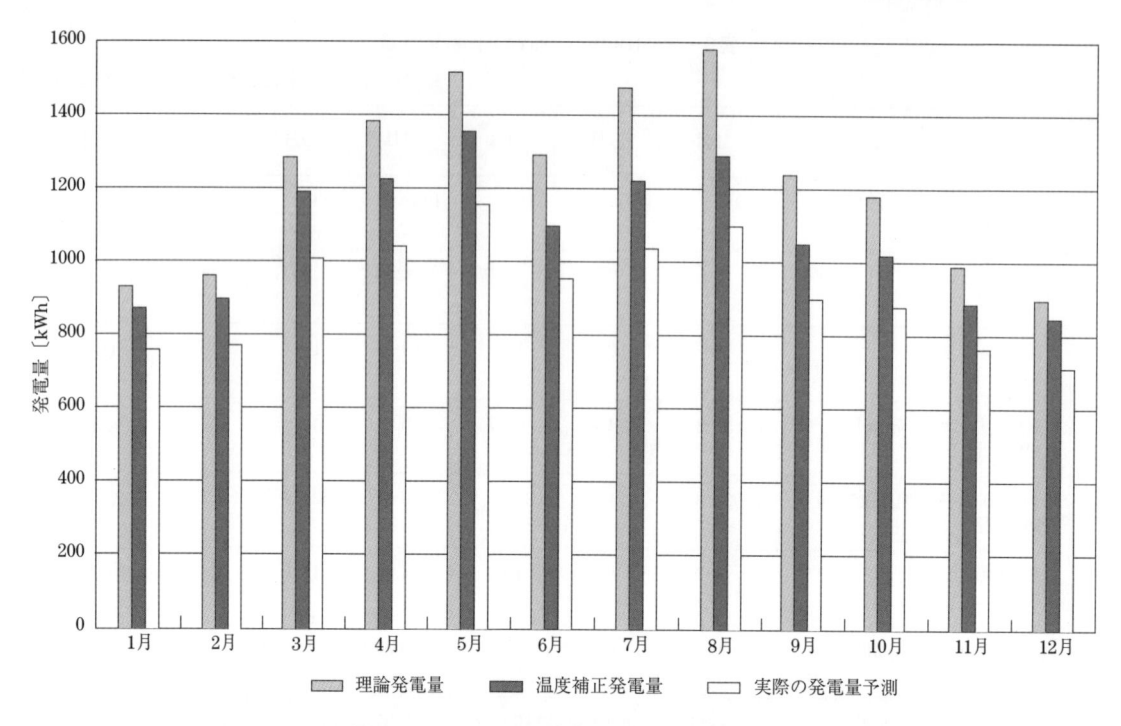

図5・11　10kW設置時の予測発電量グラフ

　　　　太陽電池：1500万円（500円/Wと仮定）
　　　　架台：300万円
　　　　電力変換装置：1200万円
　　　　接続箱：150万円
　　　　計測装置：200万円
　　　　表示装置：300万円
　　　　建設費：1000万円

を合計して約4650万円となります．
　年間を通じて1日の発電量は4時間程度といわれているので，年間で得られる理論発電量は，

　　　　30kW×4時間×365日＝43,800kWh

となります．しかし実際は，太陽電池が温度上昇とともに発電効率が低下したり，配電系統のロスがありますので実際に発電量は低下します．これらを考慮して例えば理論発電量の25%が低下したとすると

　　　　43,800×0.75＝32,850kWh

が実際の発電量になります．
　電気料金を16円/kWhとし，これらの数値から回収するのに必要な年を求めると（ここで概略コスト合計金額の半分をNEDO補助金として得られたとします）

　　　　4,650万円÷2÷（32,850kw×16円）＝44（年）

つまり，現時点では回収するのに30kW業務用システムの例で約44年の月日が必要となります．

しかしながら，今後システム規模の大小に関わらずシステム導入コストは下がっていく傾向にあり，回収できる月日は短くなります．その一つとして太陽電池の製造コストの推移および今後の目標を**図5・12**に示します．

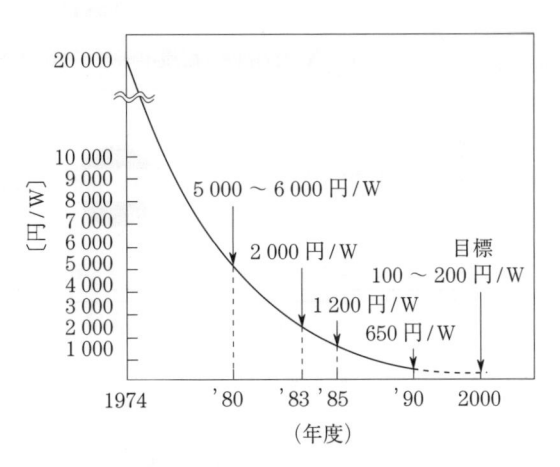

図5・12　太陽電池の製造コストの推移および今後の目標

現状では，太陽光発電システムは依然として高コストの設備ですが，最近の地球環境保全に対する意識昂揚や住宅への積極的な導入等による量産効果でコストダウンが期待され，今後大きな普及が見込まれています．

(3) 国の補助

94年度より政府の約半額補助による住宅向け太陽光システムモニタ事業がはじまり，普及にはずみが付きました．

一方，学校，工場等の中規模での発電システムは，新エネルギー・産業技術総合開発機構（NEDO）のフィールドテスト事業として進められています．

(4) 導入計画

(a) 容量の決定

太陽電池モジュールは日光のよく当たる場所に設置し，発電は1m²で100Wを標準に考えます．モジュールに必要な面積は，1日当たり使用する電力使用量から求められますが，一般家庭では30m²もあれば十分と考えられます．学校，工場においては200〜400m²程度の面積が必要となります．

(b) 配置の決定

容量を決めたら次は配置の決定です．太陽電池の配置の他，電線のルート，インバータ，接続箱等・屋外開閉器の設置場所を決めます．電線ルートは美観を損なわないように，インバータは防水可能な屋内で放熱しやすい場所を選定します．**図5・14**に個人住宅向の概念図を示します．

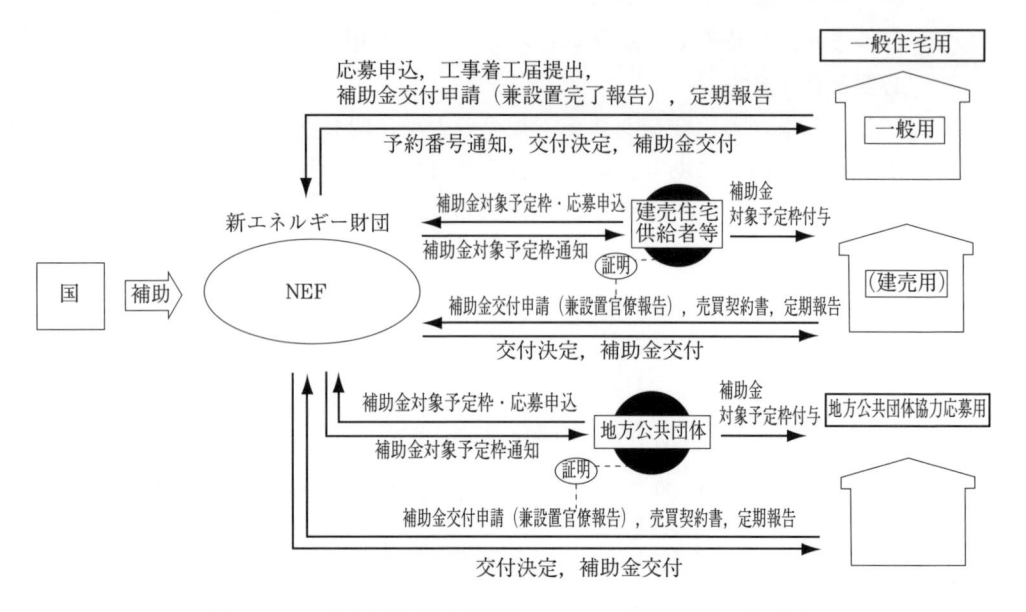

図5・13 住宅用太陽光発電システムの補助制度のしくみ

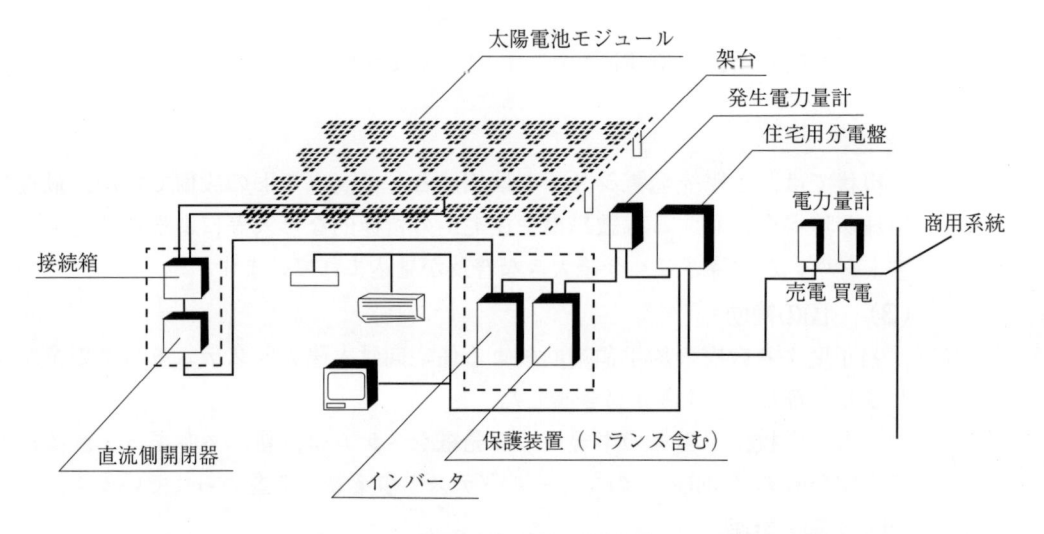

図5・14 個人住宅太陽光発電システム

(注) このシステムイメージ図は，低圧系統と逆潮流有りで連係するものです．

(c) 作業

配置が決まれば後は各種申請等の法的手続き後，設備の取付工事となります．

(5) 法的手続き

太陽光発電システムの設置・運用には，工事計画，使用前検査，使用開始届，主任技術者の選任，保安規定等の法的な手続きが必要となります．ただし，出力の違いによって手続きが不要となるものもあります．図5・15に太陽光発電導入に関する手続きを示します．

5・2 太陽光発電システムの計画と運転

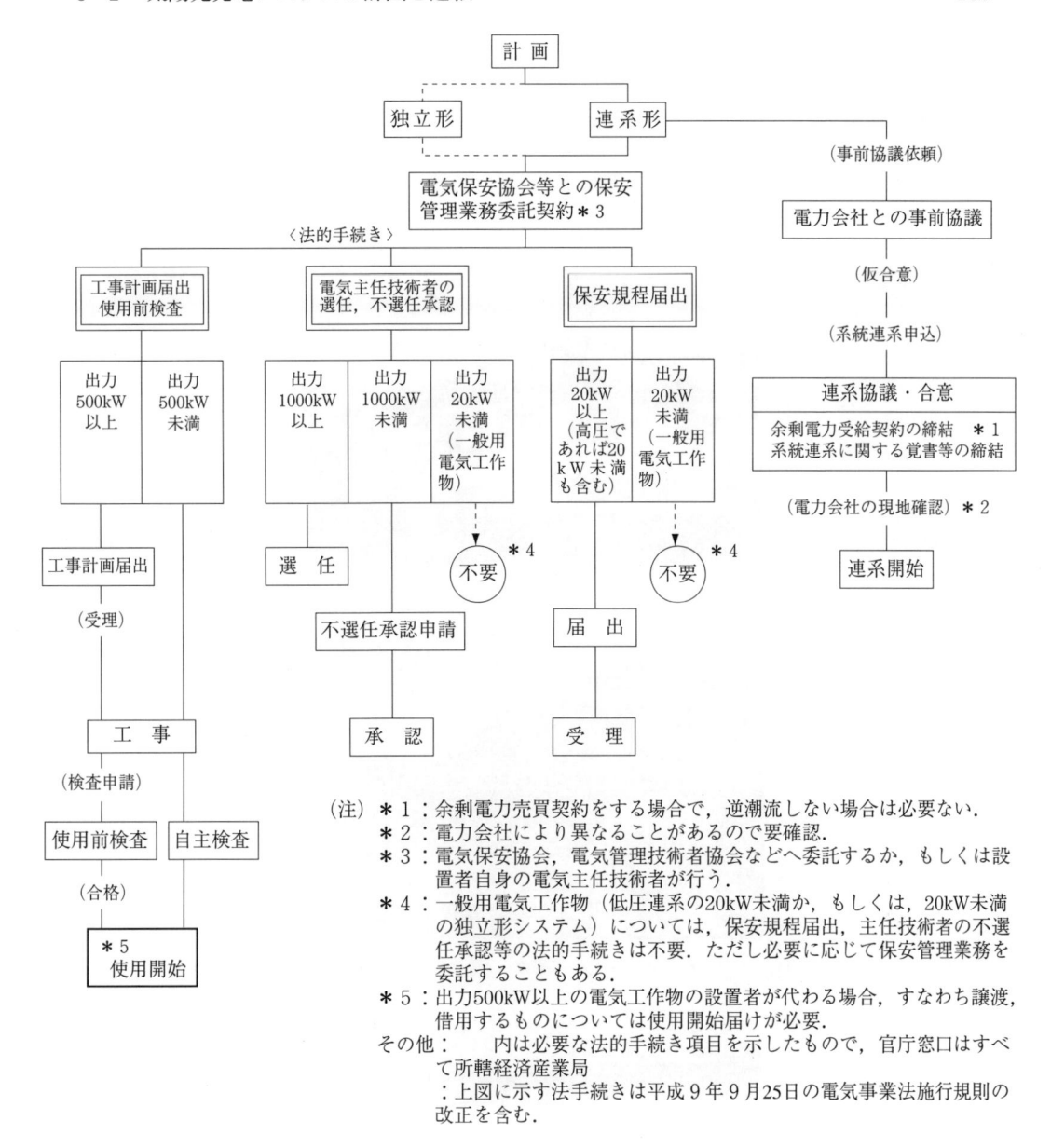

図5・15 太陽光発電導入に関する諸手続き

(注) ＊1：余剰電力売買契約をする場合で，逆潮流しない場合は必要ない．
＊2：電力会社により異なることがあるので要確認．
＊3：電気保安協会，電気管理技術者協会などへ委託するか，もしくは設置者自身の電気主任技術者が行う．
＊4：一般用電気工作物（低圧連系の20kW未満か，もしくは，20kW未満の独立形システム）については，保安規程届出，主任技術者の不選任承認等の法的手続きは不要．ただし必要に応じて保安管理業務を委託することもある．
＊5：出力500kW以上の電気工作物の設置者が代わる場合，すなわち譲渡，借用するものについては使用開始届けが必要．
その他： □ 内は必要な法的手続き項目を示したもので，官庁窓口はすべて所轄経済産業局
：上図に示す法手続きは平成9年9月25日の電気事業法施行規則の改正を含む．

5・2・7 施工例

図5・16に施工例を示します．個人住宅用における3kW級の小容量システムから施設用の数100kWの大容量システムまで用途に応じて様々な構成が可能です．

個人住宅用に導入した場合の電気配線系統図例を図5・17に示します．太陽電池とインバータ間は直流電圧（約200V）となり，インバータと電力計の間は交流電圧（単三200Vあるいは単二100V）となります．

なお，3kW標準システムの場合，太陽電池は6直列，5並列で30枚使用されま

す．

(a) 個人住宅用システム　1.8kW　大阪府交野市

(b) フィールドテスト事業　20kW　石川県能都町

(c) 畑地潅漑揚水用直流連系システム
　　150kW　沖縄県石垣島

図5・16　太陽光システムの設置例

5・2 太陽光発電システムの計画と運転

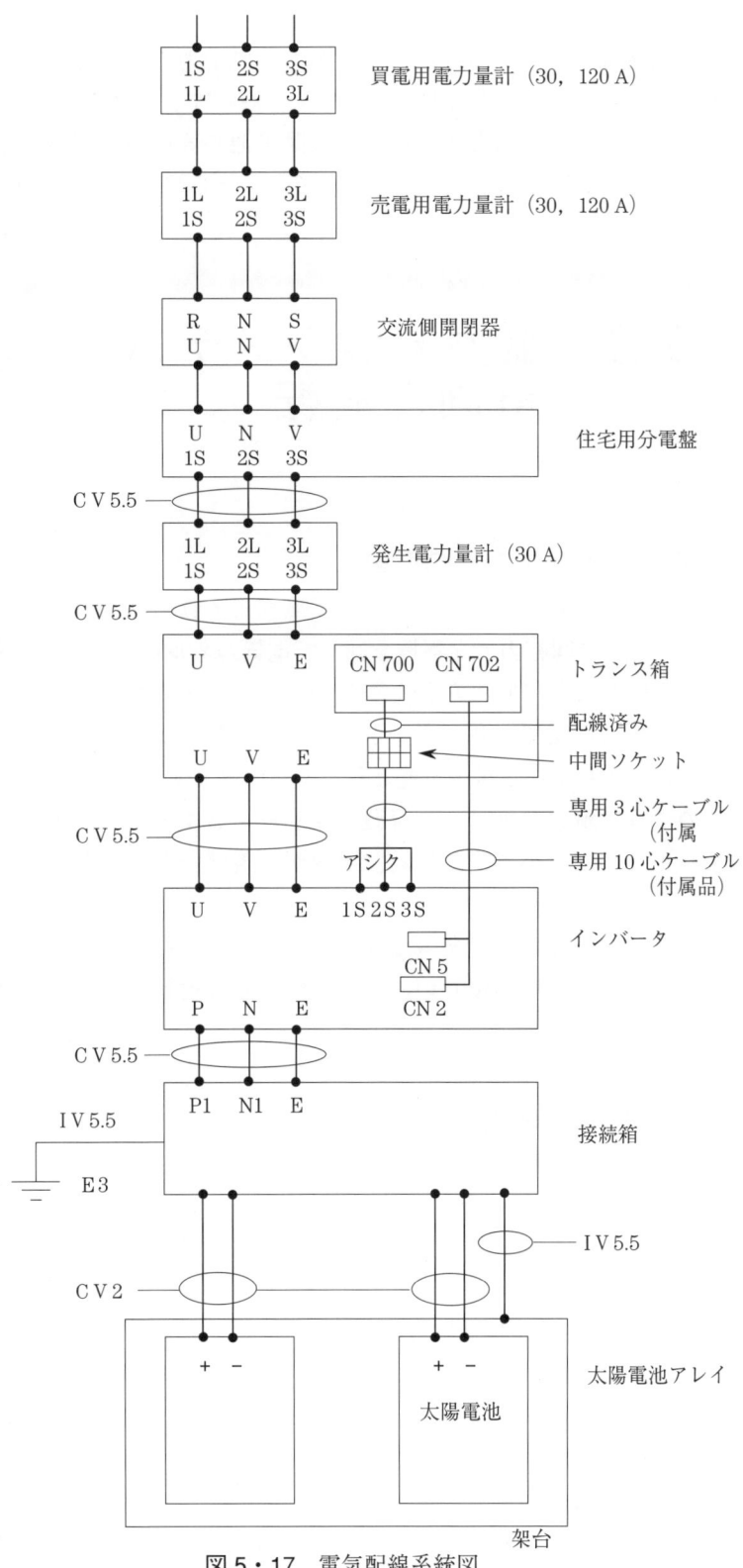

図5・17 電気配線系統図

5・2・8 保守

太陽光発電システムは他の火力・水力・原子力等の発電方式に比べ故障の可能性は非常に低く，太陽電池モジュールの寿命は半永久的といわれています．

日常のメンテナンスとしては主に太陽電池の表面の清掃程度ですが，日本では雨が多いので自然に水洗いされるのであまり心配することはありません．

5.3 風力発電システムの計画と運転

5・3・1 風力発電システムの概要

風力発電は風がもつエネルギーを，風車により機械的（回転）エネルギーに変換し，さらに回転力で発電機を回し，電気エネルギーに変換するものです．

風は太陽によって暖められた空気が上昇し，そこへ冷たい空気が流れ込んで生じる大気の循環であり，太陽がある限り永久に繰り返される熱機関といえます．風力エネルギーが再生可能と言われる由縁です．

このように風力発電は，無尽蔵でクリーンなエネルギー源ですが，一方ではエネルギー密度が小さく，風向，風速が不規則なため，非常に使いにくいエネルギーともいえます．

これらの短所は太陽光発電と同様の自然エネルギーに共通のものですが，やはりクリーンで環境に優しいエネルギーとして近年普及が著しいものとなっています．

5・3・2 風力発電の原理と種類

(1) 風力発電の原理

風のもつエネルギーを機械的（回転）エネルギーに変換するため，昔から様々な形の風車が考案されてきました．現在発電用風車として最も一般的に用いられているのがプロペラ風車で，2～3枚の羽根を持ち，高速に回転させことで発電機を回し，電力を得ています．

この風車の羽根は，図5・18に示すとおり，飛行機の翼と同じ揚力を利用していますが，羽根が回転軸に固定されているため，その揚力が回転（トルク）となり，風車を回すことになります．

(2) 風車の種類

風車で最も有名なものに，オランダの運河に立ち並ぶオランダ形風車があり

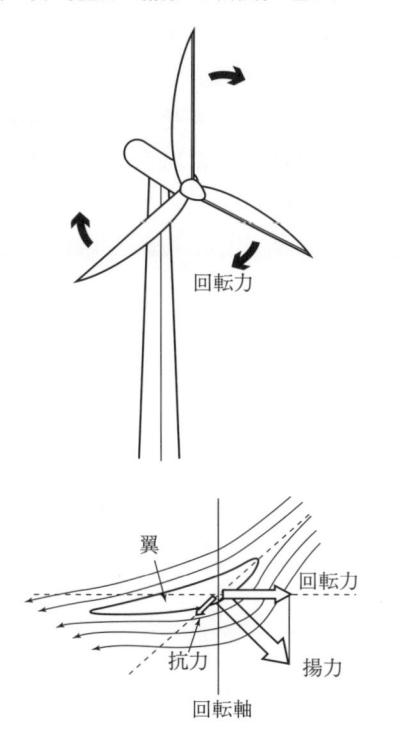

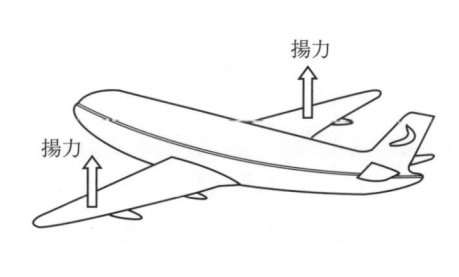

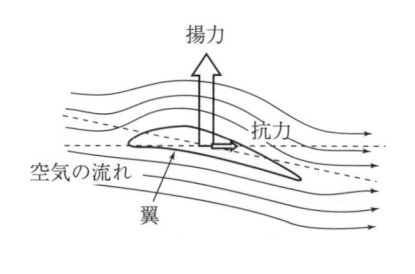

5・3 風力発電システムの計画と運転

風車の翼に発生する揚力から回転力が生まれる | 飛行機の推進力により翼に揚力が発生する

図5・18 風力発電の原理

ます．この風車は木製の翼に布を張ったもので，主に排水用に用いられて来ました．また，アメリカの西部劇によく出てくる多翼形の風車がありますが，これは牧場の揚水用として用いられて来ました．この他，**図5・19**に示すように様々な風車がありますが，この中で最も発電に適しているのがプロペラ形風車です（**図5・20**）．

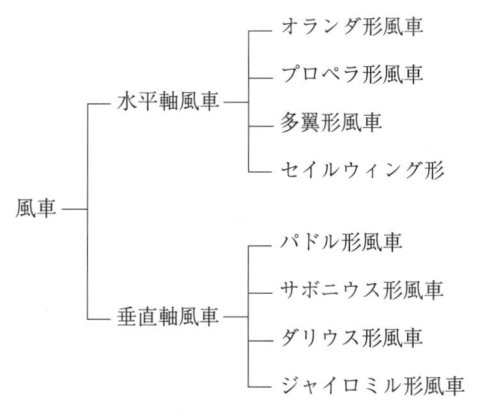

風車
- 水平軸風車
  - オランダ形風車
  - プロペラ形風車
  - 多翼形風車
  - セイルウィング形
- 垂直軸風車
  - パドル形風車
  - サボニウス形風車
  - ダリウス形風車
  - ジャイロミル形風車

図5・19 風車の分類

図5・20 プロペラ形風車

風車の出力はトルクと回転数の積で表されますが，風車の羽根の枚数を多くすると，風車の羽根回転面に受ける風のエネルギーのほとんどが風車回転力（トルク）となり，低速回転で大きなトルクを持つ風車となります．一方，羽根の枚数を少なくするとトルクは小さいが，高速回転させることで高出力が得られることになり，発電機を高速回転させる必要のある風力発電では，羽根枚数の少ないプロペラ形風車の方が有利となります．

5・3・3 風力発電システムの構成

図5・21に風力発電システムの概略構成を示しますが，大きく分けて次の3つの部分から構成されています．

(1) ロータ系

風車翼とこれの回転軸への取付部分（ハブという）をロータといいますが，ロータ系は，ロータとこれで得られた力を伝える軸（ロータ軸という）から成っています．ロータ系は風力エネルギーを機械的（回転）エネルギーに変換するもので，最も基本的な部分です．

(2) 伝達系

ロータで生み出した機械エネルギーを発電機に伝えるのが伝達系の役割です．

通常ロータ軸の回転数は，翼先端の周速で60～90m/sに設計されており，中・大型機で毎分数十回転です．一方，通常の交流発電機の回転数は1500～1800rpmで，ロータ軸の回転数を増大させる必要があり，ロータと発電機との

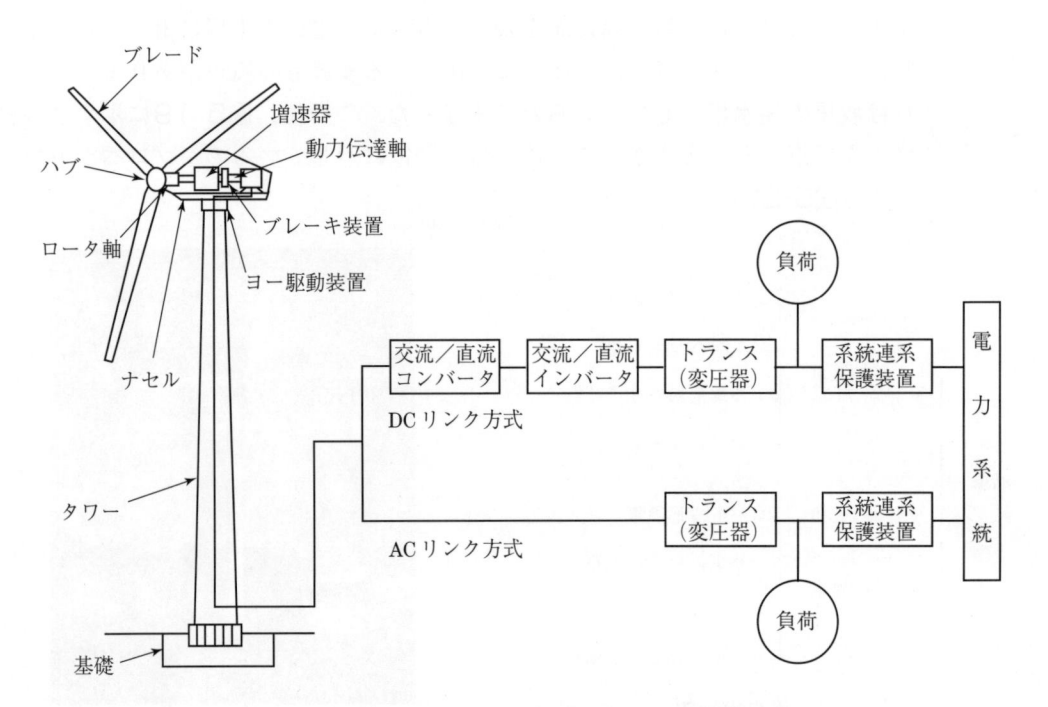

図5・21 風力発電システムの概略構成
出典 風力発電導入ガイドブック

間に増速歯車を設置し，これを含めて伝達系といっています．

最近では，連続可変速多極発電システムの開発によって，増速歯車の不要なものも実用化されています．

(3) 電気系

電気系は発電機および電力系統に連系するための電力変換装置等から構成されています．

発電機には，誘導発電機または同期発電機が使われますが，周波数制御が不要で初期投資および維持費の安い誘導発電機が多く使われています．最近は新たな技術開発により，同期発電機を使用したシステムも実用化されています．

5・3・4 風力発電システムの出力

(1) 風力発電の出力

風力発電の出力P〔W〕は次式で表されます．

$$P = \frac{1}{2} \eta \rho A V^3$$

ただし，η：効率
　　　　ρ：空気密度〔kg・s/m^4〕
　　　　A：風車ロータ投影面積〔m^2〕
　　　　V：風速〔m/s〕

プロペラ風車の場合は，$A = \pi R^2$（Rはロータ直径）であり，

$$P = \frac{1}{2} \eta \rho \pi R^2 V^3$$

となりますので，風力発電の出力Pは風速の3乗と，ロータ直径の2乗にそれぞれ比例します．すなわち風速の3乗に比例することから少しでも風の強い場所に設置することが，またロータ直径の2乗に比例することから羽根の長さをより長くすることが，風力発電の出力をより大きくすることにつながります．

(2) 風力発電の効率（η）

風力発電の効率は，ロータの空力効率，機械系伝達効率，発電効率などの積となりますが，大きくはロータの空力効率に支配されます．

風力発電の理論最大効率はベッツの法則より0.593と求められていますが，実際はかなり低い効率となっています．しかし，最近のプロペラ形風力発電システムでは，高効率の羽根や損失の少ない伝達装置（風車装置や軸受け），高効率発電機を採用することで，定格運転時，最大0.45程度まで改善されています．

参考までに**図5・22**に各種風車の効率と周速比（$TSR=$羽根先端周速／風速）の関係を示しますが，理論性能に対しプロペラ形風車の効率が高いことがわかります．

ただし，高効率が発生する条件は，周速比が最適になる風が吹いていることです．

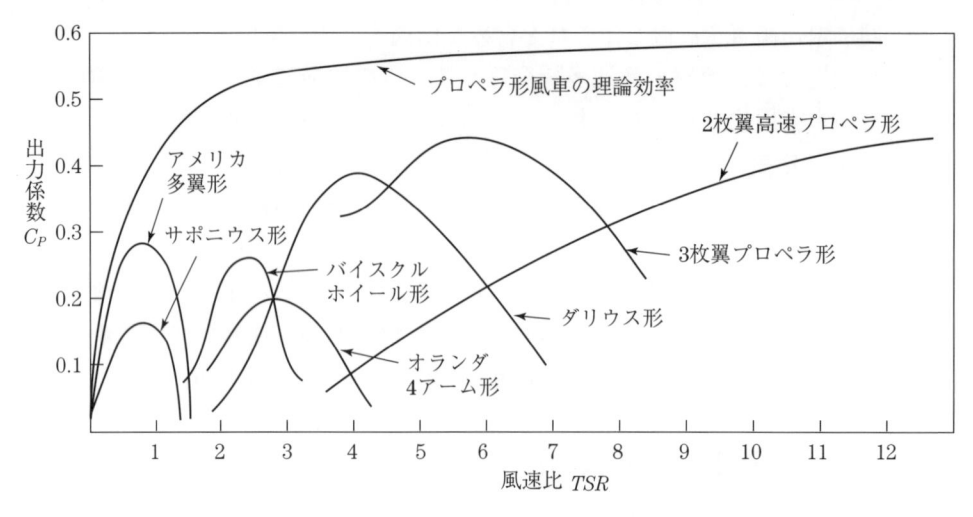

図5・22 風車効率の比較

5・3・5 風力安定化装置

　風力発電システムは，現在は誘導発電機を用いるシステムが主流ですが，このタイプは起動時に電動機モードで定格回転数まで加速し，定格回転数になった時点で発電モードに移行して発電を行うというソフトスタート方式が一般的です．このため発電機の種類にもよりますが，起動時の電動機モードでは定格容量の1.5倍程度の電流が流れる場合があり，連系点電圧変動の課題があります．

　一方，風力発電は自然エネルギーを源としているため発電電力は時間的，空間的な条件となる気象や地形条件等に対して左右されます．図5・23に風力発電機の出力変動特性の測定例を示しますが，風力発電機の出力変動は風況やタワーシャドウ効果等様々な影響により変動していることがわかります．

　このような出力変動する風力発電機を，ディーゼル発電機を主電源とする離島などの小規模電力系統に連系して運転すると，風力発電機の出力変動に対してディーゼル発電機がその変動分を吸収できず，結果的に電力系統の電圧・周波数に変動を与えてしまうことになります．これらの変動に対する抑制方式として，図5・24に示すようなインバータによる有効・無効電力制御が可能なACリンク方式の安定化装置が最も有効な方式といえます．この方式の特徴を下記します．

　① 起動時電圧変動対策：インバータによるPQ制御
　② 逆潮流時電圧上昇対策：無効電力制御
　③ 周波数変動対策：有効電力制御

　なお周波数変動に影響する風発の出力変動のうち，急峻な変動部分は安定化装置で，緩慢な変動部分（発電機のガバナー制御で対応可能な領域）はディーゼル発電機でといった具合に，相互に補完しあいながら変動抑制を図る考え方が一般的です．

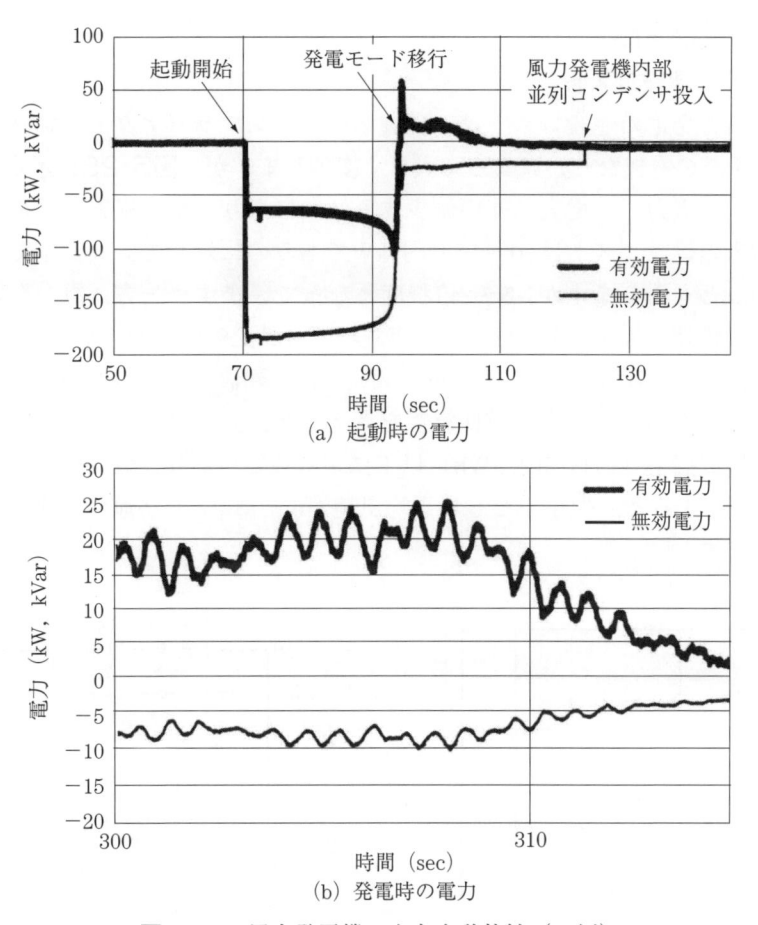

5・3 風力発電システムの計画と運転

図5・23 風力発電機の出力変動特性（一例）

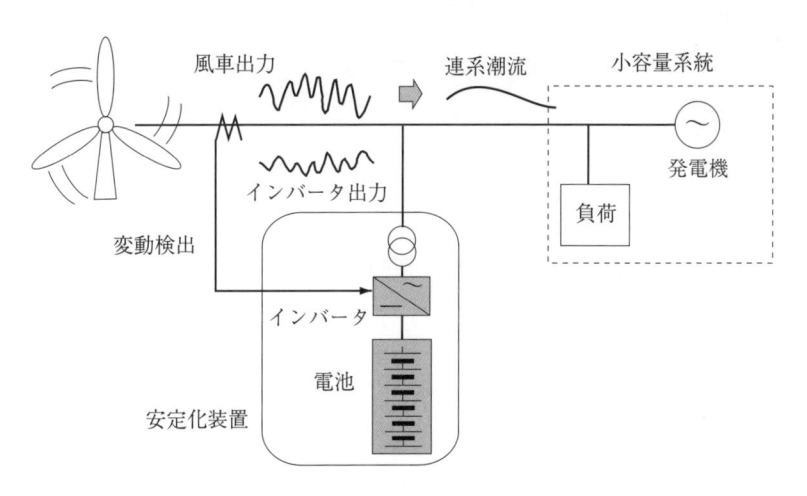

(a) 起動時の電力

(b) 発電時の電力

図5・24 風力安定化装置

5・3・6 導入計画

(1) 建設コスト

風力発電の建設コストは，実施場所のインフラ（アクセス道路や連系する電力系統の有無など）によって大きく変動しますが，**図5・25**に示すように事業規模（発電力）の増大に伴い減少する傾向にあります．風力発電の先進国である欧米の建設コストは10～15万円/kWであるのに対して，わが国では実績が少ないこともありますが1.5～2倍程度となっています．一方，風力発電の事業採算性は建設コストばかりでなく，実施場所の風況条件に大きく支配されます．

図5・26は年平均風速をパラメータに，建設コストと発電コストとの関係を示したものですが，事業採算性を考えると，発電コストは少なくとも電力会社の買取価格（約11.5円/kWh）以下にする必要があり，仮に建設コストが20万円/kWとすると，少なくとも年平均風速が6m/s以上の立地点に建設する必要があります．

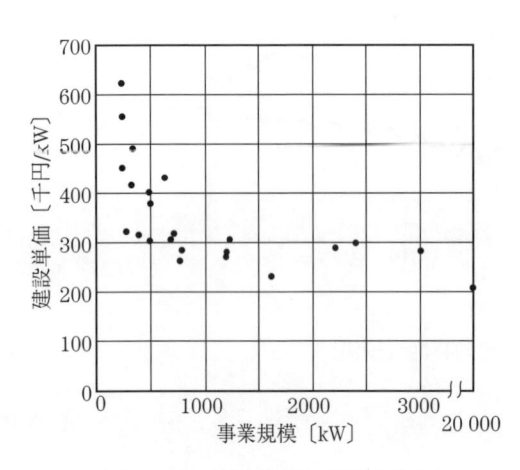

図5・25　事業規模と建設評価

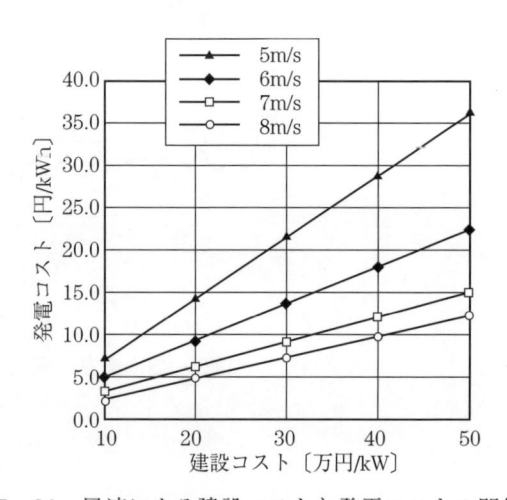

図5・26　風速による建設コストと発電コストの関係

(2) 風況調査

風力発電に適した風は，一定以上の風速で，かつ風速・風向とも変動のない風ですが，実際にはそのような理想的な風が吹くところはなく，季節によりあるいは昼夜により変動します．

しかしながら，地域によってある程度特定の風況を示し，かつ毎年ほぼ同じ傾向を示すところがありますので，このような場所を選んで事前に詳細な風況調査を実施することが風力発電建設の第一歩となります．

新エネルギー・産業技術総合開発機構では気象庁のアメダスデータに独自の計測データを補強して，風況マップを作成しており，これによりおおよそ強風，中風，弱風地域が判別できます．

一般的な傾向としては，北海道，本州の岬部，沿岸部，山岳部，島嶼部全般，

海域に良風が吹くことになっています．

ただし，風は周囲の地形や障害物の影響を強く受けるため，よほど平坦な地形でない限り，風況が異なるのが普通です．また，地表面付近の風は地面の摩擦の影響を受けるため，一般的に地表面からの高さが高くなるほど風は強いといえます．

したがって既存の観測データで風況が良さそうなことが確認できたら，実際の建設予定地で風況調査を行い，正確なデータを得ることが重要といえます．観測は，実際に建設する風力発電機のハブ高さ（ロータの中心の高さ）に相当するポールを立て，通常1年間行うのが一般的です．

この調査により，年間の発電量がある程度予想できることになります．

(3) 電力会社に関する手続き

風力発電システムを建設し，電力会社の配電線または送電線に系統連系する場合には電力会社との協議が必要となります．具体的な協議内容は「系統連系技術要件ガイドライン」に基づいて行います．また，風力で発電した電力を電力会社に購入してもらう場合には電力需給契約を結びます．電力の買取条件は電力会社によって若干差がありますが，基本的には「余剰電力買取メニュー」と「事業用メニュー」の2通りがあり，需給形態により選択します．

(4) 法的手続き

法的な手続きについては，風車の規模，立地地点の各種規制状況などによって異なりますが，20kW以上の風車を建設する場合には，電気事業法に定める手続きを実施する必要があります．ここでは電気事業法に定める手続きと，これまでに主として対象となった法手続きについて，その概要を示します．

(a) 電気事業法

具体的な内容は**図5・27**に示すとおりで，風車の規模が500kW以上になると各種の届け出や申請が必要となります．また，風車規模が1000kW以上になると電気主任技術者を選任しなければなりません．窓口は各経済産業局となります．

(b) 建築基準法

建築基準法では高さが15m以上の木柱，鉄柱，鉄筋コンクリート製の柱，その他これに類する工作物の建設に当たっては，建築確認申請を実施する必要があります．風車の場合，実施しているケース（要請があった場合）と実施していないケースの両者があります．窓口は市町村となります．

(c) 道路交通法

風車の運搬時に車両の積載重量，大きさもしくは積載方法が制限を超える場合には，許認可が必要となります．窓口は車両の出発地の警察，または風車の据付工事などにおいて道路を使用する場合には，所轄警察から認可を得る必要があります．

(d) 航空法

風車ロータ回転による最高到達点が60mを超える場合には，最高点以上の航

```
                    ┌─────────┐
                    │ 工事計画 │
                    └────┬────┘
              ┌──────────┴──────────┐
        ┌─────────┐           ┌─────────┐
        │ 系統非連系│           │ 系統連系 │
        └────┬────┘           └────┬────┘
                            ┌──────┴──────┐
                            │電力会社との協議│(系統連系技術要件ガイドライン)
                            └─────────────┘
```

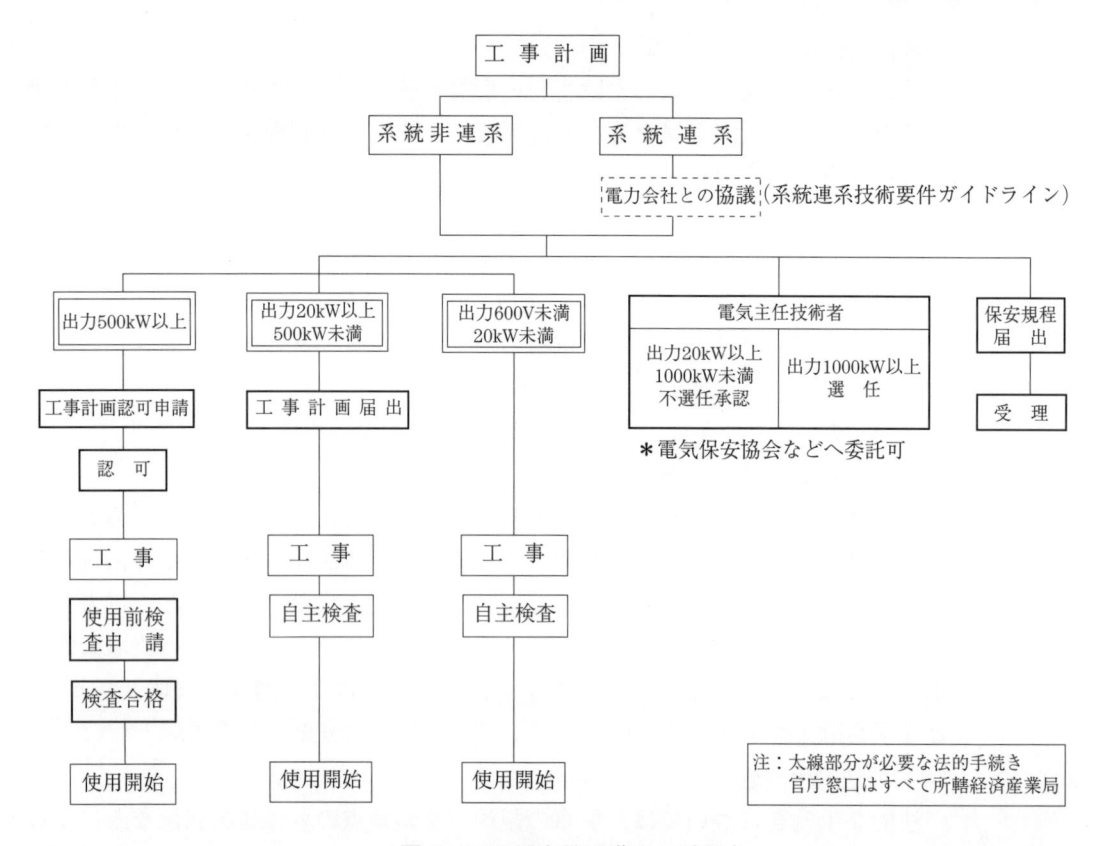

図5・27 風力発電導入の手続き

空標識ポールを設置し，昼間障害標識および低高度航空障害灯を設置するか，運輸省航空局の指示に従い，風車本体に航空障害対策を施す必要があります．

(e) 農地法

農地または採草放牧地に風車を建設する場合には，農地転用に関する許認可申請を行う必要があります．申請先は転用面積が2ha以下の時は都道府県知事，2ha以上の場合には農林水産大臣となります．申請には地権者，森林組合，農業共同組合などの同意書が必要となりますが，第1種農地は原則として転用は認められていません．

(f) 農業振興地の整備に関する法律

風車の建設地点が農用地区に指定されている場合，国または地方公共団体が行う事業を除き，当該市町村を経由して都道府県知事に許認可申請を行わなければなりません．農地転用届け農業振興地域整備計画の変更申請書に事業内容を付し，市町村へ提出します．

(g) 自然公園法

自然公園に風車を建設する場合には，対象地域に応じた規制に従い許認可を受けなければなりません．対象になる指定地域は国立公園，国定公園，県立自然公園で，国立公園（普通地区を除く）は環境庁長官，その他は県知事の許可

5・3 風力発電システムの計画と運転

が必要となります．自然公園（普通地区を除く）における風車の建設は困難なことが多く実績は少ないといえます．

5・3・7 施行例

ここでは**図5・28**示す久居榊原風力発電施設（ホームページ：hisai.kikaku@city.hisai.mie.jp）を紹介します．

図5・28 久居榊原風力発電施設

(1) 風況

三重県久居市は若狭湾から琵琶湖，伊勢湾を結ぶ「風の道」にあります．

久居市の最西端，榊原町にある青山高原・笠取山には「笠が取れるほど強い風が吹く」という由来があり，地形的にも日本で有数の強風地帯となっています．久居榊原風力発電施設は，その笠取山（標高842メートル）の頂上付近で，年間平均風速が7.6メートル（地上高15メートル）と風力発電に適した場所にあります．**図5・29**に青山高原の風況データを示します．

(2) 発電量

1基当たりの発電能力が750kWの風車を4基（合計出力3,000kW）設置し，電力会社へクリーンエネルギーとして供給しています．

発電量は，1基当たり200万kWh弱×4基＝年間800万kWh弱で，一般家庭の年間使用電力量に換算すると2,400世帯分に相当します．

(3) 設備内容

タワーの高さ50m，ロータリー（回転部）の直径50.5m，地上から最頂部までの高さ75mと，大きさも国内最大級であり，シンプルでその流れるようなデザ

・地上高15m地点（実測）

	1月	2月	3月	4月	5月	6月	7月	8月	9月	10月	11月	12月
平成8年											8.6	8.4
平成9年	8.4	8.5	8.7	7.7	6.6	6.8	7.4	6.3	7.3	7.0	7.7	8.2
平成10年	9.1	8.3	9.4									

・地上高40m地点（推計）

	1月	2月	3月	4月	5月	6月	7月	8月	9月	10月	11月	12月
平成8年											9.9	9.7
平成9年	9.7	9.8	10.0	8.9	7.6	7.8	8.5	7.2	8.4	8.1	8.9	9.5
平成10年	10.5	9.6	10.8									

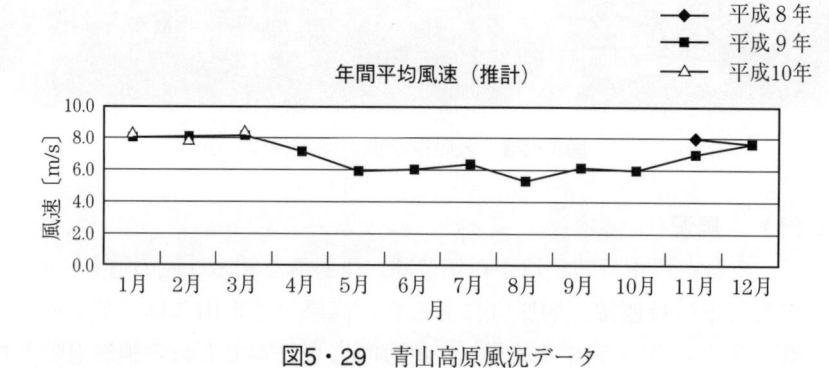

図5・29　青山高原風況データ

インは周囲の風景とみごとに調和しています．

図5・30に風車部分の概略図と定格事項を示します．

なお，本設備はローターと発電機をギヤなしで直結しているため，低騒音となっています．

5・3・8　運転と保守

風力発電機の運転は，基本的にコンピュータで全自動運転されます．風が吹けば風上にロータを向けて発電を開始し，風速に合わせて出力を調整します．風がなくなれば待期状態になり，また，台風などの暴風時にも，風況を判断して自動的に発電を停止し，台風に備えます．

このため，基本的には正常に自動運転されている場合は特に注意を払う必要

5・3 風力発電システムの計画と運転

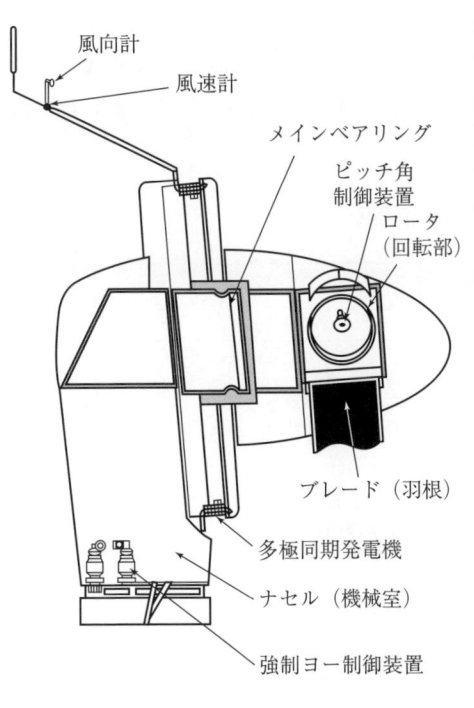

	項　目	仕　様
全　般	風車形式	水平，アップウインド
性　能	カットイン（起動）風速 定格風速12.5m/s カットアウト（停止）風速 定格出力 最大耐久風速	3m/s 25m/s 750kW 60m/s
ローター (回転部)	直径 速度制御 回転方向	50.5m 可変速18～32rpm 時計回り
ブレード (羽根)	枚数 材料 取り付け	3枚 GFRE 固定
増速機	増速ギア	なし
運転制御	出力制御 風向き制御 ピッチ制御	ローター可変速 強制ヨー 可変ピッチ制御
発電機	形式 定格出力 極数 出力電圧 周波数 周波数制御/系統連系方式 起動方式	多極同期発電機 750kW 84極 690V 60Hz AC＝DC＝AC 突入電流なし
タワー	ハブの高さ	50m

図5・30　設備仕様

はありませんが，都合によりマニュアルで運転する場合には，メーカのマニュアルなどをよく参照して操作することが必要です．頻繁に運転停止を繰り返したり，長期間運転せずに停止しておくなど，通常では想定されない運用を続けると故障の原因となる場合がありますので，注意が必要です．

　なお，故障・事故時の対応についてはあらかじめメーカによく確認する必要があります．連絡先・対応体制を確認するのはもちろんのこと，異常時に風力発電機がどのように運転されるかを確認しておくのも重要なことです．

　一方，風力発電機は自然条件の厳しい場所に設置されることが多いため，風力発電機を何年も故障せずに運転するためには，定期的に適切なメンテナンスを行うことが非常に重要になります．

　風力発電機の日常の点検としては，風車が運転されているかどうかを直接または遠隔監視などにより随時確認します．電話回線などを利用した遠隔監視装置や自動通報装置により，異常停止した場合は警報が出る方式が一般的ですが，月に一～二度は風車の近くに行き，目視点検，異音・異臭の有無を確認することも重要です．

　また，風力発電機のメンテナンスに関しては，通常，メーカとメンテナンス契約を結び，半年に一度程度メーカによる点検を行った方がよいでしょう．計

測機・電気機器の機能チェック，可動部分へのグリスの補給，消耗品の交換などが行われます．数年毎にオイルの交換・部品の交換なども必要になります．

メーカのメンテナンスの内容は風力発電機より異なりますが，参考までに表5・3に主な点検箇所を示します．

表5・3 風力発電機の主な点検箇所

設備機器	点検箇所	設備機器	点検箇所
タワー	ボルト締付トルク 溶接状態 ドア・機器などの取付け状態 錆・傷などの有無	ブレーキ	動作確認 ブレーキパッド交換 ディスクの状態
ブレード	傷の有無	発電機	締付トルク 油脂の補給 シールの交換 ケーブル接続状態 絶縁抵抗測定
油圧機器	動作確認 油の状態 錆・傷の有無	ヨーギア	油脂の補給 傷の有無 クリアランス確認
可動部分	動作確認 締付トルク 油脂の補給 シールの交換	その他	モータ絶縁抵抗測定 ケーブル接続状態 センサ動作確認 溶接箇所状態確認 錆・傷などの状態確認
ギア	歯車の状態 油量・品質		

5.4 燃料電池発電システム

(1) 燃料電池とは

燃料電池は，燃料を酸化したときに生じる化学エネルギーを熱に変えずに直接電気エネルギーに変換する装置です．水素と酸素を供給することで連続的に発電させる新しい発電方式で，下記のような特長があります．

① 排気がクリーンで低騒音である．
② 小容量でも発電効率が高く，部分負荷でも高い効率が得られる．
③ 排熱の有効利用で高い総合効率が期待できる．
④ 多様な燃料が利用できる．

(2) 燃料電池の仕組み
(a) 発電の原理

燃料電池の原理は水の電気分解の逆の反応，すなわち水素と酸素が結びついて電気と水が発生する仕組みを利用しています．つまり

$$H_2 + \frac{1}{2}O_2 \rightarrow H_2O + （電気エネルギー）$$

一方，水素を燃焼する反応を考えた場合，以下のように水と熱エネルギーが得られます．

$$H_2 + \frac{1}{2}O_2 \rightarrow H_2O + （熱エネルギー）$$

この熱で蒸気を発生させタービンを回して発電することを考えると，熱エネルギーや機械的なエネルギーの過程で変換ロスが生じます．

燃料電池は直接電気エネルギーに変換するため，高い発電効率が期待できます．

(b) 発電の仕組みと構造

発電の仕組みをリン酸を用いた燃料電池（図5・31）で示します．

負極では，

$$H_2 \rightarrow 2H^+ + 2e^- \quad （正極へ向かう電子）$$

正極では，

$$O_2 + 2H^+ + 2e^- \rightarrow H_2O \quad （水蒸気）+（熱）$$

のように反応し，連続的に電気を発生させます．

なお，正極で発生した熱も有効に利用できます．

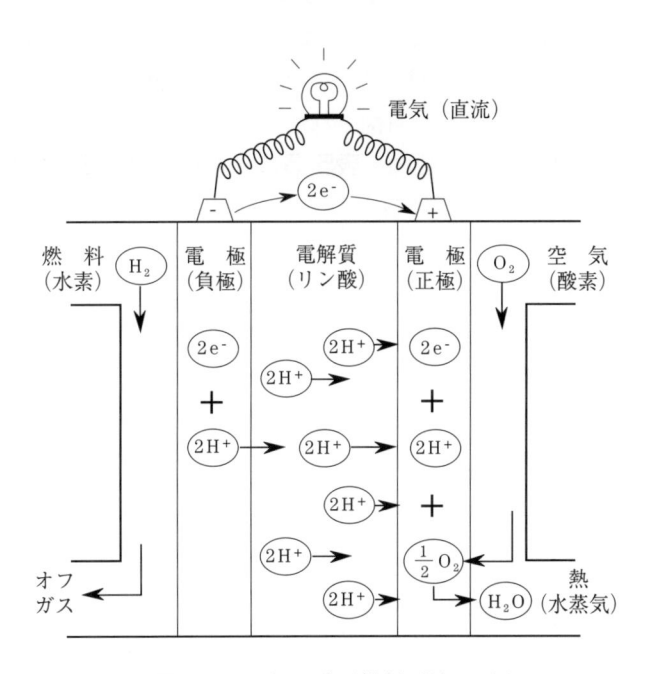

図5・31　りん酸形燃料電池の原理

(3) 燃料電池発電システムの構成

燃料電池発電の基本的な構成を**図5・32**に示します．発電システムは主に「燃料改質装置」,「電池本体」「インバータ」から成り立ちます．

燃料電池本体では，改質装置で作られた水素ガスと空気（O_2）が反応し，直流の電気を発生します．次にインバータにより，燃料電池本体から得られた直流電圧を安定な交流に変換します．

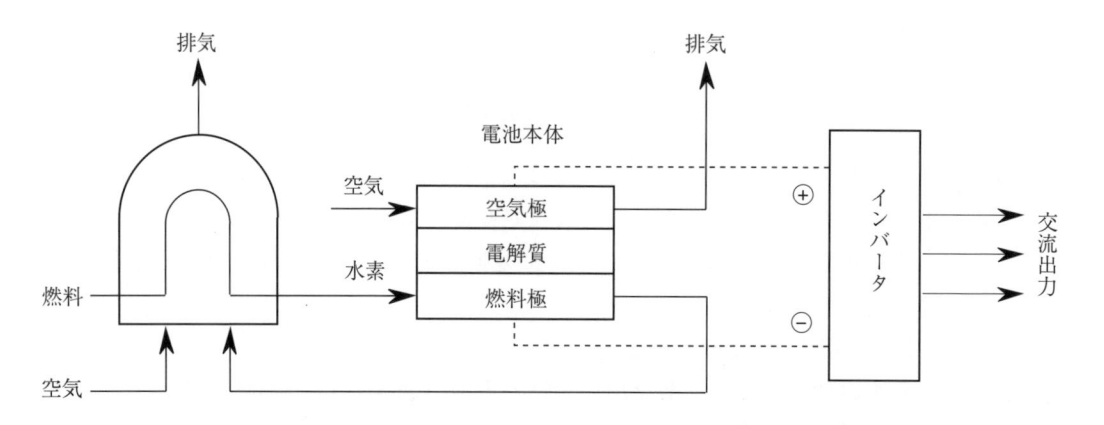

図5・32　システム構成の概念図

(4) 燃料電池の種類と特徴

燃料電池は電解質の違いによって**表5・4**に示すように分類されています．この中で最も実用化が進んでいるのはりん酸形で，商用段階にさしかかっています．特に，50～500kWクラスのオンサイト形は熱を利用するコージェネレーションシステムとして普及が期待されています．

100kW機の燃料電池の仕様を**表5・5**に，外観を**図5・33**に示します．

また固体高分子膜を電解質として用いる固体高分子形燃料電池は，最近，自動車用の燃料電池として脚光を浴びています．

・高い出力密度が期待される．
・動作温度が100℃以下で常温から起動できる．
・構成材料の選択範囲が広く量産化により大幅な価格低減が見込まれる．

などの特徴があるためですが，一方で動作温度が低く，排熱の温度も低いため熱供給は60℃程度の温水に限られることから，可搬形電源および家庭用などの比較的小規模の分散形電源としても開発が進められています．

5・4 燃料電池

表5・4 燃料電池の種類と特徴

分類		固体高分子形 (PEFC)	りん酸形 (PAFC)	溶融炭酸塩形 (MCFC)	固体電解質形 (SOFC)
電解質		水素イオン導電性イオン交換膜	リン酸水溶液	炭酸リチウム, 炭酸カリウムな	安定化ジルコニアなど
作動温度		100℃以下	約200℃	約650℃	約1000℃
燃料		天然ガス, メタノール, LPガス, ナフサ		天然ガス, メタノール, LPガス, ナフサ, 軽油, 石炭ガス	
	酸化剤	空気			
システムの発電効率 (HHV送電端)		40〜60%	40〜45%	45〜60% (期待値)	50〜60% (期待値)
規模・用途		小容量 ・人工衛星電源 ・車両	小容量〜大容量電源 ・個別供給 　数十〜数百kW ・地域供給 　数MW以上 ・車両, 可搬	大容量電流 ・数MW以上	小容量〜大容量電源 ・数十kW以上

表5・5 100kWりん酸形燃料電池の標準仕様

項目	仕様値
定格出力 (送電端)	100kW
出力電圧・周波数	200/220V (50/60Hz)
発電効率 (送電端)	40% (LHV)
総合効率	80% (LHV)
原燃料、消費量	都市ガス13A, 22m³/h (Normal)
運転方式、運転形態	全自動運転, 系統連系
熱出力	17% (90℃温水) 23% (50℃温水)
NO_x	5ppm以下 ($O_2$7%換算)
騒音特性	65dB (A) (機側1m)
代表寸法	2.2m(W)×3.8m(L)×2.5m(H)
質量	10t

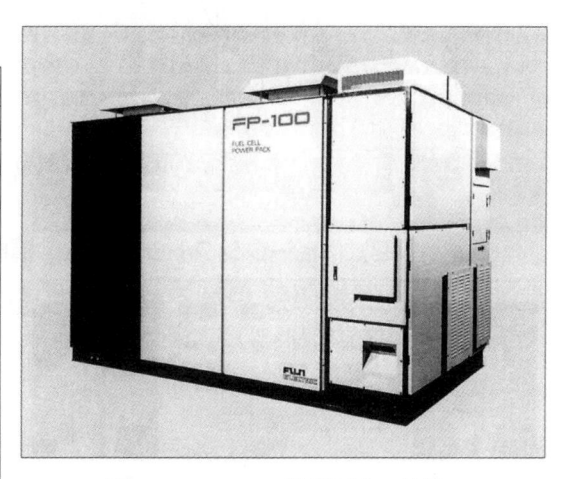

図5・33 100kW燃料電池の外観

5.5 ピークシフトシステム

5・5・1 ピークシフトシステム

(1) ピークシフトシステムとは

ピークシフトすなわち負荷平準化とは，図5・34に示すように夜間などの低負荷時に電力を貯蔵し，ピーク負荷時に放電することで負荷率の向上を目的とするものです．

昼間の電力量（▨）を夜間（▨）に移行し，結果として最大電力（ピーク電力）の低減が図れます．

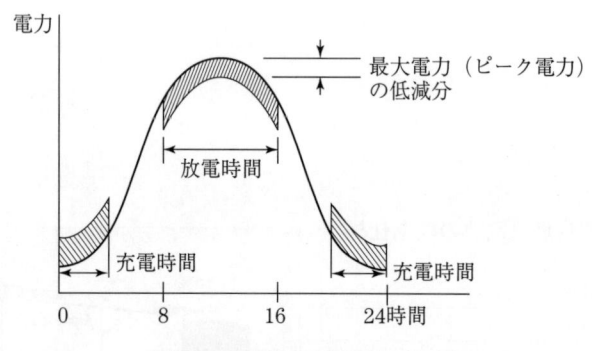

図5・34 負荷平準化の概念

(2) ピークシフトシステムの構成

一般的に，ピークシフト装置は，図5・35に示すように電力変換装置（双方向の交直変換器），電池（エネルギー貯蔵機器），連系変圧器によって構成されます．

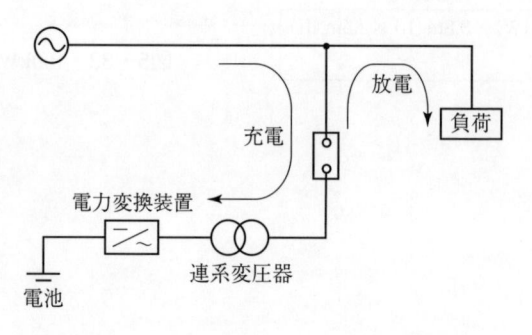

図5・35 ピークシフトシステムの構成例

（3） ピークシフトシステムの効果

ピークシフトシステムの効果としては，

① 電気料金の削減　　契約電力の低減，深夜電力活用による電力量料金の削減．

② 過負荷の抑制　　受電機器等の過負荷抑制，設備増改造抑制．

③ 電圧変動の抑制　　重負荷時の電力品質改善．

などが考えられます．その中でも電気料金削減が，直接的な投資効果が最も大きなものとなります．一般的に電気料金は下記2項目の料金合計額となっています．

① 基本料金　　契約電力に比例して設定される料金．

契約電力は，過去1年間の最大デマンドによって決定されます．

概略の目安は，約2万円/(kW・年) です．

② 電力量料金　　使用した電力量に比例して支払う料金．

時間帯別や季節別の料金設定もあります．（昼夜差額は，約10円/kWh）

通常のピークシフトでは，基本料金削減（契約デマンド低減）の方が効果大となります．

ピークシフト装置を電気料金削減目的で使用する場合，次の仕様を考慮して検討する必要があります．

表5・6　ピークシフト用2次電池の比較

バッテリの種類	鉛バッテリ	NaS（ナトリウム硫黄）電池	レドックスフロー電池
現状の概略想定価格（kWh単価）	100%	300%	200%
体積エネルギー密度	75Wh/リットル	150Wh/リットル	10Wh/リットル
重量エネルギー密度	30Wh/kg	100Wh/kg	――
電気効率	85%以上	87%以上（ヒータ補機含まず）	約80%（ポンプ補機含まず）
寿命（目標）	1500サイクル以上（放電深度50%）	2500サイクル以上	2000サイクル以上
備考	○各電池メーカにて電池電力貯蔵用電池の開発が進められている．	○ナトリウム・硫黄ともに消防法の規制物質である．○電力会社を中心にして規制緩和を働きかけ中．○ナトリウム・硫黄を溶融（液化）するためにヒータ保温（約300℃）必要．	○電解液を循環するポンプが必要．

① 基本料金削減　装置の定格電力（kW）に関係大．
② 電力量料金削減　バッテリの容量（kWh）に関係大．

シフトする電力量が増加すると，比例してバッテリ容量も増加することになり，装置コストは高くなります．

したがって，ピークシフト効果は，装置コストを最小として，短時間の最大デマンドをピークカットする場合が最も効果大となります．

(4) 電池の種類

電池は化学物質のもつエネルギーを直接電気エネルギーに変換するもので，一度放電しきってしまったらおしまいの電池を一次電池，電池の放電とは逆に電池に電力を供給して再度放電可能にできる電池を二次電池といいます．

ピークシフトシステムに使用する電池はこの二次電池であり，特に電力の負荷平準化用として，従来から使用されている鉛蓄電池の他に，NAS（ナトリウム－硫黄）電池，レドックスフロー電池など新しいタイプの電池が開発・実用化されています．その比較を**表5・6**に示します．

第6章　分散電源付帯設備

6.1　瞬低対策用高速限流遮断装置

(1)　瞬低対策用高速限流遮断装置とは

　瞬低対策用高速限流遮断装置は，商用系と分散電源系の連系点に設置し，商用系事故時に分散電源から流出する事故電流を高速に限流・遮断することで，分散電源系の重要負荷を瞬時電圧低下の影響から保護するとともに，分散電源も瞬低の被害から保護できる機能を兼ね備えた連系装置です．

(2)　機能

　商用系の事故による分散電源系の瞬時電圧低下補償，および分散電源から流出する事故電流を第1波から限流抑制するとともに，サイリスタSWで高速遮断します．

　図6・1に示す通り，商用系統での落雷事故や，構内の短絡・地絡事故などによる瞬時電圧低下が発生した場合，従来遮断器ですと解列まで数サイクル要するため，その間商用系統側の電圧低下がそのまま自家発系統に影響していたものが，本装置により自家発系統からの流出する過電流を限流リアクトルで抑制するとともに3/4サイクル以下で連系を解列する為，自家発母線側の瞬停を回避することができます．

(3)　特長

　①　図6・2に示す通り，分散電源系の重要負荷機器（ワープロやパソコン，可変速モータ，電磁開閉器など）を商用系の瞬時電圧低下や短絡事故などの影響から回避することができます．

　②　直流リアクトルによる第1波からの限流効果により自家発の出力トルクの変動が低減でき，自家用発電設備の過負荷，脱落やシェアピン折損などのトラ

●従来の連系装置の場合

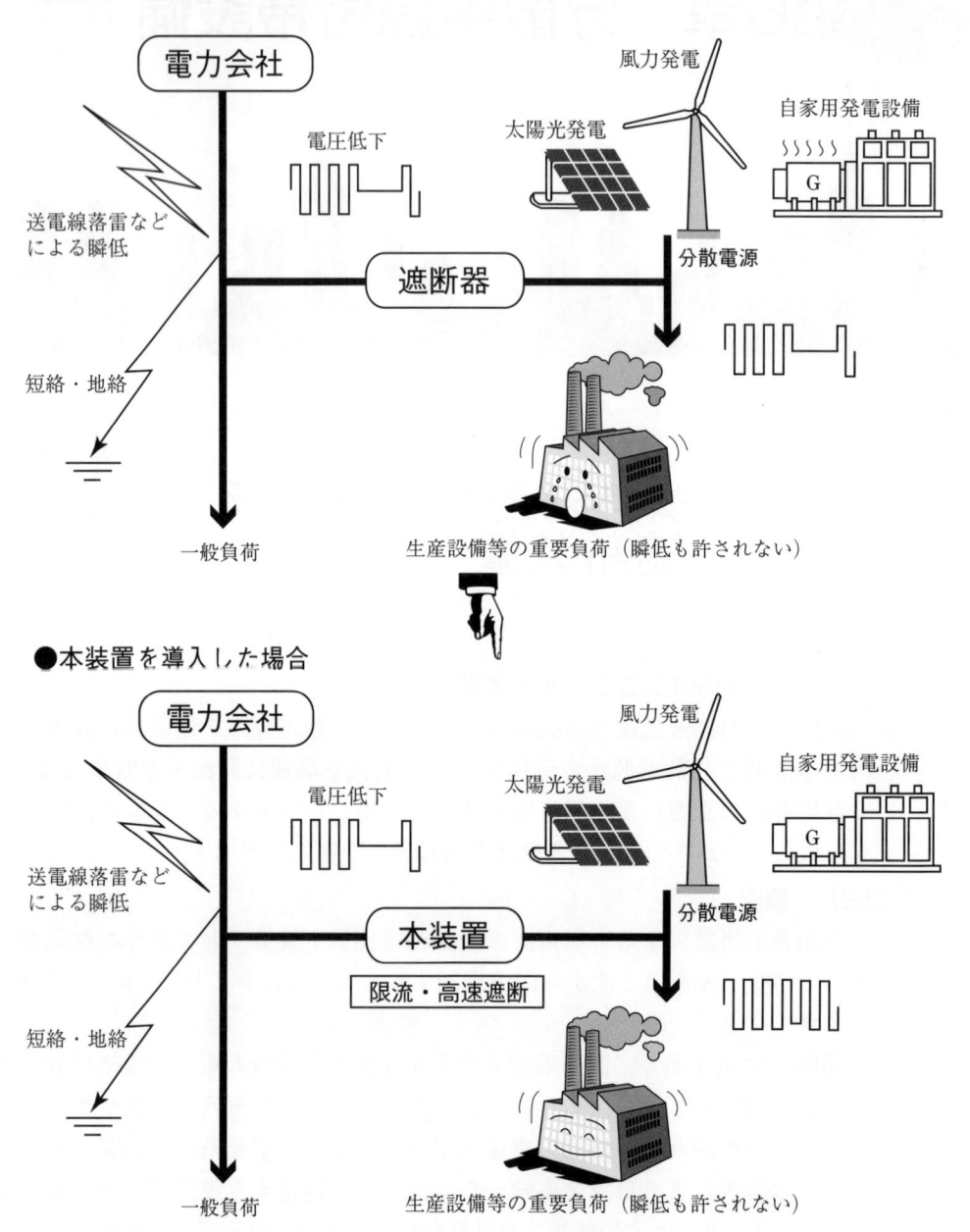

●本装置を導入した場合

図6・1 瞬低対策用高速限流遮断装置の機能

ブルから自家用発電設備を保護することができます．
　③　常時インピーダンス≅0で，補償動作時のみ高インピーダンスを呈しますので，常時損失の低減が可能となります．
(4)　定格・構造
　　表6・1に本装置の定格を，図6・3に外観構造を示します．

6・1 瞬低対策用高速限流遮断装置

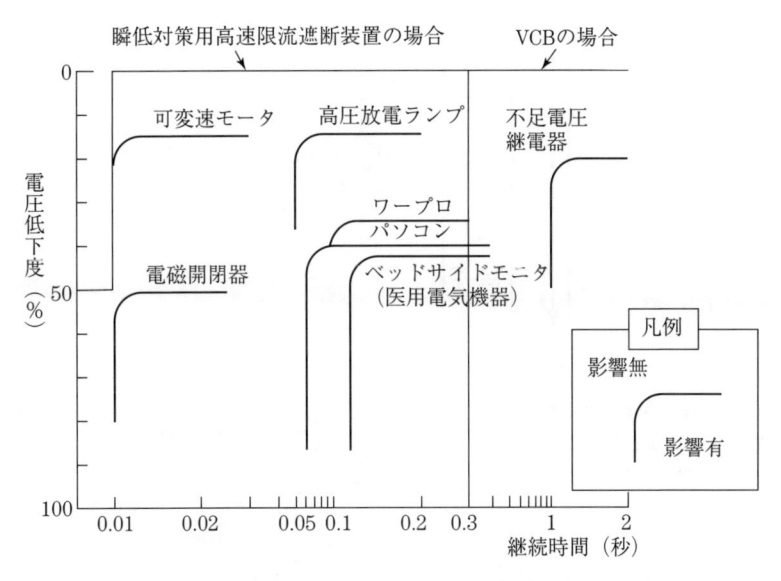

図6・2 負荷機器の瞬時電圧低下の影響例（50Hz時）

表6・1 瞬低対策用高速限流遮断装置の定格

項　目	6.6kVシリーズ			3.3kVシリーズ
定格電圧（kV）	7.2			3.6
定格電流（A）	200	400	600	600
定格周波数（Hz）	50/60			
相　数	三相			
絶縁階級	6号A			3号A
遮断時間	限流付き3/4サイクル未満			
冷却方式	強制空冷			
制御電源	DC100V			
形　式	屋内金属閉鎖形スイッチギヤ			
準拠規格	JEM-1425, JEC-2410			
外形寸法（mm）	W：2300 D：2200 H：2500	W：3900 D：2000 H：2600	W：4000 D：2000 H：2600	W：3900 D：2000 H：2600
重量（kg）	3900	5900	6700	6000

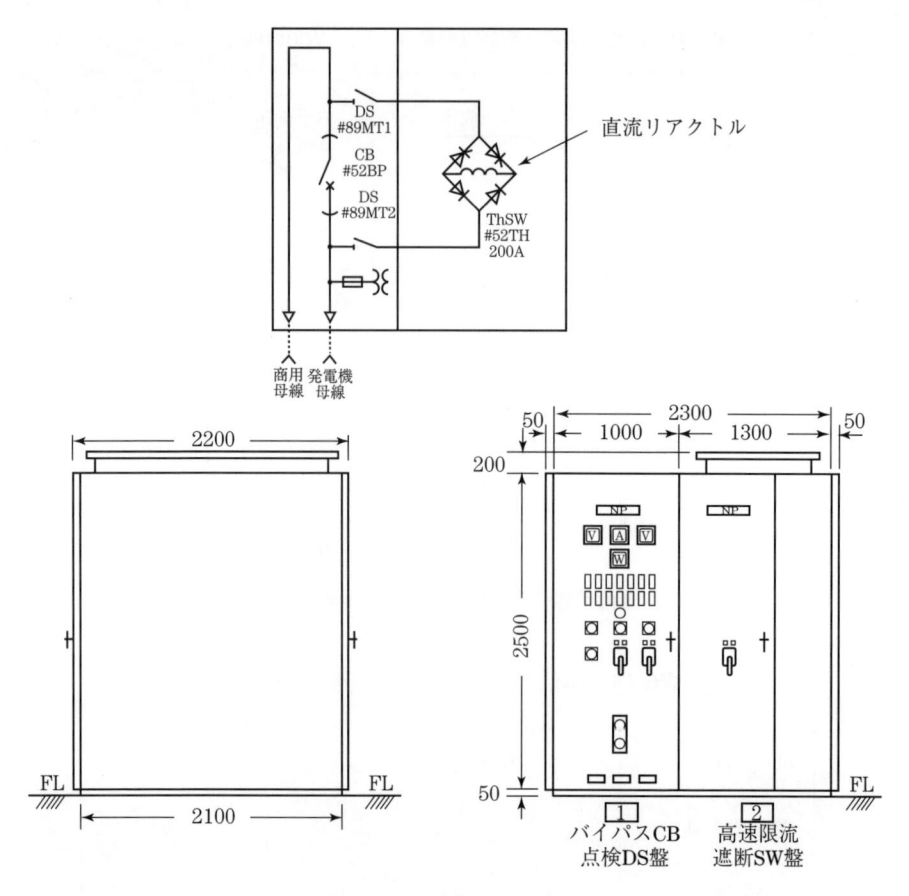

図6・3　外観構造

6.2　単独運転検出装置

(1)　単独運転とは

近年，省エネルギー意識の高まりに伴い，風力発電あるいはコジェネレーションなどの分散型電源が積極的に導入されつつあります．配電系統に連系された分散型電源が，電力系統の事故などにより電力会社の変電所の送り出し遮断器が開放された状態で運転を継続すると，切り離された系統は，分散電源がともに切り離された他の需要家に電力を供給する状態（単独運転状態－**図6・4**参照）となり，次の問題が生じます．

①　一般公衆あるいは保守員が充電された電路に触れて感電する可能性があります．

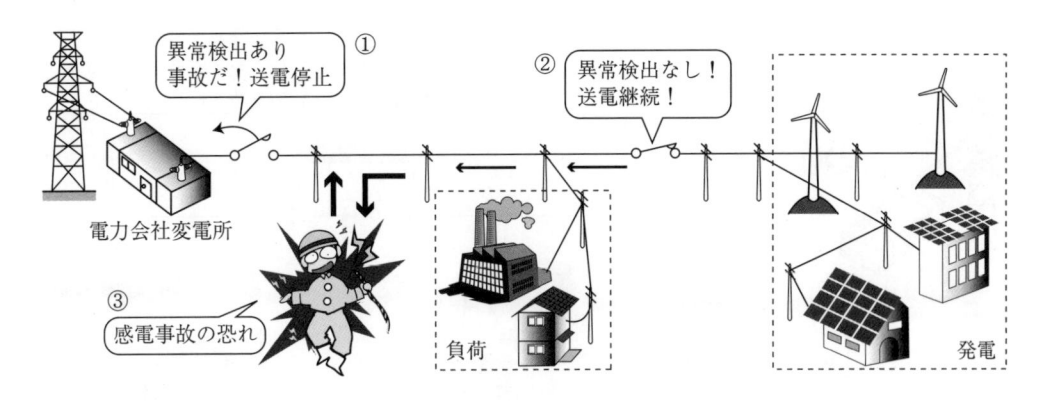

図6・4 単独運転状況

② 開放された遮断器の再閉路の際に非同期投入をして機器を損傷する可能性があります．

これでは，保守あるいは供給信頼度の問題がありますので，系統側が供給停止時には分散電源側の単独運転を早急に検出して，系統から確実に解列する必要があります．

(2) 単独運転保護

「系統連系技術要件ガイドライン」（以下ガイドライン）で技術的指標を示しているように，分散型電源を逆潮流ありで系統に連系する際には，電力会社からの転送遮断あるいは単独運転検出装置の設置により，単独運転の保護を行うことが義務づけられています．

しかし，転送遮断装置は，図6・5に示すように電力会社の変電所から分散電源を有する需要家に開放信号を転送する為，信号線を個別に布設する必要があり，高コストで運用上の課題も指摘されています．

従って，単独運転防止機能としては自律方式による単独運転検出装置の設置（図6・6参照）が望まれています．ガイドラインでも単独運転検出装置の適用が

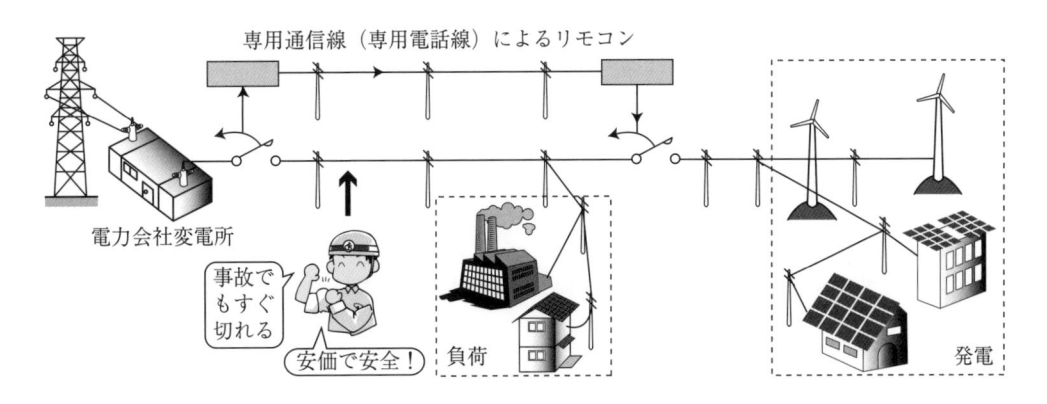

図6・5 転送遮断方式

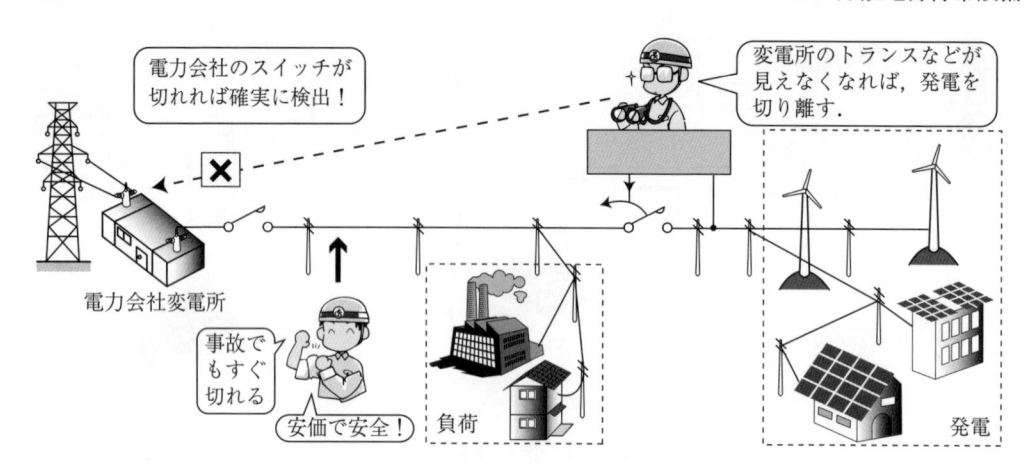

図6・6 単独運転検出装置による保護

求められていますが，系統に対して常時微少外乱を与えることにより，発電設備の出力と負荷とのバランス状態を自ら変動させて検出する次の3方式が現在規定されています．

① 無効（有効）電力変動（補償）方式
② 負荷変動方式
③ QCモード周波数シフト方式

しかしこれらの方式には，

① 連系時，フリッカ等の電圧変動を引き起こす可能性が考えられる．

表6・2 単独運転検出方式の比較

評価指数 \ 各方式	次数間高調波注入方式	無効電力変動方式	無効電力補償方式	負荷変動方式
系統への影響	基本波電圧に対して約0.1％程度の注入	複数設置の際には変動量が大	複数設置の際には変動量が大	複数設置の際には変動量が大
複数台設置による相互干渉	注入周波数の完全分離により影響なし	影響を受けないためには変動周期の同期が必要	影響を受けないためには変動周期の同期が必要	影響を受けないためには負荷挿入周期の同期が必要
検出時限	0.5～1秒での短時間にて検出	場合により数秒～10秒程度要する	場合により数秒～10秒程度要する	数秒程度
装置容量	約0.1％程度の注入容量にて検出可能	検出精度向上には装置容量が大	検出精度向上には装置容量が大	検出精度向上には負荷容量が大
単独運転検出装置の外付け	可	不可	可	可

② 単独運転検出装置が複数台設置された場合に相互干渉による検出不感帯が生じ，確実に単独運転検出できない可能性がある．

③ 開放点において電力需要バランスが平衡している場合，あるいは近辺の需要家に大容量の分散型電源（あるいはモータ負荷）が設置されている場合に検出時間が極めて長くなることがある．

などの課題が残っています．

このため，最近では上記課題を解決する方法として，次数間高調波注入方式が実用化されています．**表6·2**にこれらの単独運転検出方式の比較を示します．

(3) 次数間高調波注入方式の原理

次数間高調波とは，**図6·7**に示すように，整数次高調波間に存在する非整数次の高調波であり，その系統電圧ならびに電流成分は，電源周波数に同期させて計測すれば定常的にほとんど存在しません（電圧では基本波成分に対して0.01％程度のレベルとなる）．従って，次数間高調波電流を連系点に微少量系統に注入するだけで，連系点の注入次数に対する電圧・電流を計測して，容易に系統インピーダンスを計測することができます．

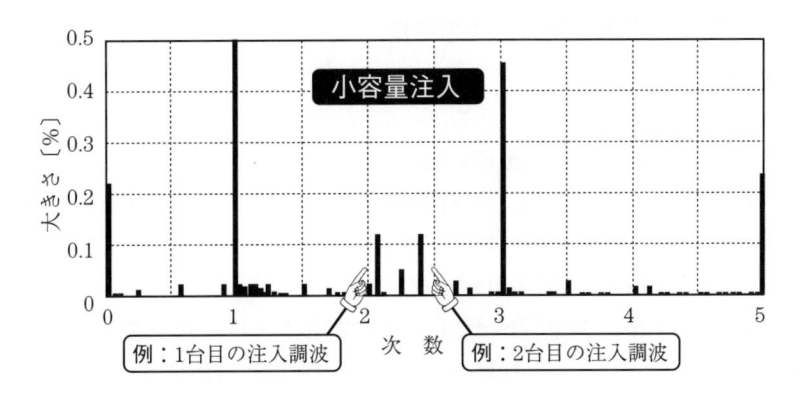

図6·7 次数間高調波

この原理を応用して連系点から眺めた系統インピーダンスを常時監視しておきます．**図6·8**に示すように，通常系統インピーダンスは，変電所バンクトランス漏れインピーダンスと配電線インピーダンスが大部分であるため値は小さいが，系統の供給停止時には系統インピーダンスが極めて大きくなります．このインピーダンスの大きさの変化を検出することにより，単独運転状態を判定することができます．

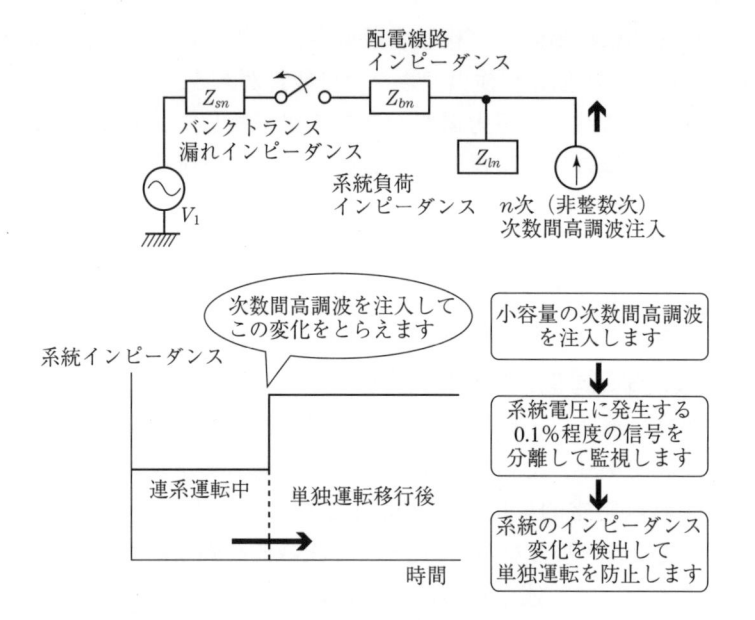

図6・8 次数間高調波方式の原理

(4) 次数間高調波注入方式の特長

本方式の特長を以下に示すとともに，図6・9にその外観を，表6・3に装置仕様を示します．

① あらゆる分散型電源に対応

太陽光発電，風力発電，燃料電池発電，マイクロガスタービン発電など，あらゆる種類の分散型電源に対応します．

② 1秒以内での高速検出が可能

高速サンプリングを行いつつ，過去算出インピーダンス値に対する変化量を監視することにより，1秒以内での短時間検出が可能です．

③ 系統への影響が小さい

注入電圧歪みは基本波電圧に対して，たかだか0.1～0.3％程度にすぎません．

図6・9 次数間高調波注入方式単独運転検出装置外観

表6・3 装置仕様

	項　目	内　容
注入部	1.検出方式	次数間高調波注入方式
	2.定格電圧	線間電圧6600V
	3.注入電流	最大1.5A（6.6kV系統において）
	4.注入による次数間高調波電圧歪み率	6.6kV系基本波電圧に対して0.3%以下
監視部	5.取込み要素	三相電圧および三相電流 　定格線間電圧AC110V 　定格相電流AC5A
	6.制御電源	AC100VあるいはDC110V 500VA以下（バックアップのあるもの）
	7.出力接点	トリップ制御用（無電圧接点） 　接点定格　AC120V　5A（抵抗負荷） 　　　　　　DC28V　5A（抵抗負荷）
		表示用（無電圧接点） 　接点定格　AC120V　5A（抵抗負荷） 　　　　　　DC28V　5A（抵抗負荷）
	8.動作表示	動作LEDおよびマグサイン（機械式のもの）
	9.使用環境	周囲温度　0〜40℃
		周囲湿度　30〜80%（結露なし）

④　複数台設置による相互干渉を受けない

別々に設定した次数間高調波を注入し，各々の注入次数に対する系統インピーダンス監視を行うことにより，相互干渉を受けません．

6.3 各種配電

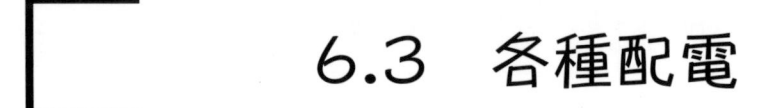

6・3・1 高周波配電

(1) 高周波配電のねらい

現在，商用電源は50Hzもしくは60Hzですが，それよりも高い周波数に変換した方が，負荷にとって好ましい場合が多いといえます．ビル内の照明設備を例に取ると，蛍光灯は高周波にした方がロスが減り，より明るく点灯します．空調設備の場合は，ファンを動かすモータの小型化および高速化が可能になると

表6・4 高周波配電の期待効果

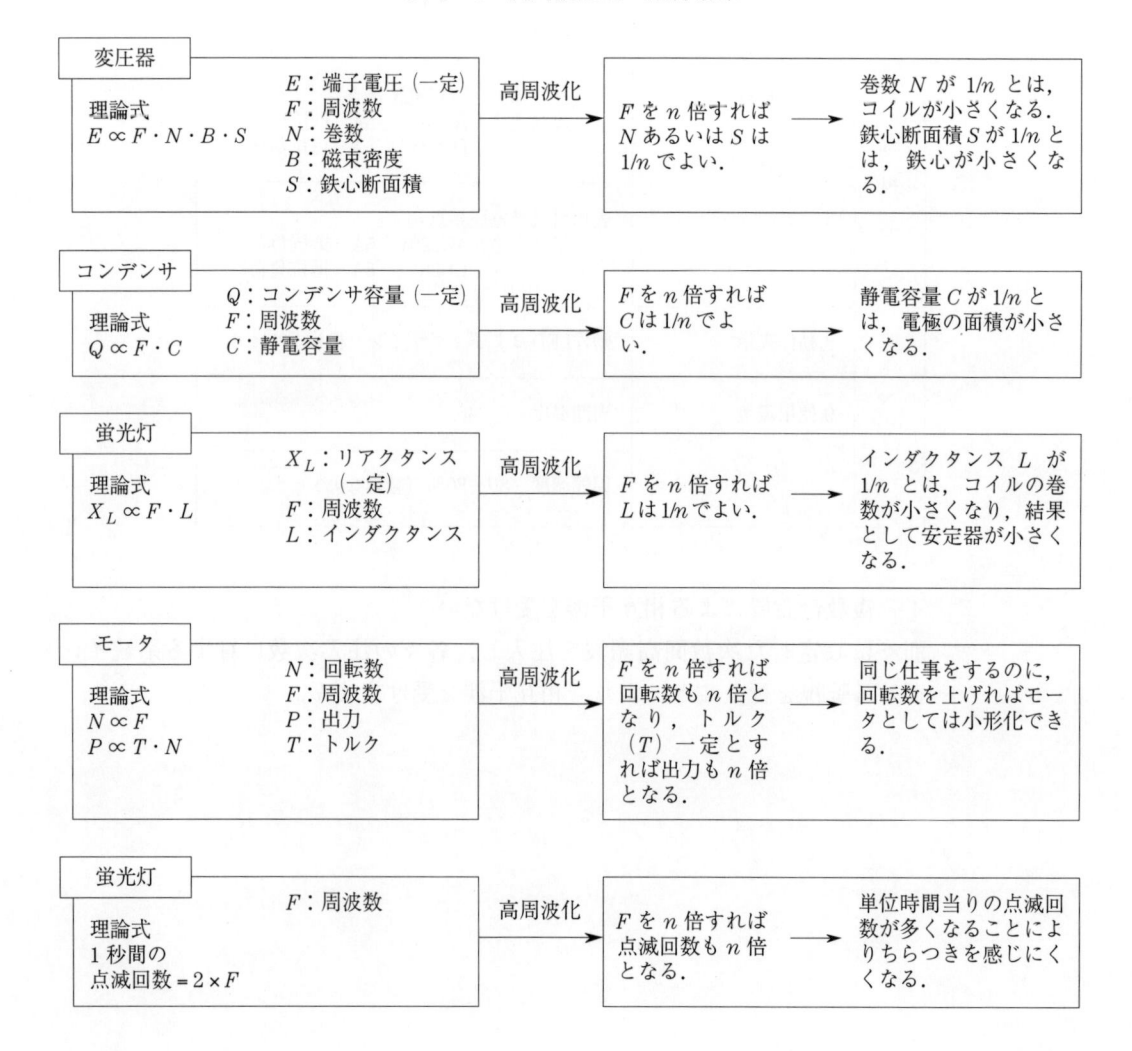

機器	理論式	変数	高周波化	効果
変圧器	$E \propto F \cdot N \cdot B \cdot S$	E：端子電圧（一定） F：周波数 N：巻数 B：磁束密度 S：鉄心断面積	Fをn倍すればNあるいはSは$1/n$でよい．	巻数Nが$1/n$とは，コイルが小さくなる．鉄心断面積Sが$1/n$とは，鉄心が小さくなる．
コンデンサ	$Q \propto F \cdot C$	Q：コンデンサ容量（一定） F：周波数 C：静電容量	Fをn倍すればCは$1/n$でよい．	静電容量Cが$1/n$とは，電極の面積が小さくなる．
蛍光灯	$X_L \propto F \cdot L$	X_L：リアクタンス（一定） F：周波数 L：インダクタンス	Fをn倍すればLは$1/n$でよい．	インダクタンスLが$1/n$とは，コイルの巻数が小さくなり，結果として安定器が小さくなる．
モータ	$N \propto F$ $P \propto T \cdot N$	N：回転数 F：周波数 P：出力 T：トルク	Fをn倍すれば回転数もn倍となり，トルク（T）一定とすれば出力もn倍となる．	同じ仕事をするのに，回転数を上げればモータとしては小形化できる．
蛍光灯	1秒間の点滅回数$=2 \times F$	F：周波数	Fをn倍すれば点滅回数もn倍となる．	単位時間当りの点滅回数が多くなることによりちらつきを感じにくくなる．

6·3 各種配電

いう効果があります．

また，高周波（例えば500Hz程度）配電にすることで，受配電設備として必要な変圧器などの機器が，小型・軽量化できます．**表6·4**に高周波配電の期待効果を示します．

(2) 高周波配電の電力供給システムの実施例

当該ビルの全体配電系統を**図6·10**に，高周波配電用電源装置のシステム系統を**図6·11**に，その外観を**図6·12**に示します．

高周波配電はまだ実用化を検証している段階ですが，そのフィールド検証として一般的な事務所ビルの1フロアにおいて照明を対象に実施された例を示し

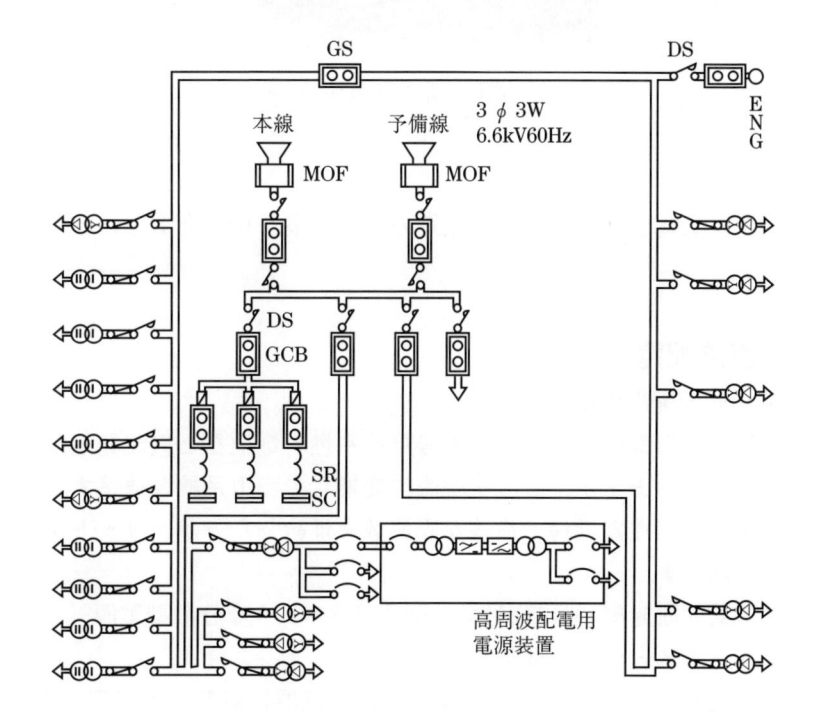

図6·10 受配電系統図

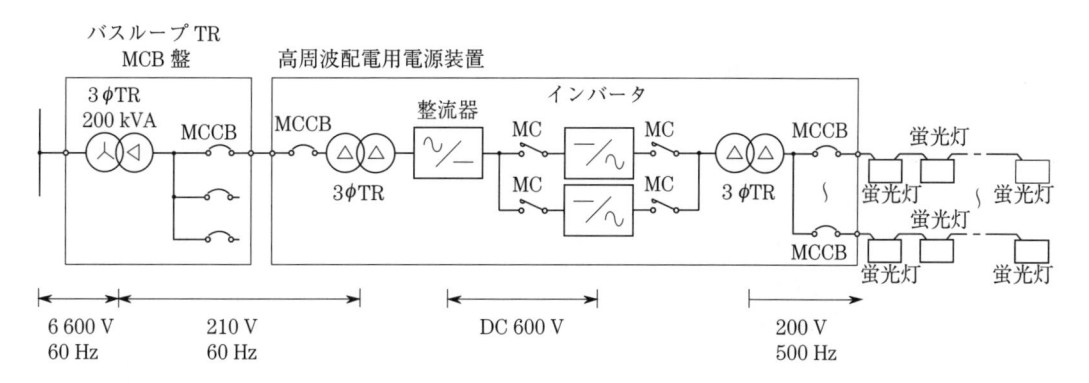

図6·11 高周波配電用電源装置システム系統

図6・12　高周波配電用電源装置外観

ます．
　高周波配電を行うことで蛍光灯の発行効率が10％向上したと報告されています．

6・3・2　直流配電
(1)　直流配電のねらい
　新種分散型電源と呼ばれる太陽電池や燃料電池など直流発電設備の有効利用が叫ばれていますが，直流を交流に変換して商用系統と連系するよりも，直流で配電し利用機器近傍で最適な周波数を供給した方がメリットが大きい場合が考えられます．
　電気共同研究第49号第3号では**図6・13**のような分散型電源電力供給次世代システム（イメージ）が紹介されています．
　直流配電とは，たとえばビル内の負荷機器に対し直流で電力を供給します．これにより，直流発電設備である太陽電池や燃料電池などの出力をそのまま取り込めますので，これら分散型電源の有効利用が期待できます．（**図6・14参照**）
(2)　直流配電の電力供給システムのメリット
(a)　省エネ効果
　最近の負荷は50/60Hzの商用周波数で使用する負荷が少なくなっており，各機器ごとに電力変換器で直流や高周波に変えて使用します．直流配電を行えば直流発電機である燃料電池や太陽電池の出力をそのまま取り込むことができるだけでなく，商用周波数をいったん直流に変換し，さらに他の周波数に変換するという二重の変換ステップが一重で済み，効率も良くなります．
(b)　品質の良い電気
　直流配電にすると，電力系統に流出する高調波は連系点での電力変換器からだけなので，この電力変換器に高調波抑制機能を持たせるだけで抑制が可能に

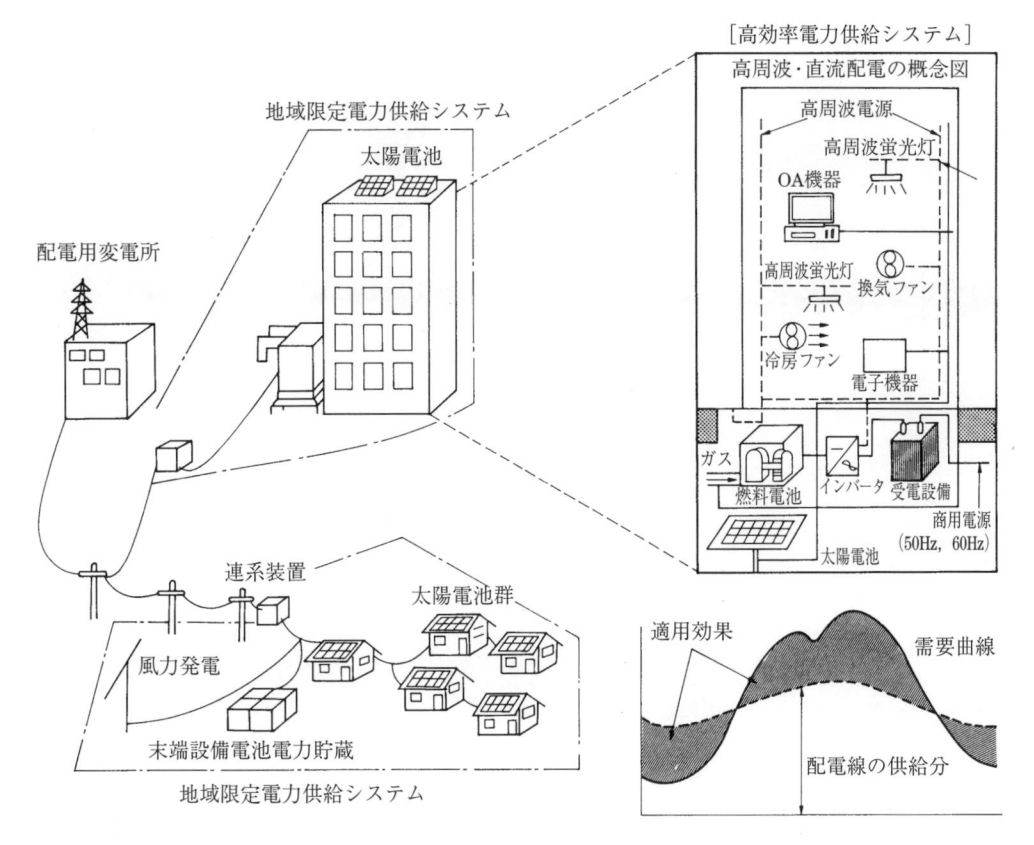

図6・13　分散型電源電力供給次世代システム（イメージ）

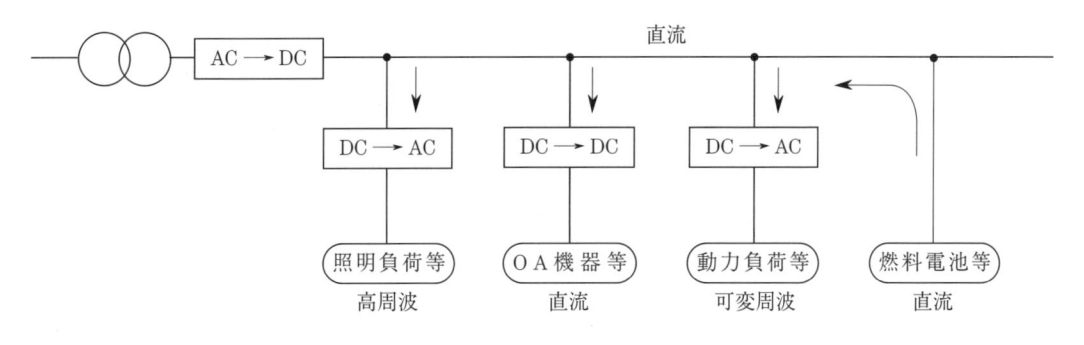

図6・14　直流配電の構成図

なります．

(c) 供給信頼度の向上

　直流配電方式は，商用系統で瞬時電圧低下が起きた場合に直流電圧の低下がないので負荷は高信頼度の電気が供給されます．また燃料電池や太陽光などの分散電源があれば，商用系統が停電しても独立して電力供給が可能となります．

第7章　無停電電源装置の運転と保守

7.1　交流無停電電源装置

　交流無停電電源装置は，コンピュータシステム，情報通信システムやプラントプロセスコントロールシステム等のコンピュータをはじめとするエレクトロニクス応用システムや高速道路のトンネル照明等の商用電源の停電や瞬時電圧低下あるいは周波数の変動・サージ等が設備の機能や動作に重大な支障を与えるような場合に，常に安定した交流電源装置として利用されています．

7・1・1　商用電源の品質
(1)　停　電
　我国における電力系統は，その供給信頼性において国際的に相当に高いレベルにあり，停電の回数/時間は着実に減少してきています．最近の停電の原因の大部分が，落雷や異常気象などの自然現象であり，現状の回数/時間を更に大幅

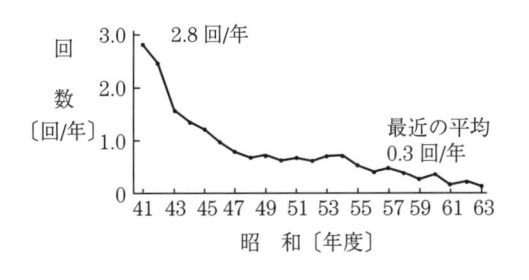

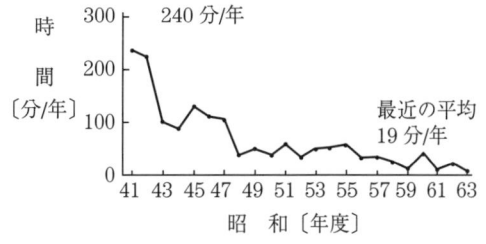

　　(a)　一需要家当たりの停電回数　　　(b)　一需要家当たりの停電時間

図7・1　一需要家当たりの停電状況の推移

に減らすことは大変困難と考えられています.

1分間以上電力供給を絶たれる,いわゆる需要家の受電点における停電の全国平均での状況推移を図7・1に示します.

これに示す様に,最近の1需要家当たりの停電回数は0.3回/年程度でほぼ限界にあります.

これらの停電事故の原因は図7・2に示す様に,半数以上が雷,風雨,氷雪などの自然現象であり,特に影響が広範囲に及ぶ送電設備事故のうち雷によるものが半数近くを占めています.

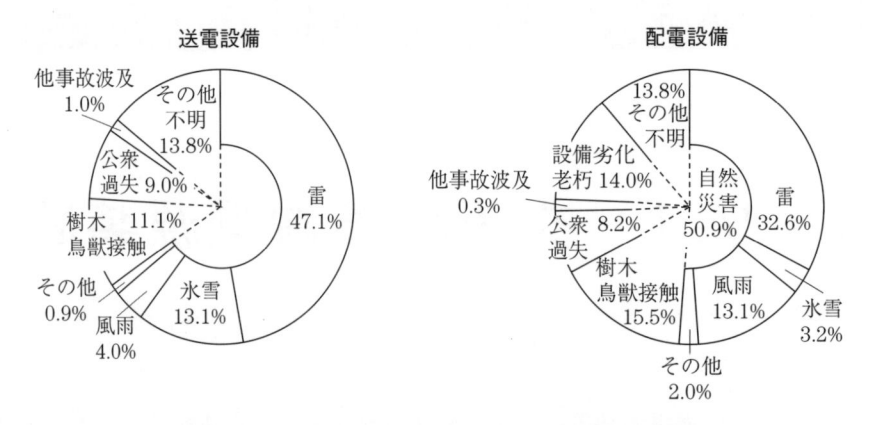

図7・2 送電・配電設備の停電事故原因の分析
(昭和56～60年実績)

一方,受電点が停電した場合の需要家側の停電対応シーケンス制御を図7・3に示す様な簡単なモデルを例にとり考えてみますと,受電点において停電が発生すると,受電の不足電圧継電器(UVR)が1～2秒以内にこれを検出し,受電点遮断器(CBA)を開放します.同時に非常用発電機は起動を開始し,40秒以内に重要負荷である機器Bに電源供給します.

(他の遮断器CBB～Eの動きの説明は省略します.)

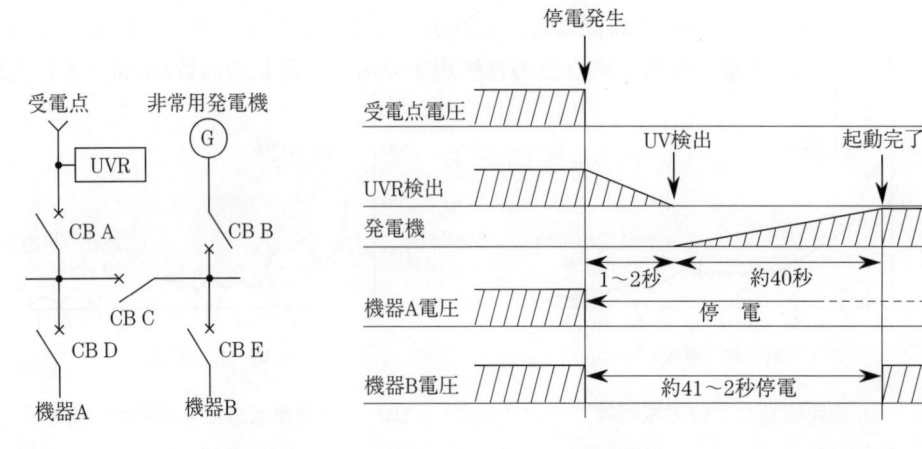

図7・3 モデル単線接続図

図7・4 モデルの停電対応シーケンスタイムチャート

これをタイムチャートで示すと**図7・4**の様になります.

この様なシーケンスは，不足電圧継電器（UVR）の検出動作をトリガーとしてスタートさせており，一旦スタートすると通常は発電機による電力供給開始というシーケンスエンドまで制御を続けさせるため，受電点の停電が不足電圧継電器（UVR）検出動作後にすぐ復電する様な4～5秒の停電であっても，負荷側機器A，Bにとっては，同様な停電時間となります．すなわち需要家における停電回数・時間は，受電点の1分間以上0.3回/年にそれぞれの停電対応シーケンス制御による分（今回のモデルでは1～2秒以上の停電分）も加算されることになります．

以上のことから，負荷側の機器が接続されている箇所での停電回数と停電時間は，さらに需要家構内での事故停電分も考慮に入れると，図7・1に示す，受電点での停電状況より，更に悪くなると言えます．

(2) 瞬時電圧低下

停電には至らないものの，数10ミリ秒から数百ミリ秒間だけ電圧が低下する瞬時電圧低下（瞬低）の回数は，平均5回/年と停電回数に較べて圧倒的に多いうえに，地域的な偏よりも大きく，多雷地域では年間20～30回という例も珍しくありません．このため，最近の，特にエレクトロニクス応用の瞬停の影響（**図7・5参照**）を受けやすい機器の普及とあいまって，停電よりも回数の多い瞬低の影響の重大さがクローズアップされています．

また，負荷機器にとっての実質的な停電や瞬低としては，電力系統側の停電

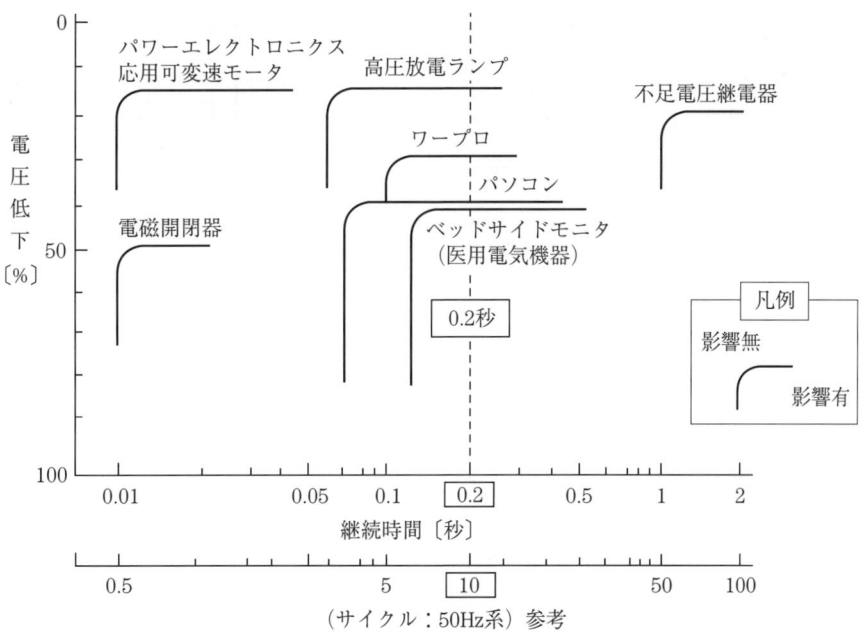

(注) この特性は実測の一例であり，メーカーの保証値ではない．機種・負荷状況によって特性は異なる．

図7・5　負荷機器の瞬時電圧低下の影響例

や瞬低にとどまらず，需要家内における，スイッチの事故電流による自動遮断や誤動作，あるいは重負荷の起動による異常電圧低下も含まれることになり，むしろローカルな原因による電子機器の電源の停電や瞬低にも十分考慮する必要があることを付け加えておきます．

(a) 瞬低発生のメカニズム

瞬低は次の様に定義されています．

「電力系統を構成する送電線などに落雷などにより，故障が発生した場合，故障点を保護リレーで検出し，遮断器でそれを電力系統から除去するまでの間，故障点を中心に電圧が低下する現象を言う．」（電協研報2-1）

例えば，図7・6に示すように2号線に落雷等により故障が発生した場合，保護リレーの検出により故障設備を，回線両端の遮断器を開放することで切離します．この故障発生後該当故障設備（2号線）を切離すまでの間，健全回線（1号線等）に故障の影響が波及し，"需要家AおよびB"に電圧の低下が発生します．この電圧低下現象が瞬時電圧低下（瞬低）です．

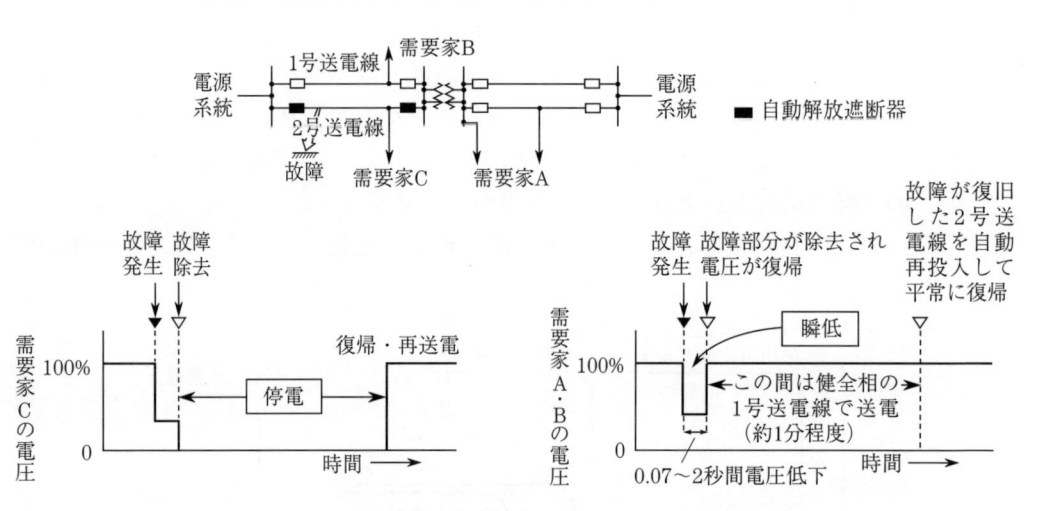

図7・6 需要家の電圧変化

(b) 瞬低の発生頻度

電協研による調査報告によりますと，瞬低の実態は次の様になります．

① 電圧低下度と継続時間（図7・7参照）
  ・低下度：20％前後のものが過半数
  ・継続時間：5～6サイクル（0.1秒）のものが約60％となっています．
② 年間発生回数（図7・8，図7・9参照）
  ・全国平均 5回（20％以上の低下）
  ・地域的バラツキ 2～11回

となっています．これは夏季雷によるものが多く，電圧階級としては66/77kV系の占める割合が約6割となっていることがわかります．

(c) 瞬低の影響

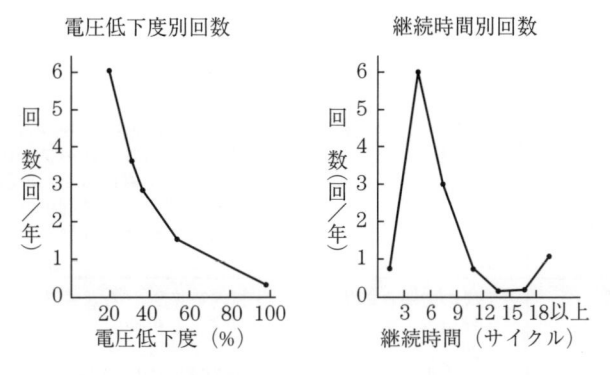

図7・7 瞬低の電圧低下度, 継続時間別回数

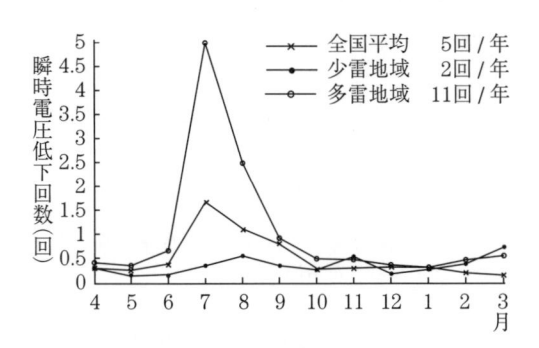

図7・8 月別瞬低回数

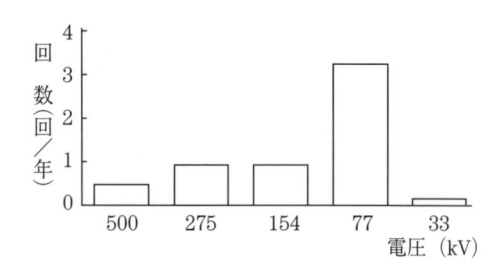

図7・9 故障点電圧階級別瞬低回数
（電圧低下度20%以上）

(1) 瞬低の影響を受ける機器

瞬低の影響を受ける機器は，基本的には下記の5種類であり，これらは「瞬低の影響を受ける5つの要素機器」と定義されています．

① 直流安定化電源（コンピュータ等マイクロエレクトロニクス機器の電源．一般にスイッチングレギュレータが使用される．）
② 電磁開閉器（マグネットスイッチ）
③ パワーエレクトロニクス応用可変速モータ
④ 高圧放電ランプ
⑤ 不足電圧継電器

瞬低障害の発生するシステムは，上記要素機器の1つ，または複数を組み込んだ装置で構成されており，必ず上記①～⑤が関与しています．

表7・1にこれらの機器の影響の内容を，**図7・10**に工場あるいは事務所でこれら機器がどのように配置されているかを模式的に示します．

(2) 瞬低の影響を受けるシステムと業務

前記の要素機器が組み込まれた装置，システムの例を**図7・11**に示します．

(d) 対 策

(1) 対策方法の検討

対策方法を，その役割分担から分類し，評価すると**表7・2**の様になります．

表7・1 瞬低の影響を受ける5つの要素機器とその具体的影響内容

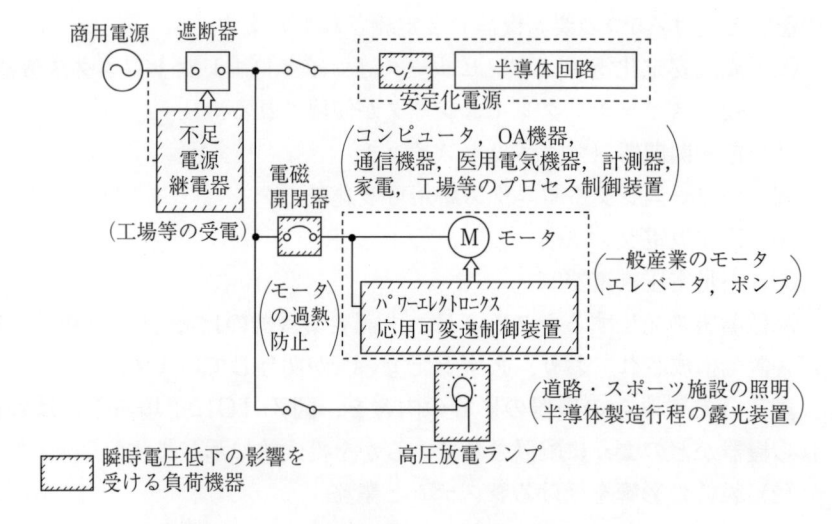

機器名	適用箇所の例	影響内容
① 直流安定化電源〔コンピュータ等マイクロエレクトロニクス機器の電源〕	・工場のプロセス制御用 ・OA機器	・20％以上の電圧低下が0.02～0.1秒程度継続すると，コンピュータが停止する．（計算ミスなどを避けるため自動停止する．） ・工場のプロセス制御用コンピュータが停止すると，操業が部分停止する．
② 電磁開閉器（マグネットスイッチ）	・工場のモータの大部分 ・各種機器・装置の電源開閉	・50％程度以上の電圧低下が0.005～0.05秒継続すると釈放し，モータの電源を開放する．（マグネットスイッチはモータの起動停止時の電源の開閉などのために多く使用されている．） ・モータの停止により生産が停止する．
③ パワーエレクトロニクス応用可変速モータ	・一般産業用のモータ ・エレベータ ・浄化場，下水処理場のポンプ用モータ	・20％以上の電圧低下が0.01～0.02秒継続するとモータが停止する．（サイリスタ保護のために停止する．） ・モータの停止により，工場の操業，エレベータ，水道などが停止する．
④ 高圧水銀灯	・店舗，ホールの照明 ・スポーツ施設，道路，トンネルの照明 ・半導体露光装置	・20％以上の電圧低下が0.05～0.1秒継続すると消灯する． ・いったん消灯すると，再点灯まで数分かかり，安定点灯（定格出力）するまでに更に数分を要する．
⑤ 不足電圧継電器	・受電電圧の監視 ・機器電圧の監視	・不足電圧継電器（UVR）の動作整定時間が短い場合，停止する． ・生産が停止する． 　　受電用UVR：全　停 　　機器用UVR：部分停止

図7・10 瞬時電圧低下の影響を受ける機器

7・1 交流無停電電源装置

装　置（1つ以上の要素機器で構成される）
- ロボット　・VVVF　・自動倉庫システム
- NCマシン　・水銀灯　・受電設備全般
- 空調機　・ポンプ　・FA・OAシステム
- マイコン　・エレベータ　・自動検査システム
- プロコン　・レジスタ
- シーケンサ　不足電圧継電器付装置

影響を受ける5つの要素機器
① 直流安定化電源（コンピュータ等の電子機器）
② 電磁開閉器（マグネットスイッチ）
③ パワーエレクトロニクス応用可変速モータ
④ 高圧放電ランプ
⑤ 不足電圧継電器

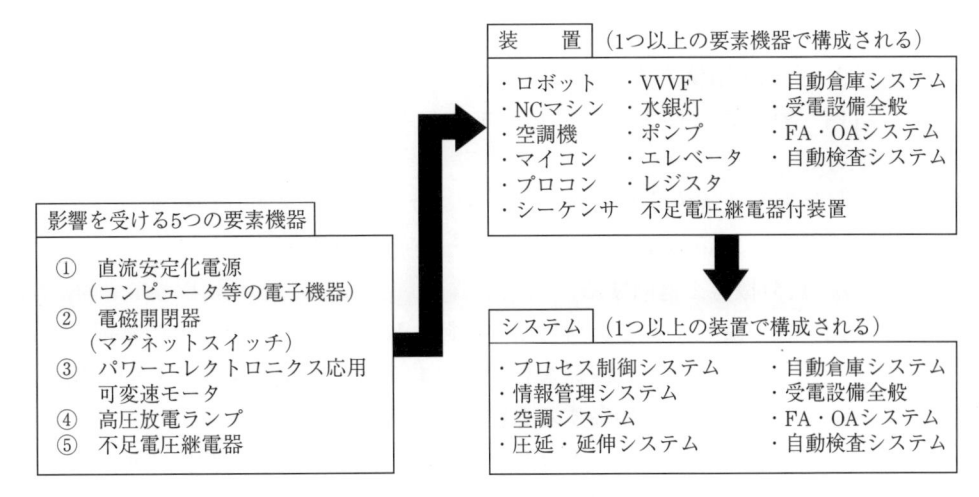

システム（1つ以上の装置で構成される）
- プロセス制御システム　・自動倉庫システム
- 情報管理システム　・受電設備全般
- 空調システム　・FA・OAシステム
- 圧延・延伸システム　・自動検査システム

図7・11　瞬低障害を受ける機器・システム

表7・2　瞬低の対策方法とその評価

対策方法	担当	評価	評価度
電源系統での対策	電力会社	・現実的には困難． 〔瞬低の原因の大半は落雷等自然現象であり，これを防止するには送電線を架空から地中に変えなければならないが，現実面で困難．〕	×
機器耐力の強化	メーカ	・価格・容積の点で困難となる場合が多い． 〔内蔵の直流電源のコンデンサ増量による耐力付加，メモリーのバッテリバックアップ，電磁開閉器の遅延釈放化の採用等が考えられ，実施されてもいるが，機器単体としては対策するか，対策装置の設置との比較において判断されている．〕	△
対策装置の設置	ユーザメーカ	・各種の対策装置の中から最もコストパフォーマンスの高い装置を導入することができる． 〔現状では他に有力な手段が無いため，これを主体に検討せざるを得ないのが実情．対策装置の選択に当たって最も重要な点は，対策目的と付加機器（あるいはシステム）の要求する信頼度レベルを明確化し，コストパフォーマンスの高い合理的な装置を導入することと考えられています．〕	○

（2）負荷機器側での対策方法

　負荷機器側での具体的な対策法を示すと次のようになりますが，それぞれに難しい方法です．

　　① 変化に追随させない．
　〔内　容〕瞬低による変化に対する感度を鈍く，あるいは応答しないようにする．
　〔対策例〕ラッチ型電磁開閉器，遅延釈放型電磁開閉器，不足電圧継電器の整

定変更

② 変化を補償する．

〔内　容〕瞬低により不足したエネルギーを，他の代替エネルギーで補償する．

〔対策例〕直流安定化電源のコンデンサ・半導体メモリの電池バックアップ・対策装置（UPS，ユニセーフ）の設置

③ 負荷機器を遮断する．

〔内　容〕瞬低による負荷機器の故障・破損を防止したり生産物損失を最小とするため，瞬低を検出して負荷装置を交流電源より切り離す．復電後自動再始動する方法も用いられる．

〔対策例〕パワーエレクトロニクス応用可変速駆動制御装置，対策装置の設置が価格等の要因で困難な各種負荷装置．

④ ソフト的に対策する．

〔内　容〕瞬低による影響を軽減したり，影響を受けたことが認知できるように操作・運用・データ処理方法等でソフト的に対応する．

〔具体的対策〕
・雷情報で装置を停止する．
・データ記録用紙にマーキングし，該当データが正しくないことを示す．
・復電後の誤動作が発生しないよう安全側にリセットする．

7・1・2　停電/瞬低　対策装置の種類

瞬低により影響を受ける負荷側機器は，当然停電によっても影響を受けるため，停電および瞬低に対して対策をするものと，一方，こうした機器の中で，稀な停電による停止を割り切ることが出来，瞬低にのみ対策する装置の2種類があります．

(1) 停電/瞬低　対策装置

停電対策として非常用発電機を設置しても発電機が立ち上がる迄の数10秒間の短時間停電があり，こういった停電による負荷（システム）の停止が絶対に許容できないような重要箇所には並列型無停電電源装置を設置します．

これは一般的には単に無停電電源装置と呼ばれているもので，5～10分間の停電補償能力があり，数秒以内の瞬底を十分カバーすることができます．

これの設置により電気の品質や信頼性の点で万全でありますが，導入に伴うイニシャルコストやランニングコストは二義的要素であり，その保全的性格が重視されます．

(2) 瞬低専用対策装置

瞬底は非常に短時間の現象であるため，経済的な面から簡易な瞬低のみの対策装置が実用化されています．これは導入の容易さ，採算性の向上等の直接的

な実利を求めるものであり，負荷機器・システムの高度化・多様化に伴い，電源品質に対する要求も高度化・多様化しており，対策メニューの品揃えの一環とも言え，これからは目的に応じた適切な選択を行う必要があります．

種類としては次の様なものがあります．

(a) M-G装置

古くからある瞬低対策装置で，電動発電機のフライホイール効果で，電圧を保持します．保持時間は1秒程度です．

回転機であるため，電気料金，保守等ランニングコストの負担が大きく，近年は静止形装置に置き替わって行く傾向にあります．

(b) フライホイール式無停電電源装置

従来型無停電電源装置は，蓄電池が価格・容積および保守負担の大部分を占めています．この蓄電池を真空中で回転させるフライホイールに置き換えたものがフライホイール式無停電電源装置で，中・小容量のものが開発されています．

(c) 直列補償型無停電電源装置"ユニセーフ"

本書で詳述する瞬低専用の対策装置で，「不足電圧直列補償」の原理と，「エネルギー蓄積装置としてコンデンサを使用」することにより，並列型無停電電源装置と比較し，大幅な低価格・コンパクト・高効率・低騒音・省メンテナンスを実現しています．

7・1・3 交流無停電電源装置

(1) 呼 称

交流無停電電源装置は，UPSまたはCVCFと呼ばれていますが，一般的にはCVCFと蓄電池を組み合わせた装置をUPSと称しています．わが国では小容量のものをUPS，中容量以上のUPSを単にCVCF（装置）と呼ぶことが多いですが，規格上はいずれも「UPS」が正しい呼び方です．

それぞれの用語の意味は，

UPS：(Uninterruptible AC Power System)…瞬停等に対して連続的な電力供給をするもの．

CVCF：(Constant Voltage Constant Frequency AC Power System)…良質の電力供給を重視したもの．

といえます．

(2) 動作原理

(a) UPSの動作原理

装置は整流器，蓄電池，CVCFインバータから構成され，定常時には商用電源の交流入力を整流器により直流に変換し，蓄電池を充電しながらCVCFインバータにより交流を作り出しコンピュータ等に供給しています．したがって，商用電源での電圧変動，周波数変動，電圧波形歪などは，全て回路内に吸収され，

出力側には安定した交流電流が供給されます．また，瞬停や停電が発生した場合には整流器は停止しますが，蓄電池からCVCFインバータに電力が供給され，出力の無停電化が達成されます．

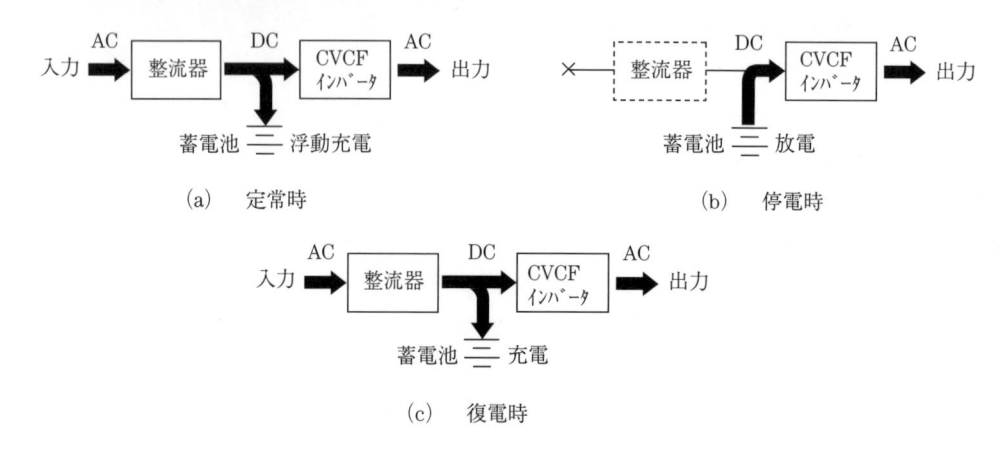

(a) 定常時

(b) 停電時

(c) 復電時

図7・12 UPSの動作原理

(b) CVCFインバータの動作原理

UPSの中で，最も重要な役割を担っているCVCFインバータの動作原理を図7・13に示します．S_1〜S_4の4個のスイッチでブリッジ回路を構成し，直流電源から負荷に交流電力を供給する動作原理を説明します．S_1とS_4のスイッチをオン，S_2とS_3をオフにすると実線で示す方向に電流が流れ，S_2とS_3をオン，S_1とS_4をオフにすると点線で示す方向に電流が流れます．この動作を1秒間に50回繰り返すと50Hzの方形波の交流が負荷に供給されることになります．

ここに使用するスイッチは実際の装置では半導体スイッチングデバイスを使用しており，従来はサイリスタを使用していましたが，最近では自己消弧能力を持つデバイス（BJT，GTO，パワーMOSFET，IGBTなど）が使用されています．また，方形波出力を正弦波出力にするため，交流フィルタを設けていますが，フィルタの小形化や出力性能の向上のために，複数の方形波電圧を多重化して階段波にしたり，複数の方形波電圧の各々のパルス幅を変調（PWM）制御しています．

定電圧制御はインバータのスイッチング動作のオン・オフの時間比率を変え

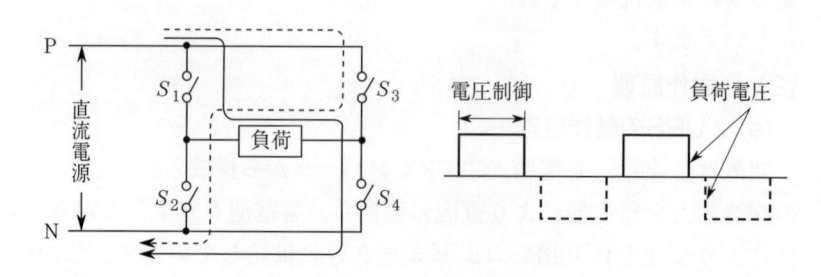

図7・13 インバータの動作原理

ることにより行い，定周波制御は水晶発振器などの高精度の発振器の指令により行います．

(3) 各種システムと動作

交流無停電電源装置の給電システムには，常時直送給電システムと常時インバータ給電システムとがあり，それぞれ次のように分類できます．

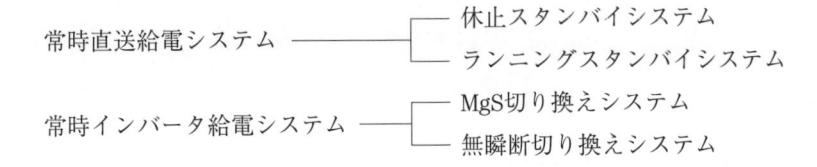

```
常時直送給電システム ─┬─ 休止スタンバイシステム
                      └─ ランニングスタンバイシステム

常時インバータ給電システム ─┬─ MgS切り換えシステム
                            └─ 無瞬断切り換えシステム
```

(a) 常時直送給電システム

常時は直送（商用）交流電源が負荷に供給され，停電時にはインバータから給電するシステムです．

直送（商用）給電⇔インバータ給電切り換え時に瞬断があっても，負荷に支障がない場合に適用されます．整流器容量が小さくてすむため経済的です．

休止スタンバイシステム

常　時
- 負荷へは直送給電されます．
- 整流器は蓄電池の自己放電を補うための充電をしています．
- インバータは停止しています．

停電時
- MgS（マグネットスイッチ）が直送給電側からインバータ給電側に切り換わります．この時0.2～0.3秒の瞬断を生じます．
- 蓄電池→インバータ→負荷へと給電されます．

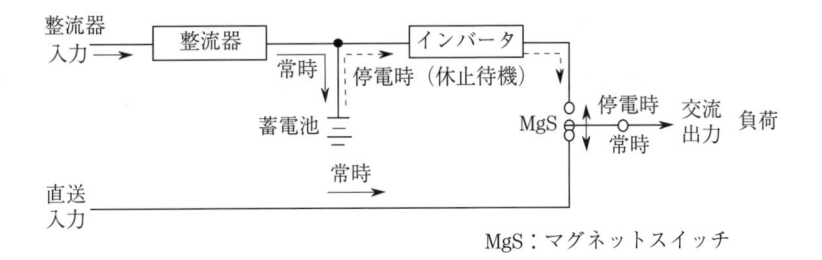

図7・14　休止スタンバイシステム

ランニングスタンバイシステム

常　時
- 負荷へは直送給電されます．
- 整流器は蓄電池の自己放電を補うための充電と，インバータを運転待機させておくための電流を供給しています．
- インバータは，無負荷運転状態で待機しています．

停電時
- MgS（マグネットスイッチ）が，直送給電側からインバータ給電側に切り換わります．この時0.1～0.2秒の瞬断を生じます．
- 蓄電池→インバータ→負荷へと給電されます．

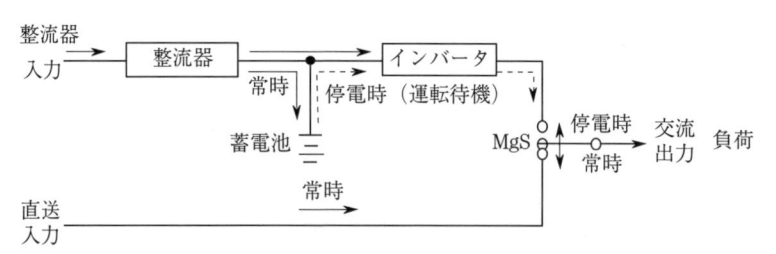

図7・15 ランニングスタンバイシステム

(b) 常時インバータ給電システム

常時インバータより負荷へ電力を供給するシステムです．常時は，整流器よりインバータに給電します．

商用交流電源の瞬間的な電圧降下時や停電時には蓄電池よりインバータへ給電します．従って，負荷には安定した交流を供給することができます．停電時の給電時間は蓄電池容量によって決定されます．

次の場合には，切り換え装置により直送（商用）給電側に切り換えます．
- インバータの故障
- 過負荷や負荷回路の短絡等でインバータ出力電圧が低下した場合
- インバータ点検のため停止する時

切り換え装置の種類により，MgS切り換えシステムと，無瞬断切り換えシステムとがあります．

MgS切り換えシステム

常　時
- 整流器は蓄電池の自己放電を補う充電をしながら，インバータから負荷へと給電しています．

停電時
- 蓄電池→インバータ→負荷へと給電されます．

故障時等

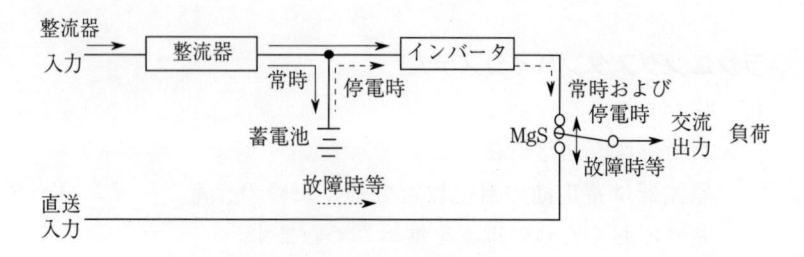

図7・16 MgS切り換えシステム

・MgS（マグネットスイッチ）が，インバータ給電側から直送給電側に切り換わり，直送（商用）電源より負荷へ給電されます．切り換え時，0.1～0.2秒の瞬断を生じます．

無瞬断切り換えシステム

常　時
・整流器は蓄電池の自己放電を補う充電をしながら，インバータから負荷へと給電しています．
・インバータは直送入力に同期して運転しています．

停電時
・蓄電池→インバータ→負荷へと給電されます．

故障時等
・同期時半導体スイッチが無瞬断でインバータ給電側から直送給電側に切り換わり，直送（商用）電源より負荷へ給電されます．

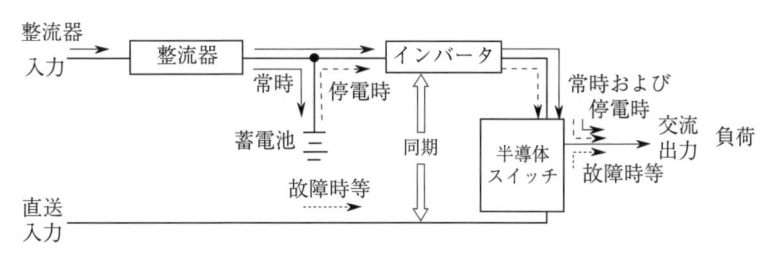

図7・17　無瞬断切り換えシステム

(4)　回路構成の例

UPSは，前項で述べたように，整流器，蓄電池，インバータおよび切替スイッチで構成されますが，具体的な例を常時インバータ給電システムのMgS切り換えシステムで図7・18に示します．また，外観の例を図7・19，図7・20に示します．

(5)　運　転

UPSも，年々効率が良くなって，無負荷運転機の消費電力は小さくなっており，操作ミス防止を含む信頼性や寿命の維持からは，連休時も運転を継続されることを，推奨します．

また，1990年頃の製品から，操作ガイダンス，計測表示，給電状態表示等が可能なモニタリング機能付きのUPSが図7・19や図7・20のように増えて来ています．これらのUPSでは，モニタの指示にしたがって，操作すれば良いことになります．一般的なことを以下に説明しますが，個別の取扱説明書や，モニタの指示が優先します．

(1)　起動から通常運転にする場合

一般的には，図7・18の起動時の投入順序で，操作します．

(2)　保守点検のため，切替スイッチを含めて無電圧にする場合

一般的には，図7・18のメンテナンスバイパス回路より給電させる操作順序です．

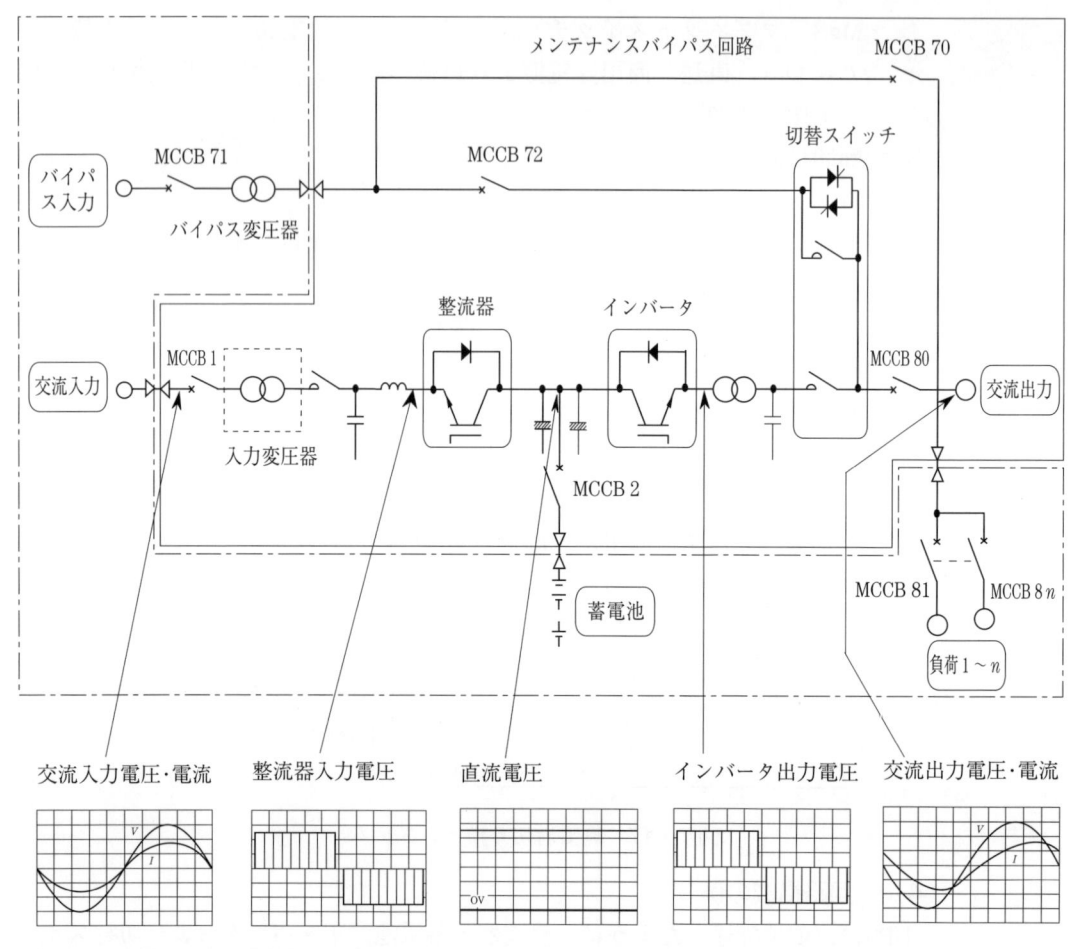

起動および停止時の操作

	MCCB 71	MCCB 72	MCCB 80	MCCB 80〜8n	MCCB 1	MCCB 2	押ボタンスイッチ	給電切替
起動時の投入順序	1	2	3	4	5	6	7：起動	8：インバータ
停止時の遮断順序	8	7	2	1	6	5	4：停止	3：バイパス

負荷への給電を続けながら、保守点検のため、切替スイッチを含めて、無電圧状態とする場合

	給電切替	押ボタンスイッチ	MCCB 70	MCCB 80	MCCB 72	MCCB 2	MCCB 1
メンテナンス・バイパス回路より給電させる操作順序	1：バイパス	2：停止	3 (ON)	4 (OFF)	5 (OFF)	6 (OFF)	7 (OFF)
上記より通常の状態に復帰させる操作順序	7：インバータ	6：起動	5 (OFF)	4 (ON)	1 (ON)	3 (ON)	2 (ON)

図 7・18　回路構成

7・1 交流無停電電源装置

図7・19 汎用UPSの一例

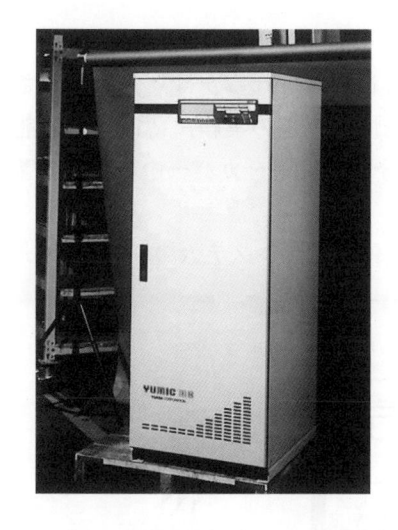

図7・20 UPSの一例

(3) 保守点検が終わり，通常運転にする場合

一般的には，図7・18の通常の状態に復帰時の操作順序で行います．

(4) UPSを停止する場合

一般的には，図7・18の停止時の遮断順序で操作します．

(6) 保護警報

UPSの代表的な故章を表7・3に示します．

表7・3 UPSの故障内容

表示灯		状況または原因	直送への自動切換	備考
盤面	盤内			
重故障(赤)	直流高電圧 直流低電圧	整流器電圧の異常上昇 整流器電圧の低下または電池過放電による電池電圧の低下	◯	インバータ停止
	インバータ出力高電圧 インバータ出力低電圧	インバータ出力電圧の異常上昇 インバータ出力電圧の低下	◯	インバータ停止
	インバータ故障	インバータ電源基板のヒューズ断 素子温度上昇	◯	インバータ停止
	MCCB トリップ	MCCBの過電流トリップ	—	
	整流器故障	整流器ユニット内ヒューズ断 MCCB 0 開	—	
軽故障(橙)	ファン異常	ファン故障 MCCB 下断	—	
	蓄電池液面低下	蓄電池の液面が規定レベル以下	—	均等充電→浮動充電
	蓄電池温度上昇	蓄電池の温度が50℃以上	—	均等充電→浮動充電
	警報回路ヒューズ断	警報用電源回路ヒューズ断	—	

(7) 停電補償時間

UPSが入力の停電後，どれだけ出力を出し続けられるかは，組み合わされた蓄電池の容量で決まります．通常は，経済性，停電の実績，蓄電池の性能，負荷システムの運用などを考慮して，5～10分間の停電をカバーする程度の蓄電池が選ばれています．

図7・21に一般的な6kV受電需要家での無停電電源システムの一例を示します．

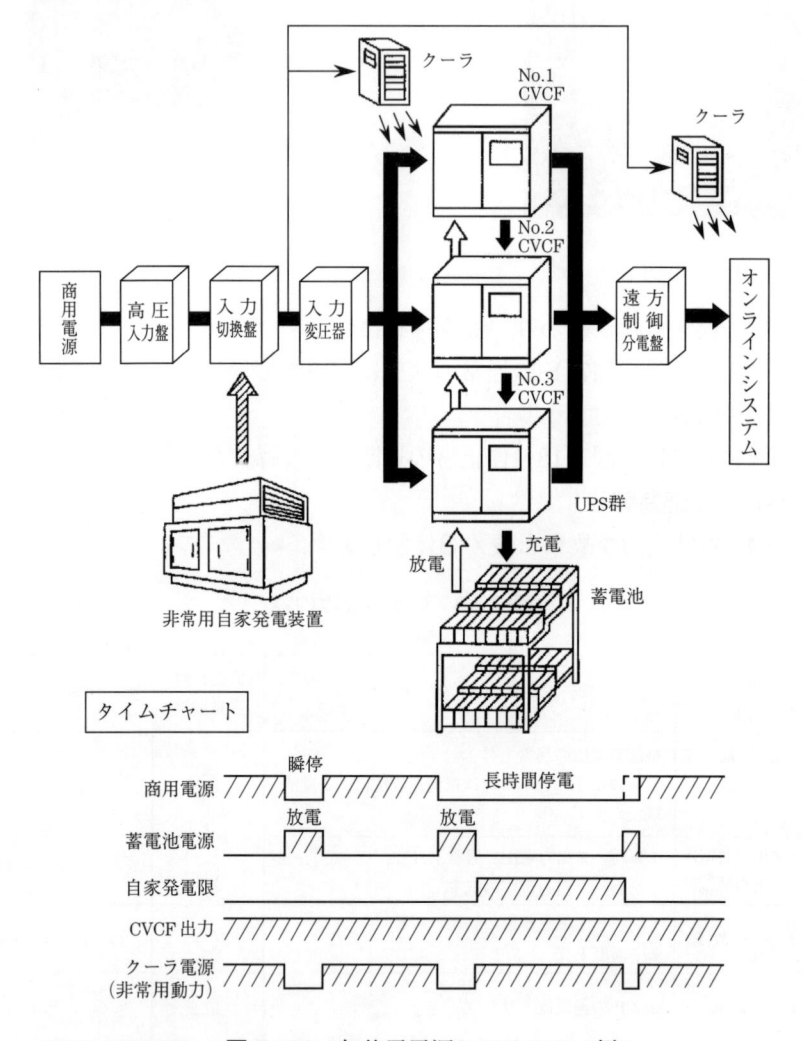

図7・21 無停電電源システムの一例

(8) 保守点検

UPSは，オンライン機器等の高度の信頼度を要求される機器に，無停電の電力を供給する装置です．したがって高信頼度を維持する必要があり，適切な保守点検は，欠かせないものといえます．

保守点検の目的は，設備の機能・信頼性の維持，故障の減少，寿命の延長です．

7・1 交流無停電電源装置

点検には，日常点検，定期点検，精密点検があり，保全活動として，これらの点検で検出した異常部品や，定期的な部品の取替業務があります．定期点検，精密点検および部品の交換業務は，メーカーと相談，協議して，適切に実施して下さい．

(a) 日常点検

日常点検は，UPSをオンコンディションのまま視覚，嗅覚，聴覚により点検することが主体であり，基本的には，普段の状態と変化がないことを確認することです．日常点検は比較的簡単な行為であり高度な技術を必要としませんが，保全の基本となる大切な活動であり，その主な点検内容は，次に示す通りです．

① 周囲環境の点検：ほこり，ガス，水滴，室温，湿度などに変化がないことを点検
② 構成機器および部品の点検：異常発熱，振動，騒音がないか点検
③ 運転状態の点検：計器指示値が規格内にあるかの点検と変動状態の点検
④ 表示灯の点検：状態表示，故障表示に異常がないか点検

日常点検のわずかな状態変化で予防的な処置がとれるだけでなく，万一故障が発生した場合の原因究明に役立つので詳細に記録しておくことが大事です．**表7・4**に点検項目の一例を示します．また，点検の周期は負荷の重要性から決めると良いでしょう．

表7・4 日常点検

点検対象	点検要領			判定基準
	点検項目	周期	点検方法	
周囲環境	① ほこり，ガス	随時	目視，嗅覚	雰囲気の悪いところは改善する．
	② 水その他液体の滴下	〃	目視	痕跡にも注意する．
	③ 温度，湿度	〃	温度計，湿度計	0〜40℃，30〜90％
構成機器および部品	① 振動，騒音	随時	箱外面の触感，聴覚	異常があるときは，扉を開いて変圧器，リアクトル，接触器，継電器，冷却用ファンなどを調べる．必要に応じて停止する．
	② 異常発熱	〃	箱内部，要所の目視および聴覚	扉を開いて変圧器，リアクトル，抵抗器，電磁コイル，ファンモータ，端子部などを調べる．必要に応じて停止する．
運転状況	① 出力電圧，出力電流	随時	盤面計器	規定範囲内にあること．
	② 交流入力電圧，出力周波数，蓄電池電圧（付属の場合）	〃	〃	同上
各種表示灯	① 状態表示	随時	目視	正しい表示をしていること．
	② 故障表示	〃	〃	点灯している時は故障内容を記録の上メーカに連絡する．

(b) 定期点検

定期点検は，主として運転中では点検ができない内容について実施するもので，運転状態が良好な場合でもUPSを停止して行うものです．各部清掃，部品・予備品の目視点検，特性試験などが中心ですが，特に通常滅多に動作しない部分の機能・性能が異常ないか確認します．

主な点検内容は，次に示す通りです．

① 外観の点検：外部雰囲気，異臭や湿気の点検，盤内外清掃
② 構成機器および部品の点検：目視により変色，変形，液漏れがないか点検
③ 特性試験：保護装置の動作確認，各種検出器の動作確認，シーケンス動作試験，各部動作波形の確認など
④ 予備品の点検：予備プリント板の動作点検，員数不足分の補充，損傷有無の点検

点検によりUPS動作に異常がないことを確認と共に，必要に応じて部品交換も行います．点検の結果は，その後の処置をどうするか判断する基準となるの

表7・5 定期点検・精密点検

点 検 項 目		点 検 内 容	定期点検	精密点検
1. 設置環境確認		温度，湿度，塵埃，雨漏り，結露など	○	○
2. 外観部品目視点検		変色，腐食，緩み，異音，振動，油漏れ，液漏れ，変形，ひび割れなど	○	○
3. 清 掃		盤内外のほこりや汚れを清掃	○	○
4. 接続部の増締め			─	○
5. 絶縁抵抗測定			─	○
6. 特性試験	制御部特性確認	(1) 各部電圧 (2) 各部波形 (3) 制御角	─	○
	運転・シーケンス確認	(1) 運転・停止テスト (2) 停電・復電テスト (3) 給電モード切換テスト (4) 保護装置の動作テスト (5) 限時継電器の動作テスト	○	○
	出力特性確認	測定点 入力電圧・直流電圧 出力電圧・出力電流 出力周波数など	○	○
	動作波形確認	観測点 直流電圧・出力電圧 各部制御波形など	○	○
7. 部品特性確認		(1) 主回路電解コンデンサ (2) 主回路半導体デバイスなど	─	○
8. 計器校正			─	○
9. 予備品確認		員数・損傷	○	○

で，特性値はむろん劣化状態，性能も定量的に記録することが重要です．なお，定期点検は技術面，安全面で難しさがあるので，メーカと保守契約を結び実施すべきと考えます．**表7・5**に点検項目の一例を示します．

(c) 精密点検

精密点検は，定期点検に加えて各種の機能試験を行い異常兆候の予知と診断を行う点検です．追加する点検項目は，次に示す通りです．

① 部品の点検：部品の電気的特性を調査し規格値や前回測定値と比較
② 調整要素の設定と測定：調整要素の経年変化による設定誤差の再設定
③ 動作試験：始動，停止，電源切換，出力切換，負荷切換試験における各要素を測定し，規格内にあることを確認する．
④ 増締め：締め付け部の増締め

点検によりUPS動作に異常がないことを確認すると共に，必要に応じて部品交換も行います．定期点検時と同様，点検結果は定量的に示すことが重要です．点検項目は環境，使用条件などによりその点検ポイントが異なり，また測定には特殊計器を使用するのでメーカに依頼した方が良いでしょう．表7・5に点検項目の一例を示します．

(d) 部品交換

UPSの構成部分には，運転時間や動作回数により摩耗する機械的な部分や，温度変化など，経時的に劣化する部品があり，UPSは経年的に信頼性が低下します．そのため予防保全の立場から定期的に部品の交換が必要となります．日常点検，定期点検，精密点検時に検出した異常部品の交換や修理を行うと共に，定期的な部品交換を行う必要があります．

交換周期は部品の種類により異なりますが，メーカーの意見を参考にし点検時に交換することが望ましいでしょう．

7・1・4 瞬低専用対策装置（直列補償型UPS）

前項では蓄電池と組み合わせたUPSの説明を行いましたが，交流入力電源のトラブル中最も多い瞬時電圧低下対策用に特化することで，小形・低廉としたコンデンサを利用したUPS（以下ユニセーフと呼ぶ）について述べます．

(1) 構成と動作原理

(a) 構　成

一般のUPSは並列形で全電圧補償を行うのに対し，この方式は**図7・22**に示す構成で，常時は商用電源から給電し，瞬低発生時はコンデンサに蓄積したエネルギーから，低下分のみの電圧をインバータで発生し，電源に直列に加えることを特徴としています．コンデンサは，電圧低下量100%で0.1秒間，60%で0.35秒間補償できるだけの容量に限定してコンパクト化をはかっており，30～400kVA器が製品化されています．

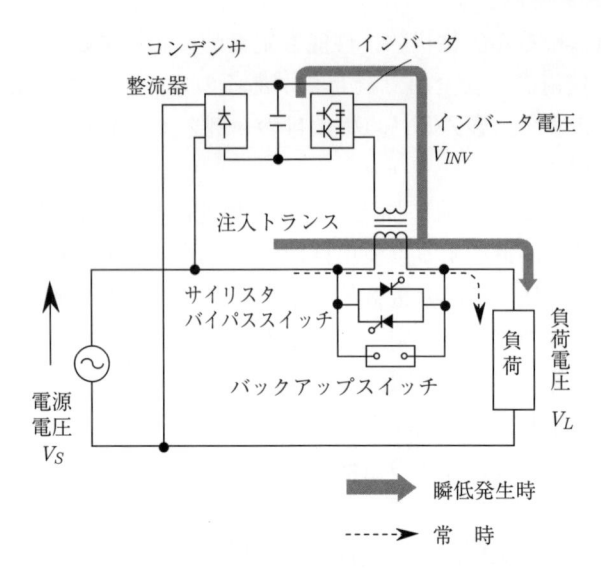

図7・22 ユニセーフの構成と動作原理

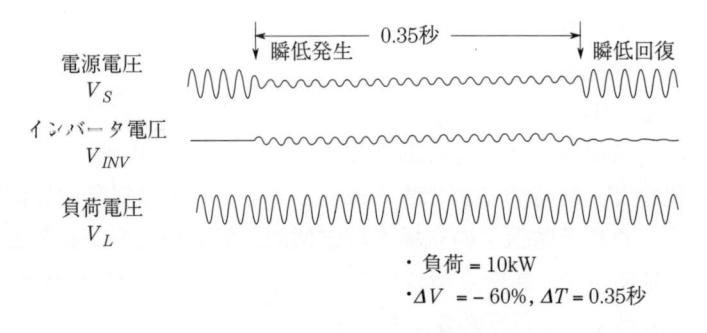

図7・23 ユニセーフの動作波形

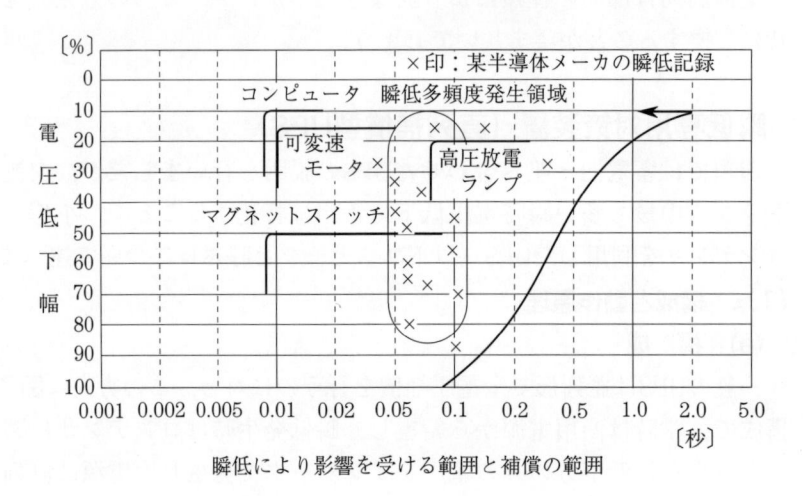

・負荷 = 10kW
・$\Delta V = -60\%$, $\Delta T = 0.35$秒

瞬低により影響を受ける範囲と補償の範囲

図7・24 ユニセーフの補償範囲

(b) ユニセーフの動作原理

① 常時はサイリスタバイパススイッチより商用給電を行い，コンデンサは

7・1 交流無停電電源装置

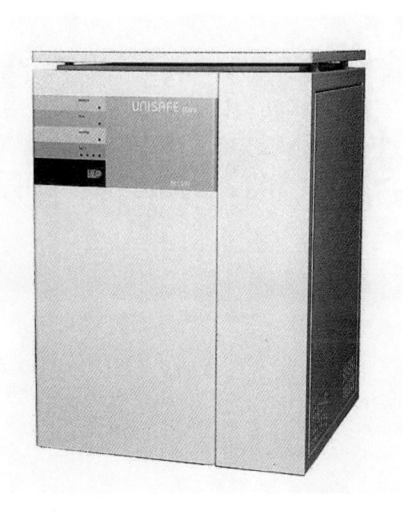

図7・25 ユニセーフの外観

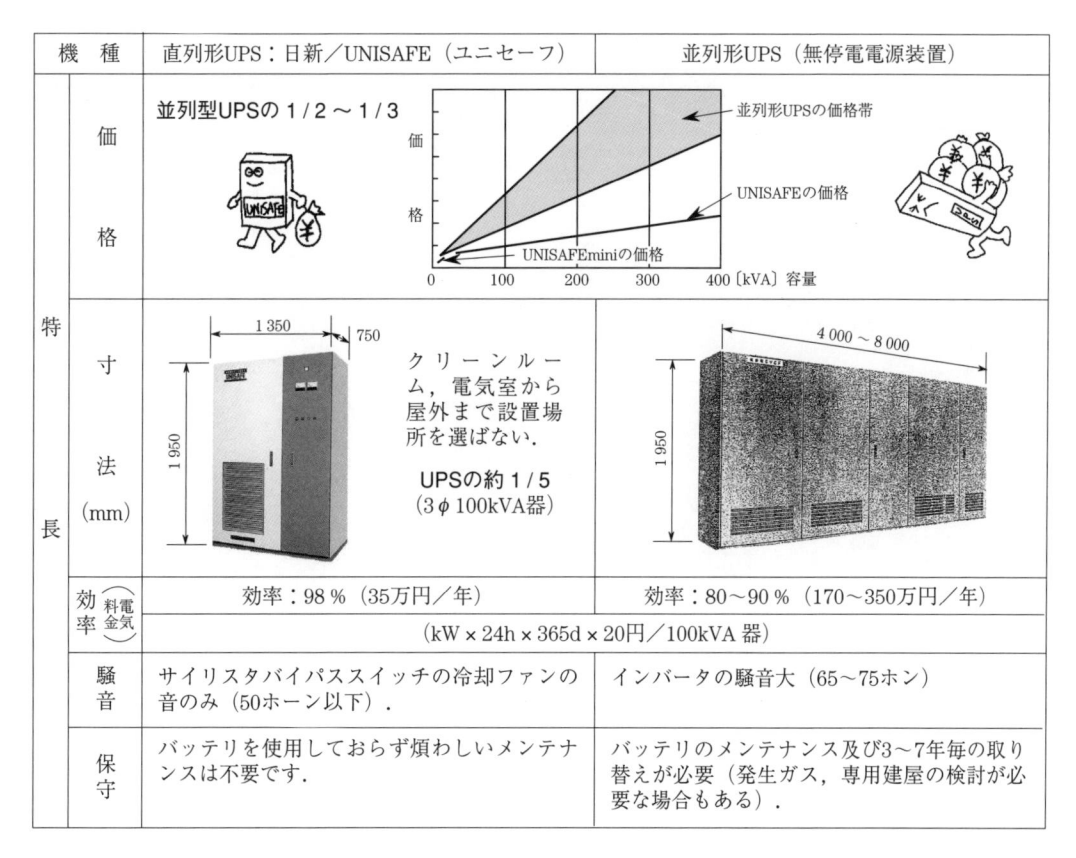

機　種		直列形UPS：日新／UNISAFE（ユニセーフ）	並列形UPS（無停電電源装置）
特　長	価　格	並列型UPSの1/2〜1/3	
	寸法(mm)	1 350 / 750 / 1 950 クリーンルーム，電気室から屋外まで設置場所を選ばない． UPSの約1/5（3φ100kVA器）	4 000〜8 000 / 1 950
	効率（電気料金）	効率：98％（35万円／年）	効率：80〜90％（170〜350万円／年）
		(kW×24h×365d×20円／100kVA器)	
	騒音	サイリスタバイパススイッチの冷却ファンの音のみ（50ホーン以下）．	インバータの騒音大（65〜75ホン）
	保守	バッテリを使用しておらず煩わしいメンテナンスは不要です．	バッテリのメンテナンス及び3〜7年毎の取り替えが必要（発生ガス，専用建屋の検討が必要な場合もある）．

図7・26 ユニセーフの特徴

充電状態，インバータは停止状態でスタンバイしています．
　② 瞬時電圧低下が発生するとコンデンサからインバータが低下した電圧分だけただちに発生し，注入トランスを介して電源電圧に加算し，負荷には一定

電圧が供給されます．

③　瞬時電圧低下が回復すると，サイリスタバイパススイッチが投入され，スタンバイモード（①の状態）に戻ります．

(2) 特　徴

100kVAクラスの従来形UPSと比較すると，**図7・26**のような特長をもっています．

第8章　直流電源設備

8.1　制御用直流電源設備

　直流電源設備は，受変電設備の制御・保護用電源，各種非常用電源や自家発動始用電源等に広く利用されています．いずれの設備も，商用電源停電時にも安定的に直流電源を供給することを目的としています．
　この章では，主に制御用直流電源設備について概説します．

8・1・1　基本構成
　据置形蓄電池と整流器で構成されており，蓄電池の設置方式から次の方式があります．

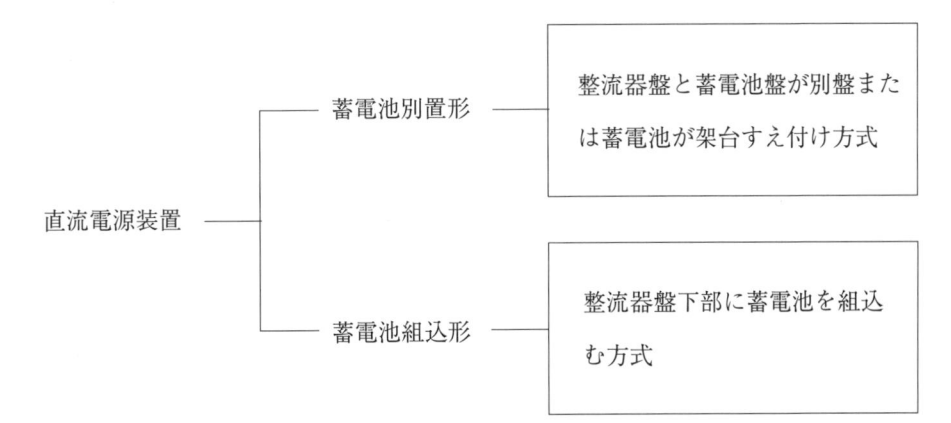

```
直流電源装置 ─┬─ 蓄電池別置形 ── 整流器盤と蓄電池盤が別盤または蓄電池が架台すえ付け方式
              │
              └─ 蓄電池組込形 ── 整流器盤下部に蓄電池を組込む方式
```

248　　　　　　　　　　　　　　　　　　　　　　　　　　　　　　　8　直流電源設備

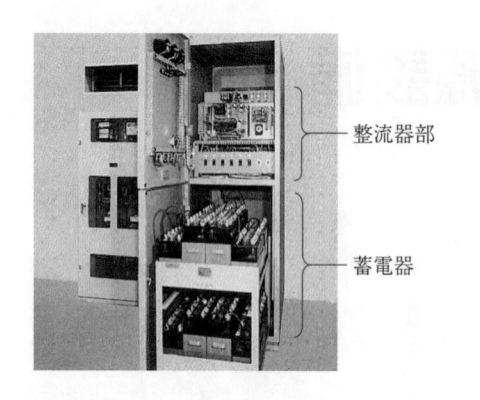

(a)　組込形収納設置方式　　　　　　　　　(b)　別置形架台設置方式

図 8・1　直流電源装置設置方式

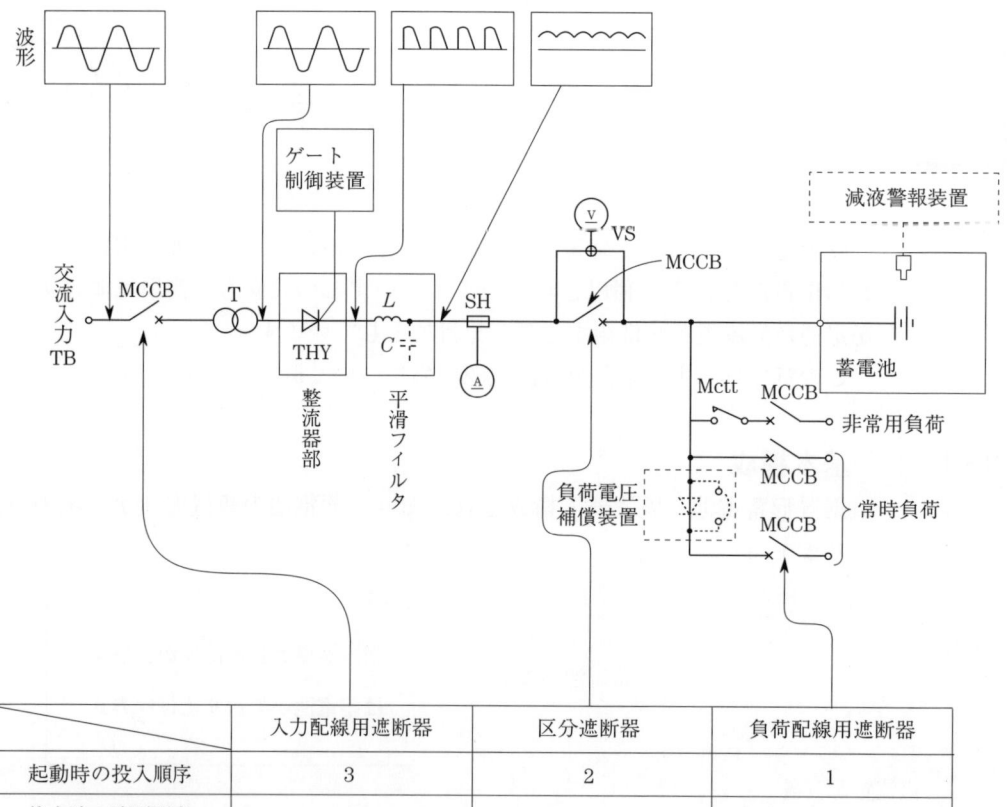

	入力配線用遮断器	区分遮断器	負荷配線用遮断器
起動時の投入順序	3	2	1
停止時の遮断順序	3	2	1

記号	名　称
A	直流電流計
C	コンデンサ
E	接地端子
L	リアクトル
MCCB	配線用遮断器
Mctt	電磁接触器

記号	名　称
SH	分流器
T	整流器用変圧器
TB	外部端子
THY	サイリスタ
V	直流電圧計
VS	電圧計切換器

備考　点線で示す部分は、必要に応じて取り付ける。

図 8・2　回路構成

8·1·2 回路構成と動作

交流入力端子より受電した交流電力は,整流器用変圧器で適当な電圧に変圧され,整流器部で定電圧の直流に変換されます.直流とはいっても,波形は脈動の大きい全波整流に近いものですから,平滑フィルタで平滑化され,蓄電池および負荷に供給されます.

次に整流器部の基本的な充電機能について,今日最も一般的に使用されている浮動充電方式により説明します.

浮動充電方式とは,図8·3に示すように蓄電池と負荷とを並列に接続し,常

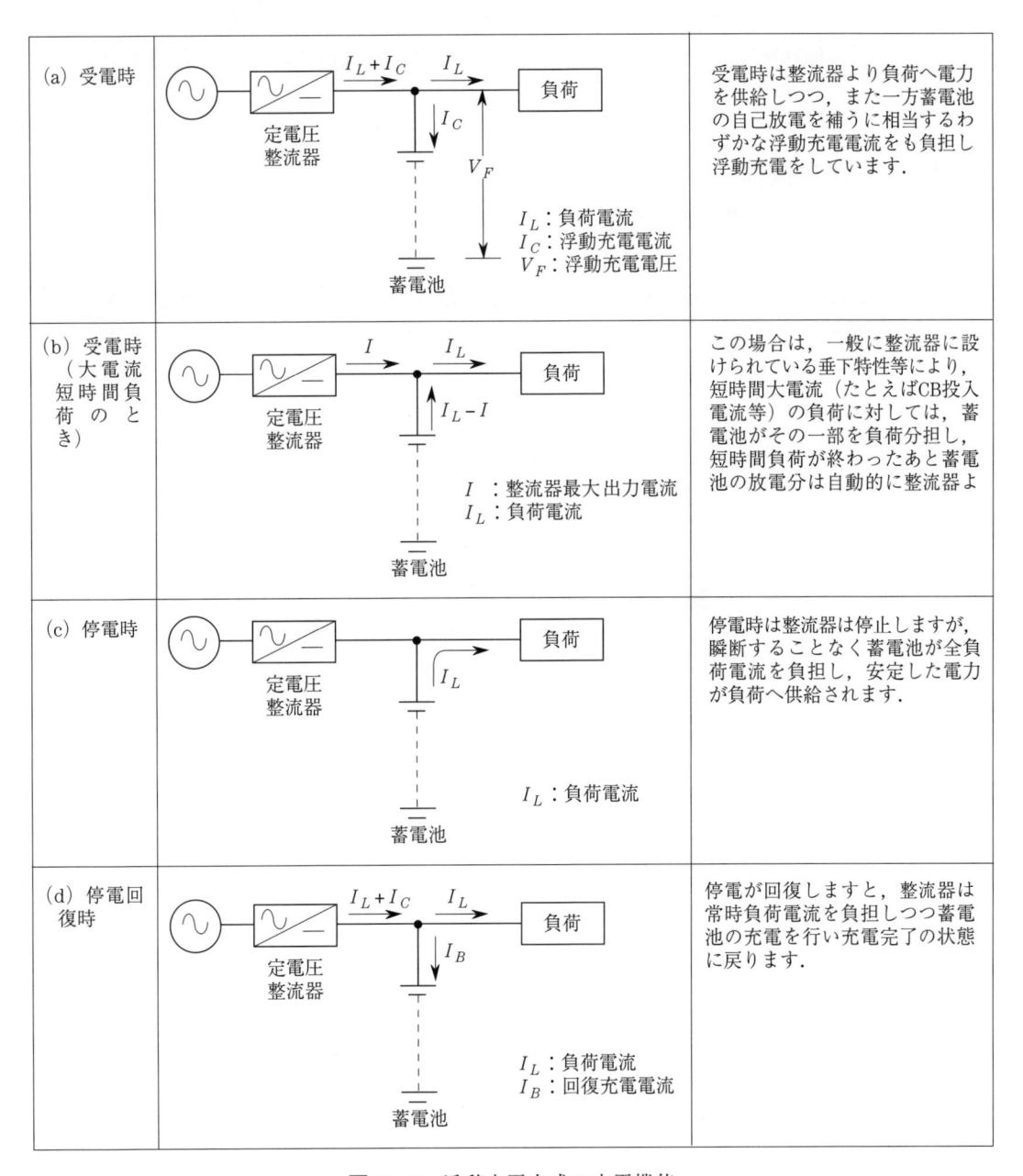

(a) 受電時	回路図:交流電源→定電圧整流器→I_L+I_C → 負荷（I_L）,蓄電池へI_C,V_F I_L:負荷電流 I_C:浮動充電電流 V_F:浮動充電電圧	受電時は整流器より負荷へ電力を供給しつつ,また一方蓄電池の自己放電を補うに相当するわずかな浮動充電電流をも負担し浮動充電をしています.
(b) 受電時（大電流短時間負荷のとき）	回路図:交流電源→定電圧整流器→I → 負荷（I_L）,蓄電池からI_L-I I:整流器最大出力電流 I_L:負荷電流	この場合は,一般に整流器に設けられている垂下特性等により,短時間大電流（たとえばCB投入電流等）の負荷に対しては,蓄電池がその一部を負荷分担し,短時間負荷が終わったあと蓄電池の放電分は自動的に整流器よ
(c) 停電時	回路図:定電圧整流器停止,蓄電池→I_L→負荷 I_L:負荷電流	停電時は整流器は停止しますが,瞬断することなく蓄電池が全負荷電流を負担し,安定した電力が負荷へ供給されます.
(d) 停電回復時	回路図:交流電源→定電圧整流器→I_L+I_C→負荷（I_L）,蓄電池へI_B I_L:負荷電流 I_B:回復充電電流	停電が回復しますと,整流器は常時負荷電流を負担しつつ蓄電池の充電を行い充電完了の状態に戻ります.

図8·3 浮動充電方式の充電機能

に蓄電池に定電圧（浮動充電電圧）を加え，これを充電状態におき，停電または負荷変動時に無瞬断で蓄電池より負荷へ電力を供給する方式です．

この他に，保守・管理上次のような充電方法があります．

・初充電　　未充電・未注液の蓄電池に規定の電解液を注入して最初に行う充電．使用に先立って，活物質の活性化のため行う．
・補充電　　蓄電池を不使用で一定期間保管した際に，自己放電分を補うために使用開始前に行う充電．
・均等充電　蓄電池の各セルの電圧アンバランスを補正するために，高めの電圧（均等充電電圧）を一定時間印加して充電すること．
・回復充電　停電回復後に充電電圧を均等充電電圧に高めて蓄電池を充電すること．

8・1・3　付属機能
(1)　負荷電圧補償装置

蓄電池電圧は均等充電時および回復充電時に均等充電電圧まで上昇し，停電時には放電に伴って低下します．したがって，負荷電圧も同様の変動をきたすことになります．負荷電圧補償装置は負荷電圧の変動を小さくする目的で蓄電池と負荷の間に挿入する電圧降下装置であり，シリコンドロッパ（SID）と呼ばれています．

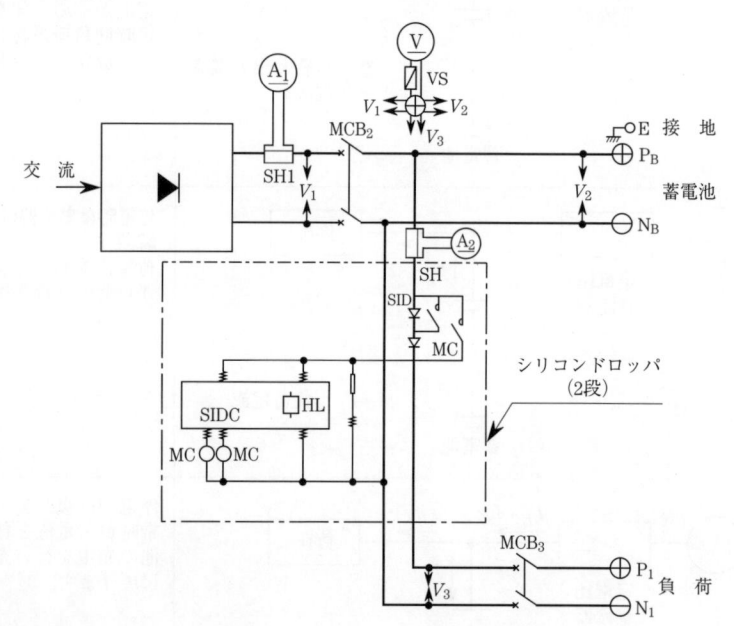

図8・4　負荷電圧補償回路

(2)　非常灯負荷回路

・DC非常灯用：停電時のみ蓄電池より給電される非常灯．
・AC/DC切替非常灯用：受電中は交流により，停電時には蓄電器から切替ら

8・1 制御用直流電源設備

れて給電される非常灯．

これらは，主に電磁接触器（MC）の制御により行います．

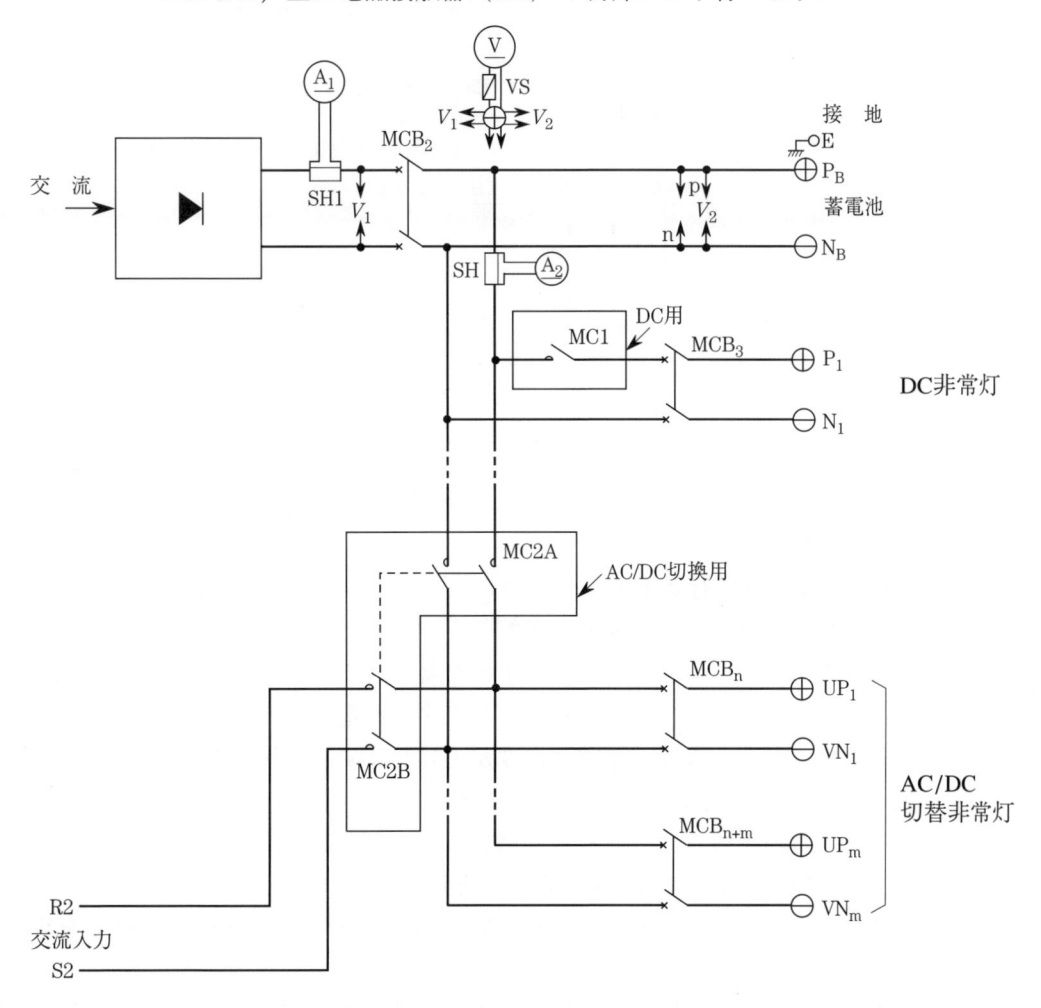

図8・5 非常灯負荷回路

(3) 警報回路

近年，省力化の進展に伴い，保守点検の目のいき届かない無人の箇所で使用される直流電源装置が増加しています．このような箇所で使用される重要な電源については，警報回路を設け，万一の故障を早期にキャッチし，処置を施せるよう配慮する必要があります．以下，一般的に考えられる警報について簡単に記します．

① 蓄電池減液　ベント形（定期的に補水を必要とする）蓄電池の液面の検出は，液面，温度検出装置（LTD）にて行います．液面が正常な場合は電解液により端子3A-4A間が短絡されており，LTDは動作しません．液面が最低液面線まで低下すれば，3A-4A間がオープンとなり，LTDが動作して，Ea-C間を閉じ，警報を発します．一旦動作すると自己保持します．リセットは液面正常復帰後

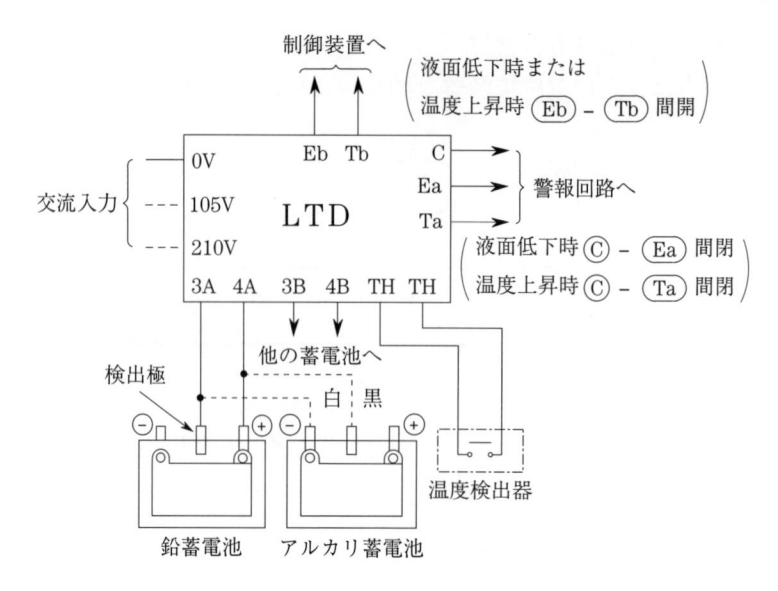

図8・6　蓄電池減液・温度上昇検出回路

リセットボタンで行えます．

　この装置を用いれば，的確に減液警報を行うことができます．

　② 蓄電池温度上昇　　温度検出器を蓄電池の側壁に取付け，蓄電池温度を検出し，LTDを動作させ，警報を発します．充電状態の異常などにより蓄電池が過充電されたときは，蓄電池温度が上昇します．これを検出し警報することにより，蓄電池を保護することができます．

　③ 蓄電池過放電　　蓄電池回路にトランジスタ式電圧リレー（VTR）を設け，放電終止電圧まで低下すれば警報を行います．

　④ ヒューズ断　　メインヒューズに並列にアラームヒューズ（AF）を設け，警報を行います．

　⑤ MCCBブレーカトリップ　　MCCBブレーカの警報接点により，警報を行います．

　⑥ 図8・7は「整流器電圧低下」の検出回路です．蓄電池電圧を阻止ダイオード（SiB）でブロックしておりますのでトランジスタ式電圧リレー（VTR）で整流器電圧の低下を的確にキャッチすることができます．なお，この回路は通

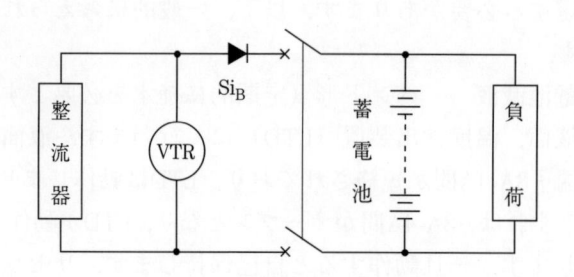

図8・7　整流器電圧低下検出回路

信用，電話用，計装用等，出力電圧波形がフラットなもの以外には使用できません．

⑦　負荷電圧異常　　負荷回路に電圧リレー（VTR）を設け，電圧異常を検出します．

8・1・4　運転方法
(1)　試運転または，長期停止後の運転確認

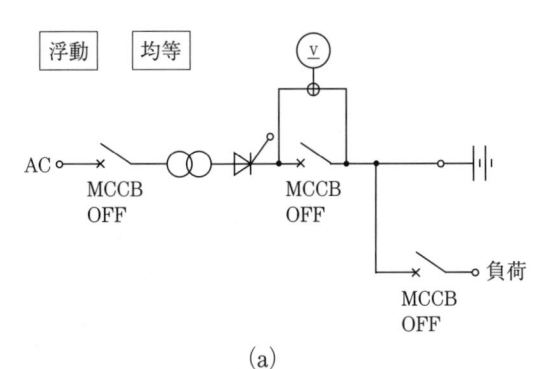

(a)　蓄電池の接続がすべて完全に行われ，すべての配線用遮断器がOFFされていることを確認します．

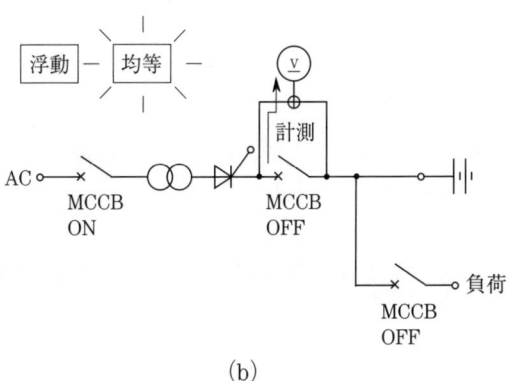

(b)　入力配線用遮断器を投入し，運転または均等充電のパイロットランプが点灯することを確認します．
　　電圧計切替器を充電源側に切替え，出力電圧が，正規の値であることを確認します．
　　正規の電圧は，図面や取扱説明書にも記されていますが，定格銘板にも示されています．

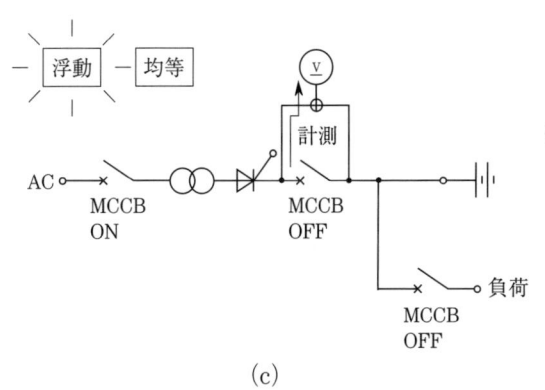

(c)　均等充電のランプが点灯していれば，充電切替器または押ボタンスイッチで浮動充電にします．
　　浮動充電のパイロットランプが点灯し，出力電圧が浮動充電の正規電圧であることを確認します．

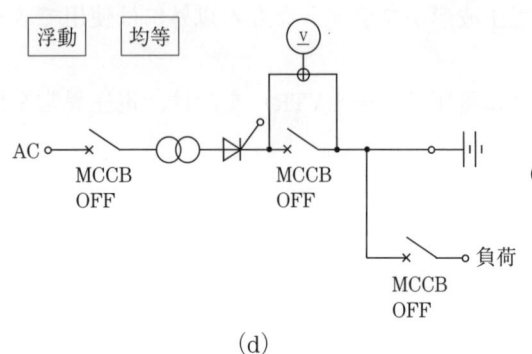

(d) 上記確認後，一旦，入力配線用遮断器をOFFします．

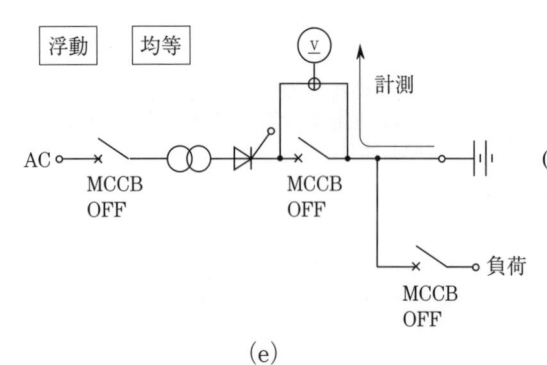

(e) 電圧計切替器を蓄電池側にして，蓄電池の電圧を測定します．この電圧が装置の公称電圧（正確には，蓄電池の公称電圧 × 蓄電池の直列個数）以上あることを確認します．

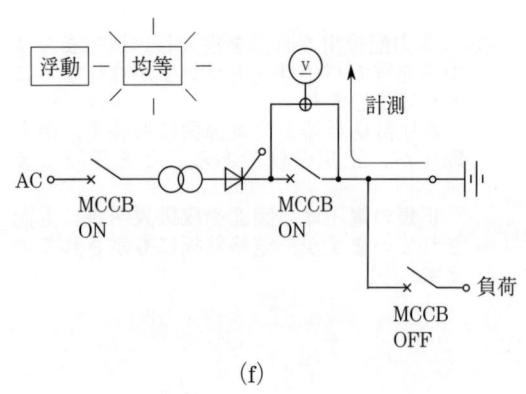

(f) 蓄電池電圧が低い場合は，負荷配線用遮断器はOFFのまま区分遮断器をONし，入力配線用遮断器もONにして蓄電池を補充電します．補充電時間は，蓄電池の種類や蓄電池の状態で異なりますが，取扱説明書の均等充電時間を目途にします．

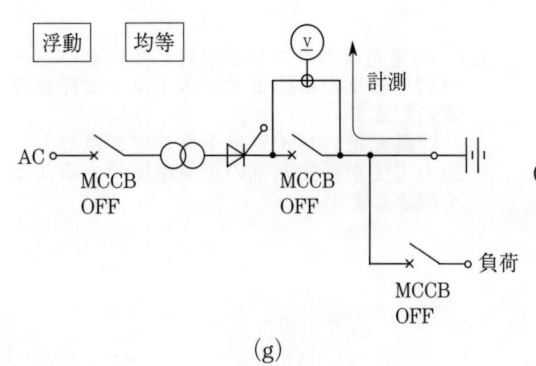

(g) 上記の確認が完了すれば，一旦，すべての配線用遮断器をOFFします．

図 8・8 試運転または長期停止後の運転確認

(2) 直流電源装置の起動

まず負荷配線用遮断器をONにし，続いて区分遮断器をONにします．最後に入力配線用遮断器をONにします．充電器は，負荷や電源に衝撃を与えないようゆるやかに（1分以内）立上ります．自動回復充電装置付の場合には，均等充電の表示灯が点灯し，均等充電電圧で蓄電池を充電しつつ，負荷へも供給を始めます．電池機種によって異なりますが，おおむね8または20時間後に通常の浮動充電状態となります．

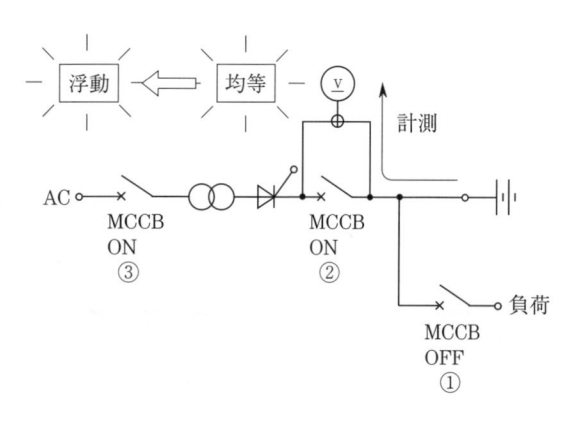

図8・9 起 動

(3) 直流電源装置の停止

直流電源装置を，停止する場合は負荷配線遮断器をすべてOFFにし，次いで，区分遮断器をOFFし，最後に，入力配線用遮断器をOFFします．長期の停止の場合は，蓄電池の配線も1極（＋または－端子あるいは蓄電池の中間接続部）外しておくと，蓄電池から，メータやリレーへの放電がなくなります．

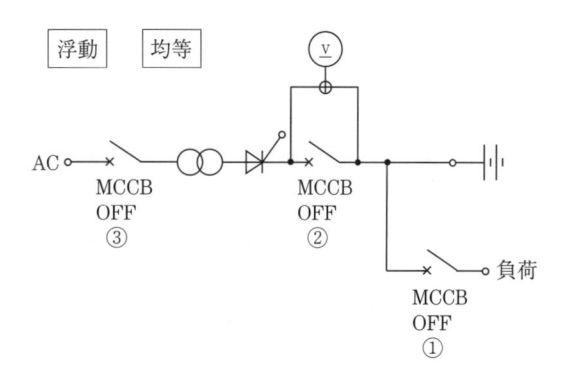

図8・10 停 止

しかし，蓄電池は使用しなくても，自己放電によって漸次容量を失いますから，平均気温20℃以上の場合は1ヶ月に1回，20℃未満の場合には2ヶ月に1回，均等充電を行う必要があります．

また，長期保存する際は，できるだけ乾燥した冷暗所を選定します．

ただし，直流電源設備の長期保守の方法として，上記のような分離保守の方法よりも，無負荷状態で，運転を継続する方法の方が，寿命を含めた信頼度の維持に有利との見方があることも，紹介しておきます．

8・1・5 保守点検

(1) 部品交換年数

直流電源設備は種々の部品で構成されており，中には比較的寿命の短い部品もあります．表8・1に，それら部品の推奨交換年数を示します．

表8・1 推奨部品交換年数

品　　　　名			交換年数〔年〕				備　　　考
			3	5	7	10	
整流器・インバータ関係	半導体	セレン整流体			○		
	開閉器	電磁接触器			○		
		操作開閉器				○	
		直流電流計切換器		○			
		その他計器切換器			○		
		押ボタンスイッチ			○		
	計器	電流計・電圧計・周波数計				○	
		ハイロメータ		○			
	抵抗	可変抵抗器		○			
	コンデンサ	紙コンデンサ				○	
		電解コンデンサ		○			
	継電器	継電器		○			
		モータ式タイマ		○			
	その他	制御装置			○		サイリスタ制御用等
		警報ヒューズ		○			
		その他ヒューズ類			○		
		ファン・ブロア	○				特定時のみ動作するものは2倍とする
		ベル・ブザ		○			
		サージアブソーバ		○			
蓄電池関係	液口栓等のパッキン類			○			極柱パッキンは含まない
	触媒栓および補助電極			○			
	減液警報装置用電極			○			
	アルカリ蓄電池電解液			○			

(注) (1) この推奨部品交換年数は標準的な値であり，環境条件，使用条件などによって変動する．
　　 (2) 据置鉛蓄電池，据置アルカリ蓄電池（シール形1種を除く）に関連する蓄電池設備に適用する．

(2) 保守点検

　充電器も日常の保守の良し悪しで，その信頼性，性能が左右されます．したがって，運転状況を定期的に点検し，記録して置くと，故障が生じた場合も，原因を早く知り，修理，対策が早く行えることになります．充電器の保守点検の概要を**表8・2**に示します．

8·1 制御用直流電源設備

表8·2 充電器の保守点検の概要

保守点検項目		保守・点検実施上の目安			点検周期			
		実施事項	判定の目安	備考・処置	1ヶ月	6ヶ月	1年	必要時
浮動充電電圧		デジボルで測定	該当電池のメーカ推奨値	外れた場合は再設定	○	○	○	
負荷電圧		〃				○	○	
整流器の出力電流		パネルメータで測定	充電器の定格電流以下			○	○	
負荷電流		〃				○	○	
充電電流		（計算）		整流器出力電流−負荷電流		○	○	
交流入力電圧		デジボルで測定	定格入力±10%以内	この範囲に入るよう調整			○	
設置環境	室温	温度計で測定	−10～40℃以内	〃	○	○	○	
	湿度	湿度計で測定	30～90%以内	〃	○	○	○	
	漏水・浸水	目視	漏・浸水跡のないこと	漏・浸水しないよう修復	○	○	○	
	換気面の保有距離	〃	全換気が奥行き0.2 m以上	異物で塞がれていないこと	○	○	○	
部品	端子板や各部品の端子	増締	ゆるみのないこと				○	○
	ファン	聴覚による	回転ムラやキシミ等のないこと．	強制風冷でファン付の場合		○	○	
	コンデンサ	目視	変形や漏液がないこと	要取替		○	○	
	変圧器・リアクトル	温度計で測定	温度上昇値が規定値内	メーカへ連絡			○	
	開閉器等	動作させ目視	引掛りや融着のないこと	要取替			○	
	その他の部品	目視	じんあいや錆のないこと	あれば清掃		○	○	

〔用語説明〕

・最大垂下電流

整流器には停電回復時，過負荷時にも過大な電流が流れないよう，図8·11の如く，定電流特性（垂下特性）を持たせますが，この制限電流の最大値を最大垂下電流と称します．通常，蓄電池最低電圧において定格出力電流の120%以下と規定します．

蓄電池最低電圧 { 鉛蓄電池　　　　1.8 V×セル数
　　　　　　　　アルカリ蓄電池　1.0 V×セル数

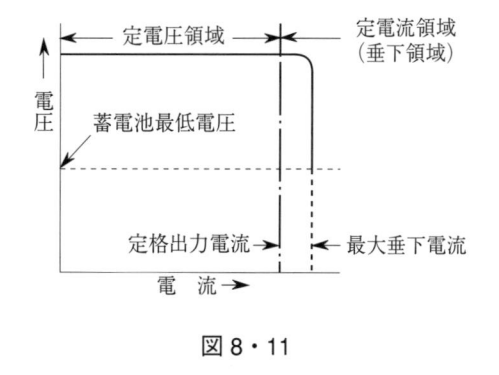

図8·11

8.2 蓄電池の概要

8・2・1 電池とは

電池は1800年にイタリアのボルタによって発明されました．この電池は**図8・12**に示すように希硫酸中に銅板と亜鉛板を浸漬したもので，二つの金属を導線で接続するとその導線を通って銅板から亜鉛板の方へ向かって電流が流れます．

一般に二つの異種金属を電解質溶液中に浸すと内部で化学変化が起こり，二つの金属間に電圧が現われ，これらを導線で接続すると電流が流れます．このように化学エネルギーを直接電気エネルギーとして外部へ取り出す装置を電池（化学電池）といいます．電池にはその他物理変化を電気エネルギーに変化する物理電池があります．

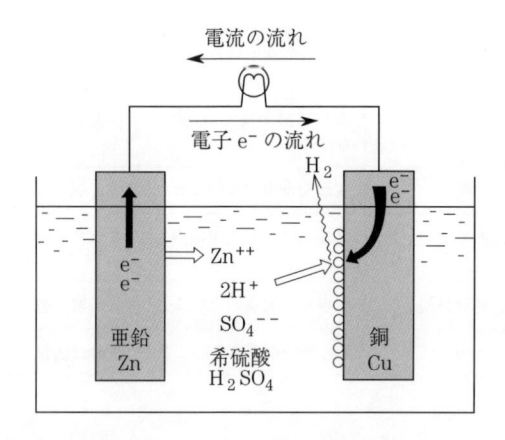

図8・12 ボルタの電池（原理図）

8・2・2 蓄電池とは

電池を大きく分類すると次のようになります．

```
化学電池
  ・一次電池
    一度放電すれば再び使用できないもの
  ・二次電池（蓄電池）
    長期間充放電を繰り返して使用できるもの
物理電池
    （例）太陽電池，原子電池
```

8・2 蓄電池の概要

前述のボルタの電池は一度電気を取り出す（これを放電といいます）と再び電気を取り出すことはできません．このような電池を一次電池といい，代表的なものに乾電池があります．また一度放電しても，外部から放電と逆方向に電気エネルギーを加える（これを充電といいます）と，電池内部の状態が元の状態に復元するため，再度電気を取り出すことができるものがあります．このような電池を二次電池または蓄電池といいます．蓄電池は充電をすることによって長期間使用することができますので，一次電池にくらべて経済的です．

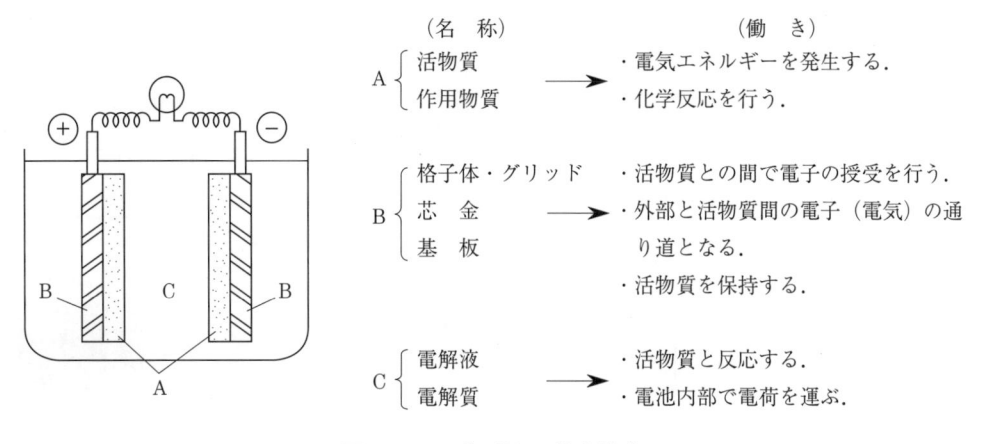

```
              (名 称)              (働 き)
        ┌ 活物質        → ・電気エネルギーを発生する．
    A   │
        └ 作用物質         ・化学反応を行う．

        ┌ 格子体・グリッド   ・活物質との間で電子の授受を行う．
    B   │ 芯 金          → ・外部と活物質間の電子（電気）の通
        └ 基 板             り道となる．
                          ・活物質を保持する．

        ┌ 電解液        → ・活物質と反応する．
    C   │
        └ 電解質           ・電池内部で電荷を運ぶ．
```

図8・13　蓄電池の基本構成

8・2・3　各種の蓄電池

二次電池として現在使用されているものには鉛蓄電池，アルカリ蓄電池（ニッケル・カドミ形，ニッケル・鉄形），酸化銀蓄電池があり，鉛蓄電池は，この中で最も広く使用されています．

アルカリ蓄電池は鉛蓄電池に比べて寿命が長く機械的に丈夫であるほか過充放電ノ強い長所をもっていますが，端子電圧が低く，また高価である欠点があり用途に制限を受けています．

酸化銀蓄電池は軽量のうえ大電流放電特性が良い利点はあるが寿命が短く，かつ非常に高価であるため軍用など特殊な用途にしか使われていません．

8・2・4　用途による分類

蓄電池を用途によって大別すると表8・3に示すように据置用と移動用に分けられます．

据置用は主として長寿命を目的として作られ，移動用は特に小形・軽

表8・3　蓄電池の主な用途

分 類	主 な 用 途
据置用	発変電所・ビルや工場などの予備電源，エンジン始動用，インバータ用，機器操作用，電話用など
移動用	船舶・車両・航空機などのエンジン始動用，点灯用，予備電源用，制御回路用，通信用 坑内安全灯用，携帯照明灯用，計測器用，その他

量・耐震性に重点をおいて作られています．

この書では発変電所用としての据置用を主体として説明します．

8・2・5 電池の呼称形式と定義の説明

電池の呼称形式は，極板および用途などによって種々の呼称が広く使用されています．

このなかで排気構造（機能）を主体にした呼称形式で一般的に分類しますと表8・4の通りです．

表8・4

呼称	構　造　図		定　　義	写　真
オープン形			電池そうとふたの間，またはふたの一部を開放してあり，特別な排気上の配慮が払われていない防爆，防まつ機能のないもの	
ベント形			鉛蓄電池では排気せんにフィルタを設け，酸霧を逸出しないようにしたもの．アルカリ蓄電池では適当な防まつ構造のある排気せんを用いて多量のヒュームを逸出しないようにしたもの．	
シール形	触媒式		酸あるいはアルカリヒュームを逸出せず，かつ使用中に補水などの保守をほとんど必要としないもの．またベント形の機能を有し，かつガス消失機能を有し，保守性を著しく改良したもの．	
	補助電極式	（3極式）（4極式）		
	陰極吸収式（完全密閉式）		アルカリ霧あるいは酸霧の排出がなく，かつ正立，横転，倒立等すえ付方向に関係なく使用できるもの．	

8.3 鉛蓄電池について

8・3・1 鉛蓄電池の原理

希硫酸（H2SO4）中に，二酸化鉛（PbO2）を陽極とし，鉛（Pb）を陰極として互いに隔離して浸すと，約2Vの電圧が発生します．これが鉛蓄電池の原理です．

8・3・2 鉛蓄電池の形式

鉛蓄電池の形式は普通，使用している陽極板の種別により，クラッド式，ペースト式に区分されます．

クラッド式は長寿命，高出力のものに適するので電気車用，電気自動車用，潜水艦用，据置用，列車用 等の各蓄電池に使用されます．

ペースト式は最も一般的に，すべての用途にわたって使用されます．

なお，鉛蓄電池の一部の形式として，防爆形（排気構造が防爆形であるもの），油浸形（水中用に油浸したもの）といった呼び方が使われることもあります．図8・14に外観を示します．

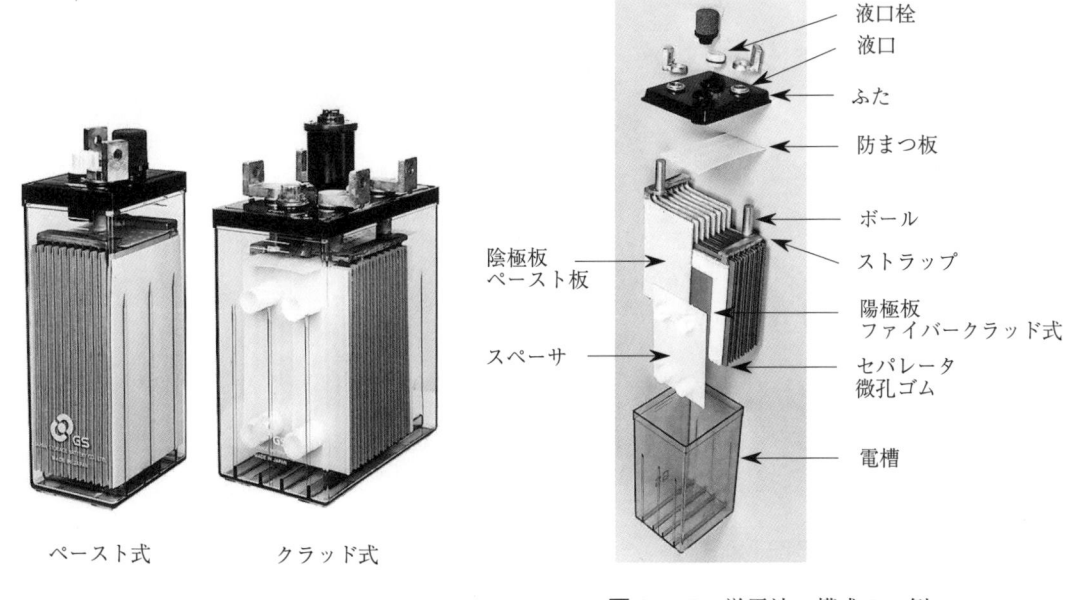

図8・14 鉛蓄電池

図8・15 単電池の構成の一例

8・3・3 鉛蓄電池の構造

図8・15にクラッド式単電池の構成の一例を示します．

8・3・4 鉛蓄電池の種類と定格容量

(1) 要項表

表8・5 鉛蓄電池の性能

電池の種類			据置鉛蓄電池					ペースト式(陰極吸収式)
極板の種類			クラッド式		ペースト式			
形式	※1 SBA形式	ベント形	CS	EF	HS	PS	EP	MSE
		シール形	CS-E	─	HS-E	PS-E	─	
容量〔Ah〕		範囲	15～2400	2500～8000	30～2500	190～1980	2860, 4400	30～3000
		定格	10時間率		10時間率			10時間率
電圧〔V/セル〕		公称	2					
		浮動	2.15		2.18	2.15		2.23
		均等	2.30		2.30			不要
使用極板		陽極板	クラッド式		ペースト式			ペースト式
		陰極板	ペースト式		ペースト式			ペースト式
期待寿命〔年〕			10～14		5～7	7～12		7～9
最大放電電流〔A〕(5秒間)			※2 3C		6C	3C		6C
主なる用途			緩放電用(発変電所用 非常灯用 通信用)	発変電所用 通信用	高率放電用(インバータ用 計装用 エンジン始動用)	通信用		高率放電用 通信用

(注)：(1)（※1）SBAとは日本蓄電池工業会規格の略称です．
　　　(2)（※2）3Cとは蓄電池容量の3倍の電流です．

(2) 形式について

鉛蓄電池の命名法は統一されていませんが，据置用鉛蓄電池は一般的に陽極板の種類，電槽材質を示す記号と定格容量を示す数字により表されます．

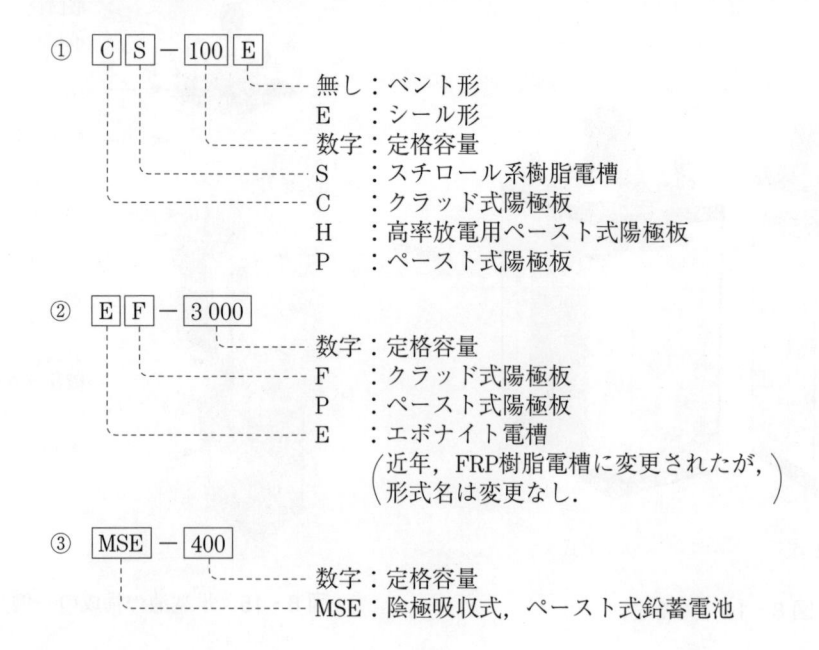

① $\boxed{C}\boxed{S}-\boxed{100}\boxed{E}$
　　無し：ベント形
　　E：シール形
　　数字：定格容量
　　S：スチロール系樹脂電槽
　　C：クラッド式陽極板
　　H：高率放電用ペースト式陽極板
　　P：ペースト式陽極板

② $\boxed{E}\boxed{F}-\boxed{3000}$
　　数字：定格容量
　　F：クラッド式陽極板
　　P：ペースト式陽極板
　　E：エボナイト電槽
　　（近年，FRP樹脂電槽に変更されたが，形式名は変更なし．）

③ $\boxed{MSE}-\boxed{400}$
　　数字：定格容量
　　MSE：陰極吸収式，ペースト式鉛蓄電池

8.4　アルカリ蓄電池について

8・4・1　アルカリ蓄電池の原理

ニッケル・カドミウム式アルカリ蓄電池は，かせいカリ（KOH）水溶液中にオキシ水酸化ニッケル（NiOOH）とカドミウム（Dd）を互いに隔離して浸漬すると，両極間に約1.3Vの電圧を発生します．

アルカリ蓄電池の充放電反応

$$\underset{\substack{\text{オキシ水酸化ニッケル} \\ \text{カドミウム}}}{\underset{(陽極)(陰極)}{2NiOOH + Cd + 2H_2O}} \underset{充電}{\overset{放電}{\rightleftarrows}} \underset{\substack{\text{水酸化ニッケル　水酸化カドミウム}}}{\underset{(陽極)\quad(陰極)}{2Ni(OH)_2 + Cd(OH)_2}}$$

・電解液の苛性カリは直接充放電反応に関与せず，ただ電流を通じるための導電剤であって液量が容量に関係しません．

8・4・2　アルカリ蓄電池の形式

アルカリ蓄電池の形式は，使用している極板の種類により，ポケット式，焼結式，ペースト式に区分されますが，ポケット式と焼結式が現在までのところ一般的です．

ポケット式は一般的で，すべての用途にわたって使用されています．

焼結式はポケット式のあとに発明されていますが，急放電の必要な負荷に適

ポケット式　　　焼結式

図8・16　アルカリ蓄電池

しています．

8・4・3 アルカリ蓄電池の種類と定格容量

(1) 要項表

表8・6 アルカリ蓄電池の性能

電池の種類			据置アルカリ蓄電池					焼結式（陰極吸収式）
極板	種類		ポケット式			焼結式		
	形		標準形	薄形	極薄形	標準形	極薄形	極薄形
形式	(※1) SBA形式	ベント形	AM-P	AMH-P	AH-P	AH-S	AHH-S	AHHE
		シール形	AM-PE	AMH-PE	AH-PE	AH-SE	AHH-SE	
容量 〔Ah〕	範囲		20～1000	20～900	20～700	20～1200	20～1000	40～450
	定格		5時間率			1時間率		1時間率
電圧 〔V/セル〕	公称		1.2					1.2
	浮動		1.44	1.42	1.42	1.35		$\frac{1}{500}$ C の電流$\binom{1.3～}{1.42\text{V}}$
	均等		1.58	1.58	1.58	1.47		1.45
使用極板	陽極板		ポケット式			焼結式		焼結式
	陰極板		ポケット式			焼結式		焼結式
平均寿命 〔年〕			12～15					18～20
最大放電電流 〔A〕(5秒間)			(※2) 6 C	10 C	15 C	20 C		20 C
特徴			標準放電用	中高率放電用	高率放電用	超高率放電用		超高率放電用
主なる用途			発変電所用 非常灯用 通信用	発変電所用 非常灯用 インバータ用 計装用 通信用		発変電所用 インバータ用 計装用 通信用 エンジン始動用		

注1．（※1）SBAとは日本電池工業会規格の略称です．
注2．（※2）6Cとは蓄電池容量の6倍の電流です．

(2) 形式について

据置アルカリ蓄電池の形式は次のとおりです．

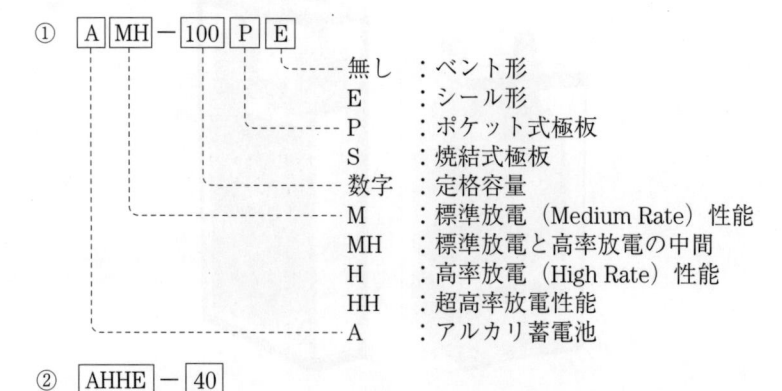

① A|MH|-|100|P|E

- 無し：ベント形
- E：シール形
- P：ポケット式極板
- S：焼結式極板
- 数字：定格容量
- M：標準放電（Medium Rate）性能
- MH：標準放電と高率放電の中間
- H：高率放電（High Rate）性能
- HH：超高率放電性能
- A：アルカリ蓄電池

② AHHE － 40

- 数字：定格容量
- AHHE：陰極吸収式，焼結式アルカリ蓄電池

8.5 蓄電池の特性と各種用語

8・5・1 蓄電池の特性

蓄電池の充放電特性を鉛蓄電池を例にとり説明します．端子電圧の変化はアルカリ蓄電池もほぼ同様の特性を示します．

(1) 充電特性

鉛蓄電池の充電特性曲線の模型図を図8・17に示します．鉛蓄電池を定電流 (I) で充電すると，充電中の変化は，図8・17に示す各段階に分けて考えることができます．

①の段階は，硫酸鉛が分解して極板内部の電解液比重が急上昇し，起電力が急上昇します．

②の段階は，充電が進行するにつれて徐々に電解液比重が上昇することによってゆるやかに電圧が上昇するものです．

③の段階は，活物質中の硫酸鉛がほとんど充電され，もとの二酸化鉛または海綿状の鉛に戻って電解液中の水の電気分解が起こり酸素ガスと水素ガスを発

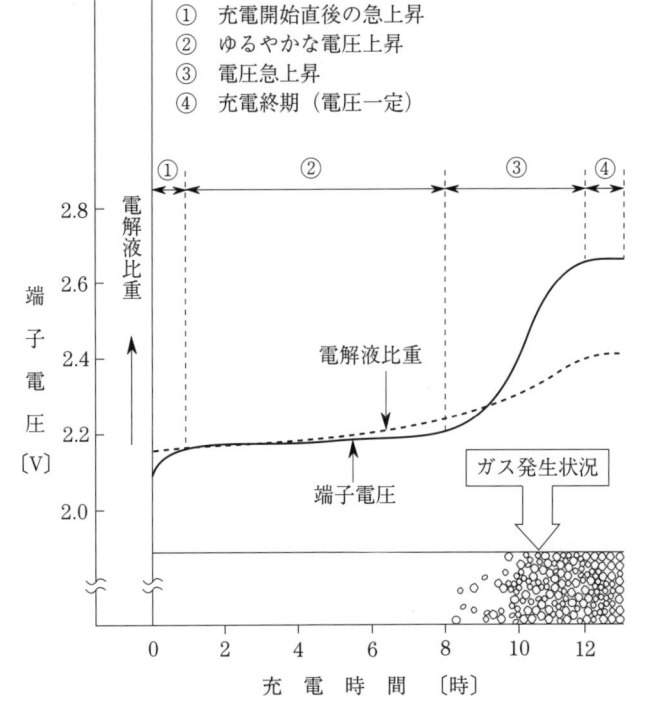

① 充電開始直後の急上昇
② ゆるやかな電圧上昇
③ 電圧急上昇
④ 充電終期（電圧一定）

図8・17 充電特性曲線

生します．このため極板表面での化学反応の速度に遅れを生じ，それに対応する電圧の増加（過電圧）により端子電圧が急上昇します．

④の段階は，過電圧が一定となるため，端子電圧が一定値に落ちつくものです．この段階では充電の電気量はほとんど水分の電気分解に消費されます．

(2) 放電特性

鉛蓄電池の放電特性曲線の模型図を図8・18に示します．鉛蓄電池を定電流（I）で放電すると，放電中の端子電圧の変化は図8・18の各段階に分けて考えることができます．

①の段階は，極板内の電解液比重が急激に低下して起電力が急激に下がるのと，硫酸鉛の育成や電解液比重の濃淡等による見かけの内部抵抗の増大による電圧降下です．

②の段階は，極板の外の電解液が極板内に拡散し，放電が進行するにつれて徐々に比重が低下することによってゆるやかに電圧が低下するものです．

③の段階は，極板内に多量の硫酸鉛が育成されて極板の細孔が狭くなり内部への電解液の拡散が悪くなって機動力が急降下し，また硫酸鉛の育成等により内部抵抗が急増するために起こる電圧降下です．

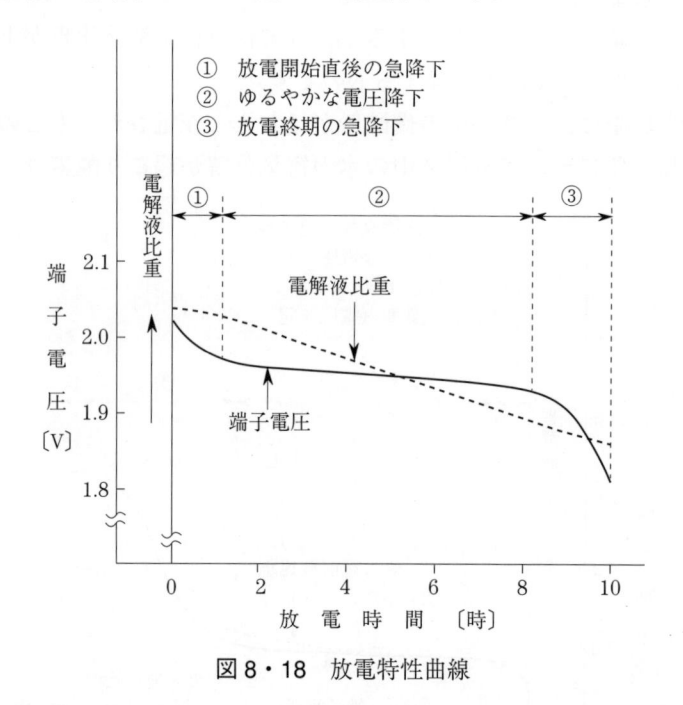

図8・18 放電特性曲線

8・5・2 各種用語の説明

(1) 起電力

電流が流れていない状態での陽極と陰極間の電圧（開路電圧）を起電力といいます．鉛蓄電池は約2V，アルカリ蓄電池は約1.3Vですが，その値は電解液の

比重や温度によって変化します．

(2) 容量

完全充電した蓄電池を一定電流で所定の放電終止電圧まで放電したときの放電量を容量といい，蓄電池の大きさを表す単位として使用しています．容量の表し方にはアンペア時容量〔Ah〕とワット時容量〔Wh〕があり，一般にはアンペア時容量が用いられます．

　　Ah＝放電電流〔A〕×放電時間〔h〕

　　Wh＝アンペア時容量〔Ah〕×平均放電電圧〔V〕

(3) 放電率

放電率とは蓄電池容量に対する放電電流の大きさを表すものです．蓄電池の容量や充放電中の端子電圧はこの放電率によって大きく左右されます．

　・時間率（HR）電流

ある蓄電池を一定電流で所定の放電終止電圧まで，放電したとき，一定時間放電を持続することのできる電流の大きさを表すもので，たとえば10時間放電の場合は10時間率電流，5時間放電の場合は5時間率電流といいます．

(4) 放電終止電圧

蓄電池の放電中の端子電圧は，ある値から急激に降下してそれ以後はほとんど容量を取り出すことができません．また，このように深い放電をすると極板を痛めるなど，蓄電池に悪影響を与えます．したがって，これ以上放電を続けてはならないというある一定の電圧を定めておき，この電圧を放電終止電圧といいます．放電終止電圧は放電率によって異なり，CS形蓄電池の一例を次に示します．

　　10時間率……1.80V/セル

　　5時間率……1.75V/セル

　　（1時間率……1.60V/セル）

(5) 自己放電

自己放電とは蓄電池の容量が外部回路へ有効に放電することなく蓄電池内部で消耗する現象で，蓄電池の避けられないロスの一つです．自己放電は蓄電池を全く使用していないでも，また充電中であっても起こっています．

自己放電の起こる原因には化学作用によるものと電気化学作用によるものがあります．また自己放電量は蓄電池の構造，電解液の濃度や温度，不純物の含有量などによって著しく異なります．

(6) 充電中のロス発生

蓄電池の充電が進んでくると，充電電流の一部は電解液中の水の電気分解に消費され，陽極より酸素ガス，陰極より水素ガスを発生します．さらに充電が進行し端子電圧が最高値に達するようになると充電電流のほとんどすべてが水の電気分解に費やされ，両極よりさかんにガスを発生します（図8・17を参照下

さい).この発生した酸素と水素の混合ガスは火気によって爆発の可能性がありますので,火気を近づけないよう注意するとともに,蓄電池室は充分に換気する必要があります.

8.6 蓄電池の保守・点検

蓄電池はその取り扱いの良否が性能・寿命に大きな影響をおよぼすため,適切な保守管理が必要です.主に浮動充電方式で使用される鉛・アルカリ蓄電池の取り扱いに必要な事項は次のとおりです.

8・6・1 取扱の要点
(1) 蓄電池は常に適切な充電状態に保って下さい.
(2) 電解液面は常に最高・最低液面線間に保って下さい.
(3) 蓄電池は常に清潔な乾燥状態に保って下さい.
(4) 電解液温度は45℃を超えないようにして下さい.
(5) 蓄電池室の換気に留意し,火気を近づけないようにして下さい.

8・6・2 日常の保守管理

(1) 浮動充電電圧

浮動充電方式では,常時は蓄電池は待機状態にありますが,自己放電を補い完全充電状態に保つため,浮動充電電圧と呼ばれる電圧に一定に保つ必要があります.浮動充電電圧が高すぎると過充電になり,低すぎると不足充電になり,

表8・7 各種形式の浮動および回復・均等充電

分 類	種 類	形 式	浮動充電電圧〔V/セル〕	回復充電電圧〔V/セル〕	均等充電		
					充電電圧〔V/セル〕	充電時間〔H〕	実施時間
ベント形およびシール形	鉛蓄電池	CS EF HS EP PS	2.15 2.15 2.18 2.15 2.15, 2.18	2.30	2.30	24	6カ月に1回定期的に,または電圧,比重にバラツキを生じたとき
		HSE・MSE	2.23	2.23	———		
	アルカリ蓄電池	AM-P AMH-P AH-P AH-S AHH-S	1.44 1.42 1.42 1.35 1.35	1.58 1.58 1.58 1.47 1.47	1.58 1.58 1.58 1.47 1.47	8～12	6カ月に1回定期的に,または電圧にバラツキを生じたとき

(注) (1) 上表の数値はメーカにより若干の差があります.

いずれの場合にも蓄電池に悪影響をおよぼします．参考として**表8・7**に各種蓄電池の電圧値を示します．

(2) 均等充電

浮動充電電圧を規定値に保持すれば完全充電状態に維持できるはずですが，多数の蓄電池を直列に接続し，使用していると，蓄電池個々の特性により自己放電量に差異を生じ，個々にかかる浮動充電電圧にも差異を生ずるので，使用期間が長期にわたると充電不足のものがでてきます．このバラツキを是正し性能を均一化するため，定期的に均等充電を行う必要があります．

(3) 回復充電

蓄電池は放電後，できるだけ早く放電量を補ってやる必要があります．停電回復後，浮動充電電圧で充電したのでは，容量回復に長い時間がかかります．したがって容量を早く回復させるために，停電回復後は充電電圧を高めて充電します．回復充電電圧は均等充電に準じます．

(4) 補　水（陰極吸収式セル形は適用しません）

浮動充電中，電解液は，蒸発や水の電気分解によってしだいに減少します．電解液が減少し極板が露出するようなことがあると，極板やセパレータをいためることがあるので，液面は液面線の下限以下にならないようにしなければなりません．電解液が現象したときは精製水を補給します．

図8・19　補　水

図8・20　清　掃

(5) 清　掃

蓄電池は導電性の強い電解液を使用しているので，電槽表面などに付着し湿気を帯びると絶縁が低下するため，常に清潔にし乾燥状態に保つことが大切です．

(6) 蓄電池の温度

蓄電池は電解液最高使用温度45℃とされていますが，浮動充電式で使用するものでは，常時高い温度（30℃以上）で使用されると，極板やセパレータの劣化が促進され寿命が短くなります．したがって蓄電池室の換気をよくし，温度が上昇しないよう注意しなければまりません．

(7) 火気厳禁

蓄電池充電中およびその直後は，水素ガスを発生するので火気（タバコの火，グラインダの火花，スパーク等を含む）を絶対に近づけないで下さい．また，蓄電池室の換気にも充分注意して下さい．

図8・21 火気厳禁

(8) 電解液の取扱い

電解液として使用される硫酸，かせいカリはともに劇物ですから取り扱いには十分注意を必要とします．電解液が衣類や手に付着したときは，水で十分に洗い流し，目に入ったときは清水で洗ったのち早急に医師の手当てを受けて下さい．

(9) 接続部の手入れ

端子接続部に電解液が付着しないよう清潔に保って下さい．

(10) 比重の測定

比重の測定は，吸込比重計を用いて行います．同時に電解液の温度の測定をして下さい．

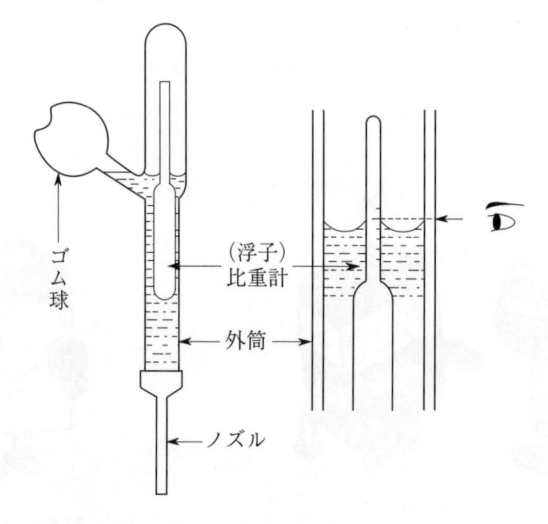

図8・22 吸込比重計とその使い方

比重のチェックは次の状態では行わないません．
① 補水の直後
② 均等充電の直後
③ 電解液面が適正でないとき

8・6・3 保守上の注意事項

蓄電池の保守上の注意事項を**表8・8**に示します．

8・6 蓄電池の保守・点検

表8・8 アルカリ蓄電池の保守上の注意事項

注意事項		原因	結果
保守上の注意	浮動充電電圧	設定電圧が高い	・短寿命となる ・減液が早く補水間隔が短くなる
		設定電圧が低い	・容量が低下する ・不活性化が進み特性が低下する
	補水	補水の忘れ	・極板が露出すると酸化・発熱し焼損に至る
		補水のし過ぎ	・溢液しリークの原因となる
		不純な水の使用	・短寿命となる　・特性低下
	定期的な均等充電	実施せず	・単電池の特性がアンバランスとなる ・短寿命となる
	蓄電池温度	45℃以上の使用	・短寿命となる　・容量低下 ・熱逸走する ・減液が早く補水間隔が短くなる
	清掃	実施せず	・リーク, 腐食の進行が早い
		乾いた布"はたき"を使用	・静電気が発生し, 蓄電池が引火爆発することがある
		有機溶剤による清掃	・合成樹脂製の部品を破壊させる（電槽, ふた等）
全般的注意	火気厳禁		・蓄電池に引火爆発する
	外部短絡防止		・スパークによる部品の損傷だけでなく蓄電池が引火爆発する
	液切れ注意		・電解液がなくなると焼損する
	硫酸厳禁		・腐食, 溶解により短寿命となる
	鉛蓄電池用保守用具との混用		・腐食, 溶解により短寿命となる
	電解液の取扱い		・付着すると, やけど, 失明の危険がある
	感電に注意		・導電部に触れると感電する

表8・9 蓄電池の保守，点検の概要

保守・点検項目			保守・点検実施上の目安		
			実施事項	判定の目安	備考
点検事項	浮動充電電圧	総電圧	デジボルで測定	該当電池のメーカ推奨値	外れた場合，寿命・容量に影響
		全単電池電圧	〃	〃 管理幅内	〃
	電解液面位		目視確認	最高～最低液面線間にあること	過大時は溢液 過小時は寿命・容量が低下
	蓄電池の外観	漏液の有無	〃	漏液のないこと	漏電の要因
		電槽ふたに損傷の有無	〃	損傷のないこと	漏液の要因
		各種栓体の取付やパッキンの損傷の有無	〃	正確に取付けられパッキンに損傷ないこと	〃
		じんあいの有無	〃	じんあいがないこと	漏電の要因
		接続部の発錆の有無	〃	錆がないこと	接触抵抗増大・給電に支障
	電解液の比重		比重計で測定	該当電池の管理幅内	過大時寿命短縮 過小時容量低下
	電解液の液温		温度計で測定	45℃以下	室温+5℃以下 (max - min)≦5℃
	接続部の締付状況		トルクレンチで増締	該当電池のメーカ推奨値	接触抵抗増大・給電に支障
保守事項	浮動充電々圧の調整		充電器の調整	該当電池のメーカ推奨値	
	補水		精製水を補充	最高液面位まで	
	均等充電		押ボタンまたは切換スイッチ		
	清掃		汚染の除去	湿布で行うこと	電圧や比重のバラツキを均等化 静電気防止のため，乾布は避ける
	部品更新	液口栓等のパッキン	取替	5年ごとに取替を推奨	
		触媒栓	〃	3～5年目で取替	
		減液警報用電極	〃	5年ごとに取替を推奨	
		アルカリ電池の電解液	放電後，液替	7年目を目途に交換	
	活性化充放電		メーカ引取実施		

8・6 蓄電池の保守・点検

(個別には，メーカ添付の取扱説明書を参照下さい．)

蓄電池の種類別点検周期															
ベント形鉛電池 (CS, HS 形電池)				ベント形アルカリ電池 (AM, AMH, AH, AHH)				2種シール電池 (左記電池に触媒栓付)				陰極シール形電池 (陰極板吸収式)			
1カ月	6カ月	1年	必要時	1カ月	6カ月	1年	必要時	1カ月	6カ月	1年	必要時	1カ月	6カ月	1年	必要時
○	○	○		○	○	○		○	○	○		○	○	○	
—	○	○		—	○	○		—	○	○		—	○	○	
○	○	○		○	○	○		—	○	○		—	—	—	
○	○	○		○	○	○		○	○	○		○	○	○	
—	○	○		—	○	○		—	○	○		—	—	—	
—	○	○		—	○	○		—	○	○		—	—	—	
—	○	○		—	○	○		—	○	○		—	○	○	
—	○	○		—	○	○		—	○	○		—	○	○	
—	パイロット	全セル		—	—	パイロット		—	パイロット	全セル		—	—	—	
—	〃	〃		—	パイロット	全セル		—	〃	〃		—	—	—	
—	—	○		—	—	○		—	—	○		—	—	○	
		○				○				○					○
—	○	○		—	○	○		—		○		—	—	—	—
—	○	○		—	○	○		—	○	○		—	—	—	
			○			○				○		—	—		○
—	—	—	○	—	—	—	○	—	—	—		—	—	—	
—	—	—	—	—	—	—	—	—	—	—	○	—	—	—	—
—	—	—	○	—	—	—	○	—	—	—		—	—	—	
—	—	—	—	—	—	—	○	—	—	—	○	—	—	—	
—	—	—	—	—	—	—	○	—	—	—	○	—	—	—	△

付録　火力発電所用制御器具番号一覧表

　制御器具番号とは，よく使用される機器や，多数の機器を組み合わせて一つの自動制御装置を構成しているような制御装置などを，簡単な番号で表示したものです．

　これを使って図面を作成すれば，それぞれの機器や装置の名称や略号をいちいち記入する必要がなく，図面が簡単になり，その動作を理解するのも容易になります．かつては自動制御器具番号，またはシーケンス番号とも呼ばれていました．

　本書のいたるところで，器具番号を記載していますが，以下に，JEM-1094で制定されている「火力発電所用制御器具番号一覧表」を付録として添付しておきます．

基本器具番号	器具番号	器具名称
1	1	主幹制御器又はスイッチ
2	2	始動若しくは閉路限時継電器又は始動若しくは閉路遅延継電器
3	3	操作スイッチ
	3－28B	操作スイッチ（ベル継電器復帰用）
	3－28Z	操作スイッチ（ブザー継電器復帰用）
	3－30	操作スイッチ（表示器復帰用）
	3－30L	操作スイッチ（ランプ表示器復帰用）
	3－41	操作スイッチ（界磁遮断器用）
	3－41M	操作スイッチ（主界磁遮断器用）
	3－41S	操作スイッチ（予備界磁遮断器用）
	3－52	操作スイッチ（交流遮断器用）
	3－66F	操作スイッチ（フリッカ継電器復帰用）
	3－86	操作スイッチ（ロックアウト継電器復帰用）
	3－86B	操作スイッチ（ボイラ用ロックアウト継電器復帰用）

		3−86G	操作スイッチ（発電機用ロックアウト継電器復帰用）
		3−86T	操作スイッチ（タービン用ロックアウト継電器復帰用）
		3−88	操作スイッチ（補機用接触器用）
		3−89	操作スイッチ（断路器用）
		3R	操作スイッチ（一般の復帰用）
4	4		主制御回路用制御器又は継電器
5	5		停止スイッチ又は継電器
		5B	停止スイッチ又は継電器（ボイラ用）
		5E	非常停止スイッチ
		5P	パニックスイッチ
		5T	停止スイッチ又は継電器（タービン用）
6	6		始動遮断器，スイッチ，接触器又は継電器
7	──		調整スイッチ
		7−55	調整スイッチ（自動力率調整器用）
		7−65	調整スイッチ（調速装置用）
		7−70	調整スイッチ（発電機の界磁調整器用）
		7−70E	調整スイッチ（励磁機の界磁調整器用又は励磁装置の手動調整用）
		7−70M	調整スイッチ（主励磁機の界磁調整器用）
		7−70MS	調整スイッチ（主励磁機の副励磁機界磁調整器用）
		7−70S	調整スイッチ（予備励磁機の界磁調整器用）
		7−70SS	調整スイッチ（予備励磁機の副励磁機界磁調整器用）
		7−77	調整スイッチ（負荷調整装置用）
		7−90R	調整スイッチ（自動電圧調整器の電圧設定用）
		7−IR	調整スイッチ（誘導電圧調整器用）
8	8		制御電源スイッチ
9	9		界磁転極スイッチ，接触器又は継電器
10	10		順序スイッチ又はプログラム制御器
		10P	プログラム制御器
11	11		試験スイッチ又は継電器
		11−41	試験スイッチ（界磁遮断器用）
		11−52	試験スイッチ（遮断器用）
		11J	ジョギングスイッチ
		11L	試験スイッチ（ランプ点検用）
12	12		過速度スイッチ又は継電器
13	13		同期速度スイッチ又は継電器
14	14		低速度スイッチ又は継電器
15	──		速度調整装置
		15	自動揃速装置
		15L	自動揃速装置用操作継電器（減）
		15R	自動揃速装置用操作継電器（増）
16	16		表示線監視継電器
17	17		表示線継電器

18	18	加速若しくは減速接触器又は加速若しくは減速継電器
19	19	始動－運転切換接触器又は継電器
20	20	補機弁
	20A	空気弁
	20B	側路弁
	20C	制御用電磁弁
	20F	燃料弁
	20G	ガス弁
	20Q	油弁
	20S	蒸気弁
	20SS	蒸気安全弁
	20V	真空弁
	20W	水弁
21	――	主機弁
	21B	ボイラ主蒸気弁
	21F	燃料遮断弁
	21T	タービン主蒸気弁
	21TR	タービン再熱蒸気止め弁
	21W	ボイラ主給水弁
22	22	漏電遮断器，接触器又は継電器
23	23	温度調整装置又は継電器
	23Q	湯温調整器
24	24	タップ切換装置
	24LR	タップ切換装置（負荷時電圧調整器用）
25	――	同期検出装置
	25	同期検出装置又は自動同期投入装置
	25A	自動同期投入装置
	25B	自動同期投入装置（バックアップ用）
26	26	静止器温度スイッチ又は継電器
	26LR	温度スイッチ又は継電器（負荷時電圧調整器用）
	26RG	温度スイッチ又は継電器（再循環ガス用）
	26SSH	温度スイッチ又は継電器（過熱蒸気用）
	26T	温度スイッチ又は継電器（変圧器用）
27	27	交流不足電圧継電器
	27C	交流不足電圧継電器（制御電源用）
28	28	警報装置
	28B	ベル継電器
	28F	火災検出器
	28LA	避雷器動作検出器
	28Z	ブザー継電器
29	29	消火装置
30	30	機器の状態又は故障表示装置

	30F	故障表示器
	30S	状態表示器
31	31	界磁変更遮断器，スイッチ，接触器又は継電器
32	32	直流逆流継電器
33	33	位置検出スイッチ又は装置
	33C	レベルスイッチ（石炭用）
	33NL	位置検出スイッチ（無負荷用）
	33Q	油面検出スイッチ又は装置
	33T	トルクスイッチ
	33W	水位検出スイッチ又は装置
34	34	電動順序制御器
	34B	ボイラ始動順序制御器
35	35	ブラシ操作装置又はスリップリング短絡装置
36	36	極性継電器
37	37	不足電流継電器
	37B	配線用遮断器自動遮断検出器
	37F	ヒューズ断検出器
38	38	軸受温度スイッチ又は継電器
39	39	機械的異常監視装置又は検出スイッチ
40	40	界磁電流継電器又は界磁喪失継電器
41	41	界磁遮断器，スイッチ又は接触器
	41A	界磁スイッチ又は接触器（界磁増幅器挿入用）
	41C	41用投入コイル
	41D	遮断器，スイッチ又は接触器（差動界磁用）
	41I	界磁遮断器，スイッチ又は接触器（初期励磁用）
	41M	界磁遮断器（主励磁機用）
	41MP	界磁遮断器（一次発電機主励磁機用）
	41MS	界磁遮断器（二次発電機主励磁機用）
	41R	遮断器，スイッチ又は接触器（調整界磁用）
	41S	界磁遮断器（予備励磁機用）
	41SP	界磁遮断器（一次発電機予備励磁機用）
	41SS	界磁遮断器（二次発電機予備励磁機用）
	41T	41用引外しコイル
42	42	運転遮断器，スイッチ又は接触器
43	43	制御回路切換スイッチ，接触器又は継電器
	43-25	切換スイッチ（同期検出回路用）
	43-55	切換スイッチ（自動力率調整器用）
	43-64E	切換スイッチ（励磁回路地絡継電器用）
	43-65	切換スイッチ（調速装置用）
	43-77	切換スイッチ（負荷調整装置用）
	43-87B	切換スイッチ（母線保護用）
	43-90	切換スイッチ（自動電圧調整器用）

	43-95	切換スイッチ（周波数継電器用）
	43AM	切換スイッチ（手動-自動用）
	43L	切換スイッチ（ロック用）
	43R	切換スイッチ（遠方-直接用）
44	44	距離継電器
	44G	距離継電器（発電機後備保護用）
45	45	直流過電圧継電器
46	46	逆相又は相不平衡電流継電器
	46G	逆相継電器（発電機用）
47	47	欠相又は逆相電圧継電器
48	48	渋滞検出継電器
	48-24	渋滞検出継電器（タップ切換装置用）
	48-25	渋滞検出継電器（同期並列用）
49	49	回転機温度スイッチ若しくは継電器又は過負荷継電器
	49R	温度継電器（回転子用）
	49S	温度継電器（固定子用）
	49T	温度継電器（低圧排気室用）
50	50	短絡選択継電器又は地絡選択継電器
	50G	地絡選択継電器
	50S	短絡選択継電器
51	──	交流過電流継電器又は地絡過電流継電器
	51	交流過電流継電器
	51B	交流過電流継電器（母線用）
	51G	交流過電流継電器（発電機用）又は地絡過電流継電器
	51H	交流過電流継電器（所内変圧器用）
	51N	交流過電流継電器（中性点用）
	51S	交流過電流継電器（始動変圧器用）
	51V	電圧抑制付交流過電流継電器
52	52	交流遮断器又は接触器
	52C	52用投入コイル
	52G	交流遮断器（発電機用）
	52H	交流遮断器（所内変圧器用）
	52N	交流遮断器（中性点用）
	52NR	交流遮断器（中性点抵抗器用）
	52PC	交流遮断器（消弧リアクトル用）
	52S	交流遮断器（始動変圧器用）
	52T	52用引外しコイル
53	53	励磁継電器又は励弧継電器
54	54	高速度遮断器
55	55	自動力率調整器又は力率継電器
	55L	55用操作継電器（下げ）
	55R	55用操作継電器（上げ）

56	56	すべり検出器又は脱調継電器
57	57	自動電流調整器又は電流継電器
58	58	（予備番号）
59	59	交流過電圧継電器
	59F	電圧／周波数制限装置又は継電器
	59G	交流過電圧継電器（発電機用）
60	60	自動電圧平衡調整器又は電圧平衡継電器
	60L	60用操作継電器（減）
	60R	60用操作継電器（増）
	60VT	電圧平衡継電器（電圧変成器故障検出用）
61	61	自動電流平衡調整器又は電流平衡継電器
62	62	停止若しくは開路限時継電器又は停止若しくは開路遅延継電器
63	63	圧力スイッチ又は継電器
	63A	空気圧スイッチ又は継電器
	63D	差圧スイッチ又は継電器
	63F	燃料油圧スイッチ又は継電器
	63G	ガス圧スイッチ又は継電器
	63Q	油圧スイッチ又は継電器
	63V	真空スイッチ又は継電器
	63W	水圧スイッチ又は継電器
64	64	地絡過電圧継電器
	64B	地絡過電圧継電器（母線用）
	64D	直流制御回路地絡継電器
	64E	励磁回路地絡継電器
	64F	界磁回路地絡継電器
	64G	地絡過電圧継電器（発電機用）
	64H	地絡過電圧継電器（所内変圧器用）
	64N	地絡過電圧継電器（中性点用）
	64S	地絡過電圧継電器（始動変圧器用）
65	65	調速装置
	65L	65用操作継電器（減）
	65R	65用操作継電器（増）
	65M	調速器速度調整用電動機
66	66	断続継電器
	66F	フリッカ継電器
67	67	交流電力方向継電器又は地絡方向継電器
	67G	交流電力方向継電器（発電機用）又は地絡方向継電器
	67RG	交流逆電力継電器（発電機用）
68	68	混入検出器
	68A−H	水素純度検出器
	68W−Q	混水検出器（油中）
69	69	流量スイッチ又は継電器

	69A		空気流量スイッチ又は継電器
	69F		燃料流量スイッチ又は継電器
	69G		ガス流量スイッチ又は継電器
	69Q		油流スイッチ又は継電器
	69W		水流スイッチ又は継電器
70	——		加減抵抗器
	70		界磁調整器
	70E		界磁調整器（励磁機の界磁調整器用又は励磁装置の手動調整器用）
71	71		整流素子故障検出装置
72	72		直流遮断器又は接触器
73	73		短絡用遮断器又は接触器
74	——		調整弁
	74		調整弁又はベーン
	74A		空気調整弁
	74G		ガス調整弁
	74Q		油調整弁
	74W		水調整弁
75	75		制動装置
76	76		直流過電流継電器
77	77		負荷調整装置
	77L		77用操作継電器（減）
	77R		77用操作継電器（増）
	77M		77用電動機
78	78		搬送保護位相比較継電器
79	79		交流再閉路継電器
80	80		直流不足電圧継電器
	80C		直流不足電圧継電器（制御電源用）
81	81		調速機駆動装置
82	82		直流再閉路継電器
83	——		選択スイッチ，接触器又は継電器
	83		電源切換スイッチ又は接触器
84	84		電圧継電器
85	85		信号継電器
	85F		炎検出器
86	86		ロックアウト継電器
	86B		ロックアウト継電器（ボイラ燃料遮断用）
	86G		ロックアウト継電器（発電機用）
	86T		ロックアウト継電器（タービン用）
87	87		差動継電器
	87B		差動継電器（母線用）
	87G		差動継電器（発電機用）
	87H		差動継電器（所内変圧器用）

	87M	差動継電器（主変圧器用）
	87S	差動継電器（始動変圧器用）
88	88	補機用遮断器，スイッチ，接触器又は継電器
	88C	補機用遮断器，スイッチ，接触器又は継電器（閉方向用）
	88F	補機用遮断器，スイッチ，接触器又は継電器（正転，前進，上昇，増又は右方向用）
	88O	補機用遮断器，スイッチ，接触器又は継電器（開方向用）
	88R	補機用遮断器，スイッチ，接触器又は継電器（逆転，後退，下降，減又は左方向用）
89	89	断路器又は負荷開閉器
	89C	89用投入コイル
	89-IL	89用インタロックマグネット
	89T	89用引外しコイル
90	90	自動電圧調整器又は自動電圧調整継電器
	90R	90用電圧設定器
	90RM	90R操作用電動機
91	91	自動電力調整器又は電力継電器
	91P	自動電力調整器又は電力継電器
	91Q	自動無効電力調整器又は無効電力継電器
92	92	扉又はダンパ
	92A	空気ダンパ
	92C	微粉炭ダンパ
	92G	ガスダンパ
93	93	（予備番号）
94	94	引外し自由接触器又は継電器
95	95	自動周波数調整器又は周波数継電器
96	──	静止器内部故障検出装置
	96	ブッフホルツ継電器
	96-1	ブッフホルツ継電器（警報用）
	96-2	ブッフホルツ継電器（引外し用）
	96P	衝撃圧力継電器
	96V	放圧弁
97	97	ランナ
98	98	連結装置
99	99	自動記録装置
	99F	自動故障記録装置
	99S	自動動作記録装置

参考文献

5・2　太陽光発電システムの計画と運転
　(1)　桑野幸徳：太陽電池とその応用，パワー社
　(2)　小笠原忠良，豊田浩一郎：太陽光発電の導入に当たって，電設工業平成7年9月号
　(3)　平山嘉之：システムの系統連携と連携用インバーター，OHM94年8月号
　(4)　湯本啓市：分散型電源を設置するために必要な手続きは？，OHM94年8月号
　(5)　写真は，社団法人日本電気工業会「太陽光発電　地球に優しい技術をめざす」カタログ抜粋
　(6)　太陽光発電導入ハンドブック　新エネルギー・産業技術総合開発機構
　(7)　太陽光発電システム補助制度のご案内　新エネルギー財団カタログ抜粋

5・3　風力発電システムの計画と運転
　(1)　東野政則，岡崎裕，弥冨裕治，松山輝也：風力発電Q＆A　OHM2000年2月号
　(2)　山田俊郎，猪股登：風力発電システムの技術動向と設計事例　電気設備学会誌　平成12年2月号
　(3)　ようこそ久居榊原風力発電施設へ（久居市パンフレット）　久居市役所総務部企画課
　(4)　岡本光明，西村荘治他：系統連系保護機能付き電圧変動補償装置の開発　電気評論2000年3月号

5・4　燃料電池発電システム
　(1)　堀内長之：燃料電池のしくみと特徴は？，OHM93年11月号
　(2)　岡野一清：燃料電池，電気設備学会誌　vol.11　1991　No.9
　(3)　鴨下友義，中島憲之：燃料電池発電の現状と展望　富士電機時報2000　VOL.73
　(4)　写真は，同上掲載のものを抜粋

5・5　ピークシフトシステム
　西嶋健一：電池電力貯蔵システムの開発状況と今後の課題　電気評論1997年7月号

6・3　各種配電
　(1)　分散型電源電力供給次世代システム確立実証試験　新エネルギー・産業技術総合開発機構　平成5年度研究報告書NEDO-NP-9312

7　無停電電源装置の運転と保守
　・「UPS導入・活用マニュアル」OHM3月別冊　オーム社
　・月刊「設備設計」第24巻5月号　日新電機　井上昌幸
　　　電気の品質と負荷の特性の協調　その3・瞬時電圧低下（1）
　・電協研　第46巻第3号

7・1　交流無停電電源装置
　(1)　　電気学会　電気規格調査会標準規格
　　(1-1)　JEC-188　　　　サイリスタ変換装置
　　(1-2)　JEC-202　　　　自励式半導体電力変換装置
　　(1-3)　JEC-2431　　　半導体交流無停電電源システム

（1-4）JEC-5919　　　　静止形交流無停電電源システム
　（2）日本電機工業会規格JEC1115　　　配電盤・制御盤・制御装置の用語および文字記号
　（3）日本電機工業会技術資料
　（3-1）JEM-TR128　　　配電盤・制御盤の保守点検指針
　（3-2）JEM-TR185　　　汎用半導体交流無停電電源装置（汎用UPS）のユーザーズガイドライン
　（3-3）JEM-TR186　　　　〃　　　　　　のカタログ用語集
　（4）日本蓄電池工業会資料S-002　　　整流器・インバータの耐用年数について
　（5）その他の出版図書
　　　蓄電池設備整備資格者講習テキスト　発行元：日本蓄電池工業会

8．直流電源設備（蓄電池関係）
　（1）日本工業規格
　（1-1）JISC8702　　　小形シール鉛蓄電池
　（1-2）JISC8704　　　据置鉛蓄電池
　（1-3）JISC8706　　　据置ニッケル・カドミウム　アルカリ蓄電池
　（1-4）JISC8707　　　陰極吸収式シール形　据置鉛蓄電池
　（2）日本蓄電池工業会技術資料
　（2-1）SBA6001 据置蓄電池の容量算出法
　（2-2）SBA6004 蓄電池用語
　（2-3）SBA6501 蓄電池設備の部品交換時期について
　（2-4）SBA6505 直流電源装置の定期点検基準
　（3）その他の出版図書
　（3-1）蓄電池設備整備資格者講習テキスト　発行元：社団法人　日本蓄電池工業会

〔関連規格〕
　（1）日本工業規格
　　　JISC4402　　　浮動充電用サイリスタ
　（2）電気学会　電気規格調査会標準 K格
　　　JEC-188　　　サイリスタ変換装置
　（3）日本電機工業会規格
　　　JEM1115　　　配電盤，制御盤，制御装置の用語及び文字記号
　（4）日本電機工業会技術資料
　　　JEM-TR128　　　配電盤，制御盤の保守点検指針
　（5）日本蓄電池工業会技術資料
　（5-1）SBA6004　　　蓄電池用語
　（5-2）SBA6501　　　蓄電池設備の部品交換時期について
　（5-3）SBA6505　　　直流電源装置の定期点検基準
　（6）その他の出版図書
　　　蓄電池設備整備資格者講習テキスト　発行元：日本蓄電池工業会

索　引

［数字・英字］

4サイクルエンジン ……………………………45
ACアレイ ……………………………………183
A重油 ……………………………………………49
A点検 ……………………………………………39
B点検 ……………………………………………41
C点検 ……………………………………………41
CVCF …………………………………………233
CVCFモード …………………………………143
M－G装置 ……………………………………233
MgS切り換えシステム ……………………236
NaS電池 ………………………………………209
NEDO …………………………………………187
UPS ……………………………………………233
VVVFモード …………………………………143

［ア］

アフタクーラ …………………………………136
アモルファス …………………………177，178
アルカリ蓄電池 ………………………257，259
圧縮機吐出圧力 …………………………………84

［イ］

インタロック …………………………………166
異音 ………………………………………………61
異臭 ………………………………………………61
移送ポンプ ………………………………………45
移動用 …………………………………………259

［オ］

オープン形 ……………………………………260
オランダ形風車 ………………………………193
往復自動 ………………………………………151
温水吸収冷凍機 ………………………………133

［カ］

ガイドライン …………………………………215
ガスエンジン ……………………………………12
ガス機関 …………………………………………12
ガス吸収冷温水機 ……………………………133
ガスタービン ……………………………12，72
ガスタービンの動作図 …………………………70
過給機 ……………………………………………45
過熱 ………………………………………………60
過負荷保護 ……………………………………107
加熱器 ……………………………………………45
界磁鉄芯 …………………………………………37
界磁巻線 …………………………………………37
回転子 ……………………………………………37
回転数 ……………………………………………82
回転整流器 ………………………………………39
回転速度 …………………………………………34
回復充電 ………………………………250，269
外部系統短絡保護 ……………………………109
片道自動 ………………………………………151
簡易点検整備 ……………………………………39
換気装置 …………………………………45，53

［キ］

気筒 ………………………………………………47
気筒の配列 ………………………………………47
機側操作 …………………………………………28
起電力 …………………………………………266
起動時間 …………………………………………78
起動準備 …………………………………55，58
技術基準 …………………………………………19
逆潮流 ……………………………………………24
逆潮流ありシステム …………………………179
逆電力保護 ……………………………………107
休止スタンバイシステム ……………………235
供給信頼度 ……………………………………105
均等充電 ………………………………250，269

［ク］

クーリングタワー方式 …………………………50
空気圧縮機 ………………………………45，51

空気圧縮機部	74
空気始動	29, 51
空気始動方式	76
空気槽	45, 51
空気冷却器	51

[ケ]

計測装置	45
系統分離保護	108
系統連系	179
系統連系技術要件ガイドライン	22, 105
系統連系保護装置	182
軽油	49
結晶系	177
減速機部	74
原動機	12
原動機補機	12
限流リアクトル	211

[コ]

コージェネレーション	97
コジェネシステム	24
ころがり軸受	39
小出し燃料油タンク	50
固体高分子形	207
固体高分子形燃料電池	206
固体電解質形	207
固定子	37
高圧キュービクル形配電盤	95
高周波配電	220
鉱油の分類	86
交流励磁機	37
交流発電機	12
交流発電機の原理	33
交流無停電電源装置	225

[サ]

サイクル	44
サボニウス形風車	193
最大垂下電流	257

[シ]

シーケンス制御	30
シール形	260
シャフト	37
シリコン	177
シリコン整流器	39
シリンダ	48
シリンダの配列	48
シリンダヘッド	51
ジャイロミル形風車	193
ジャケット冷却水	137
始動	30
始動装置	45, 51, 76
始動用蓄電池	45
自家発補給電力	128
自家用電気工作物	18
自家用発電設備	11
自己放電	267
自動回復充電装置	255
自動起動	56, 58
自動給油装置	50
自動制御盤	94
自動操作	28
自動停止	56, 58
自動方式	151
自立閉鎖形	94
自励サイリスタ交流発電機	148
自励複巻交流発電機	148
次数間高調波注入方式	216, 218
軸受	37
手動起動	56, 60
手動操作	28
手動停止	56, 60
手動方式	152
主燃料油タンク	50
主発電機	37
受電系の短絡保護	109
受変電設備	11

索　引

充電装置	45
充電中のロス発生	267
充電特性	265
瞬時電圧低下	211, 227
瞬低専用対策装置	232
瞬低対策用高速限流遮断装置	211
潤滑油	90
潤滑油圧力	83
潤滑油温度	83
潤滑油系統	76
潤滑油槽	45
潤滑油の交換	91
潤滑油冷却器	45, 51
巡視	60
初充電	250
省エネルギー	178
消音器	45, 53
蒸気タービン発電設備	18
常時インバータ給電システム	236
常時直送給電システム	235
常用発電設備	21
新エネルギー	175
振動	39, 78

[ス]

ストローク	44
スラッジ	88
水質管理	136
水槽循環式	50
水平軸風車	193
垂直軸風車	193
据置形蓄電池	247
据置用	259

[セ]

セイルウィング形	193
セタン価	89
セル	179
制御電源	30
制御盤	12

精密点検	60
精密点検整備	41
整流器	37, 247
節電効果	179
絶縁	37
全自動操作	28

[ソ]

創エネルギー	178
送電線事故対策	108
速度制御	31

[タ]

タービン部	74
タコジェネレータ	37
ダリウス形風車	193
多結晶	178
多翼形風車	193
太陽光発電システム	176
太陽電池	179
太陽電池アレイ	180
太陽電池モジュール	179
単一母線切換方式	149, 152
単結晶	178
単動	48
単動機関	48
単独運転	214
単母線方式（母連CBあり）	105
単母線方式（母連CBなし）	105
短時間並列運転	147

[チ]

蓄電池の温度	269
中央制御盤	30
調速装置	45
直流電源設備	247
直流配電	222
直列立形エンジン	45

[ツ]

つり上げ装置	45

[テ]

- ディーゼルエンジン ……………………12
- ディーゼル機関 …………………12, 44
- ディーゼル機関とガスタービンの違い ……92
- 定期点検 …………………………60, 85
- 停止時間 ………………………………81
- 停止装置 ………………………………45
- 停電 …………………………………225
- 停電補償時間 ………………………240
- 点検 ……………………………………60
- 点検整備の内容 ………………………95
- 点検整備表 ……………………………86
- 電気系 ………………………………195
- 電気始動 …………………………51, 53
- 電気始動方式 …………………………76
- 電気事業法 ……………………………18
- 電機子鉄芯 ……………………………37
- 電機子巻線 ……………………………37
- 電源直接切換方式 ………………150, 154
- 伝達系 ………………………………194

[ト]

- トランクピストン形 …………………48
- 搭載形 …………………………………94
- 同期発電機 ………………………12, 34
- 同期盤 …………………………………94
- 独立回路方式 ………………………105

[ナ]

- 内燃機関 ………………………………14
- 鉛蓄電池 …………………………257, 259
- 鉛バッテリ …………………………209

[ニ]

- 二重母線切換方式 ……………150, 156, 157
- 二重母線方式 ………………………105
- 日常点検 …………………………60, 61, 94

[ネ]

- 燃焼機部 ………………………………74
- 燃料消費量 ……………………………84
- 燃料電池 ……………………………206
- 燃料電池発電システム ……………176
- 燃料の種類 …………………………167
- 燃料噴射弁 ……………………………50
- 燃料噴射ポンプ ………………………50
- 燃料油 …………………………………86
- 燃料油系統 ……………………………49
- 燃料油小出槽 …………………………45
- 燃料油貯油油槽 ………………………45
- 燃料油の系統図 ………………………75
- 燃料油の性状 …………………………88

[ハ]

- パドル形風車 ………………………193
- パワーコンディショナ ……………180
- 配管系統 ………………………………49
- 配管系統概要図 ………………………75
- 排気温度 ………………………………82
- 排気ガス装置 …………………………53
- 排気ガスタービン過給機 ……………54
- 排気管 …………………………………45
- 排熱ボイラ …………………………129
- 発電機出力 ……………………………34
- 発電機制御盤 …………………………30
- 発電機の運転 …………………………38
- 発電機の規格 …………………………37
- 発電機の構成 …………………………37
- 発電機の故障 …………………………42
- 発電機の脱落保護 …………………109
- 発電機の定格 …………………………34
- 発電機の分離保護 …………………109
- 発電機の保守 …………………………39
- 発電機盤 ………………………………94
- 発電機用配電盤 ………………………94
- 発電機を兼用 ………………………167
- 半自動スタート方式 ………………152
- 半自動方式 …………………………151

[ヒ]

- ピークカット効果 …………………179
- ピークカット発電 ……………………25

索　引

ピークシフト ……………………………… 208
ピークシフトシステム …………………… 176
ピストン …………………………………… 48
非結晶系 …………………………………… 177
非常灯負荷回路 …………………………… 250
非常用自家発電設備 ……………………… 11
非常用電源の共同使用 …………………… 171
非常用発電設備 …………………………… 19
非常用予備電源 …………………………… 18
標準整備点検 ……………………………… 85

[フ]

フライホイール …………………………… 233
フローチャート …………………………… 158
プライミングポンプ ……………………… 45
プロペラ形風車 …………………………… 193
ブラシレス交流発電機 …………………… 148
ブラシレス発電機 ………………………… 34
ブラシレス方式 …………………………… 36
負荷追従運転 ……………………………… 26
負荷電圧補償装置 ………………………… 250
負荷平準化 ………………………………… 208
負荷変動方式 ……………………………… 216
普通点検整備 ……………………………… 41
浮動充電 …………………………………… 250
浮動充電電圧 ……………………………… 268
風況調査 …………………………………… 198
風車の種類 ………………………………… 192
風力安定化装置 …………………………… 196
風力発電システム ………………………… 176
風力発電の効率 …………………………… 195
風力発電の出力 …………………………… 195
複動 ………………………………………… 48
複動機関 …………………………………… 48

[ヘ]

ベースロード運転 ………………………… 26
ベント形 ……………………………… 251, 260
並列運転 …………………………………… 105
並列運転の保護 …………………………… 107

変色 ………………………………………… 61

[ホ]

保護装置 …………………………………… 65
保守運転 …………………………………… 63
補機盤 ……………………………………… 94
補充電 ……………………………………… 250
補水 ………………………………………… 269
母連付単一母線切換方式 ……………… 149, 153
放水式 ……………………………………… 50
放電終止電圧 ……………………………… 267
放電特性 …………………………………… 266
放電率 ……………………………………… 267
防災形自立運転 …………………………… 179

[マ]

巻線 ………………………………………… 39

[ミ]

未利用エネルギー ………………………… 175

[ム]

無機噴油 …………………………………… 48
無効電力変動方式 ………………………… 216
無効電力補償方式 ………………………… 216
無瞬断切り換えシステム ………………… 237
無停電電源装置 …………………………… 232

[ユ]

ユニセーフ …………………………… 233, 243
誘導発電機 …………………………… 12, 34

[ヨ]

予燃焼室式 ………………………………… 48
予備電力 …………………………………… 128
予備燃料 …………………………………… 168
容量 ………………………………………… 267
溶融炭酸塩形 ……………………………… 207

[ラ]

ラジエータ ………………………………… 45
ラジエータ方式 …………………………… 50
ランニングスタンバイシステム ………… 235

[リ]

りん酸形 …………………………………… 207

臨時点検 …………………………………60

[レ]

レドックスフロー電池 …………………209
冷却水 ……………………………………135
冷却水系統 ………………………………50
冷却水水質 ………………………………135
冷却水槽 …………………………………45
冷却水ポンプ ……………………………50

冷却塔 ……………………………………45
冷却ファン ………………………………37
冷凍機の冷却水 …………………………136
励磁装置盤 ………………………………94
励磁方式 …………………………………36
連系保護装置 ……………………………180

[ロ]

ロータ系 …………………………………194

執筆者紹介

郷古　良則（ゴウコ　ヨシノリ）
　昭和45年早稲田大学理工学部電気工学科卒
　同年日新電機㈱入社
　入社以来，電力系統の変電所，各分野の受変電・監視制御システム，道路トンネルの換気制御システム等の設計に従事．現在は電力品質改善を主としたパワーエレクトロニクス応用製品の事業開発を担当．

織田　鐘正（オダ　カネマサ）
　昭和51年名古屋大学工学部電気工学科卒
　同年日新電機㈱入社
　入社以来，電力系統の変電所，各分野の受変電・監視制御システム，パワーエレクトロニクス応用製品の営業技術に従事し，現在に至る．

Ⓒ郷古良則／織田鐘正　2003

電気主任技術者　自家用発電設備　保守と運転

2003年 7月20日　第1版第1刷発行
2012年10月10日　第1版第3刷発行

　　　　著　者　郷古　　良則
　　　　　　　　織田　　鐘正
　　　　発行者　田中　久米四郎
　　　　　　発　行　所
　　　　　株式会社　電気書院
　　　　　　www.denkishoin.co.jp
　　　　　振替口座　00190-5-18837
　　　　　　　〒 101-0051
　　　東京都千代田区神田神保町1-3 ミヤタビル2F
　　　　　　電話　(03)5259-9160
　　　　　　FAX　(03)5259-9162

ISBN978-4-485-66424-7　　　印刷　信毎書籍印刷㈱
Printed in Japan

- 万一，落丁・乱丁の際は，送料弊社負担にてお取り替えいたします．直接，弊社まで着払いにてお送りください．

JCOPY 〈㈳出版者著作権管理機構 委託出版物〉

本書の無断複写（電子化含む）は著作権法上での例外を除き禁じられています．複写される場合は，そのつど事前に，㈳出版者著作権管理機構（電話: 03-3513-6969，FAX: 03-3513-6979，e-mail: info@jcopy.or.jp）の許諾を得てください．
また本書を代行業者等の第三者に依頼してスキャンやデジタル化することは，たとえ個人や家庭内での利用であっても一切認められません．